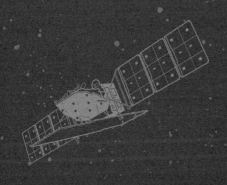

Space Ethics
宇宙倫理学

伊勢田哲治
神崎 宣次 編
呉羽 真

昭和堂

目　次

序　章　宇宙倫理学とは何か………………………………水谷雅彦　1

　1　総合的応用倫理学としての宇宙倫理学…………………………1

　2　環境倫理学と宇宙倫理学…………………………………………3

　3　生命倫理学と宇宙倫理学…………………………………………6

　4　宇宙倫理学の必要性………………………………………………9

　5　本書の構成について……………………………………………10

付　録　二十一世紀の夢……………………………………手塚治虫　13

第Ⅰ部　宇宙倫理学の方法と総合的アプローチ

第1章　宇宙活動はなぜ倫理学を必要とするか…………磯部洋明　17

　1　宇宙活動の現在…………………………………………………17

　　⑴地球周回軌道の人工衛星の利用　18

　　⑵弾道飛行　19

　　⑶地球周回軌道以遠の無人宇宙機　19

　　⑷有人宇宙活動　20

　　⑸その他の宇宙活動　20

　2　宇宙政策の現状…………………………………………………21

　3　宇宙政策の直面する問題………………………………………22

　　⑴デュアルユース　23

　　⑵宇宙活動のアクターの変化　24

　4　宇宙科学・探査の抱える哲学的問題…………………………26

　　⑴宇宙科学と宇宙探査　26

　　⑵他天体への進出のはらむ問題　26

　　⑶一天文学者が宇宙倫理学へ期待すること　27

第2章　宇宙倫理学とエビデンス
　　　──社会科学との協働に向けて　　　　　　　　　清水雄也　29

　1　エビデンスに基づく宇宙倫理学　　　　　　　　　　　　29

　　⑴　なぜエビデンスか　29

　　⑵　なぜ協働か　30

　2　問題の重要性　　　　　　　　　　　　　　　　　　　　31

　　⑴　三つの協働場面　31

　　⑵　問題の重要性と資源の有限性　32

　　⑶　問題の重要性のエビデンス　32

　3　主張の正当性　　　　　　　　　　　　　　　　　　　　33

　　⑴　倫理的主張の正当化　33

　　⑵　天体改変と文化的意義　34

　　⑶　マウナケアの望遠鏡　35

　　⑷　原子力利用とリスク計算　35

　　⑸　科学の発展と倫理学のハードル　37

　4　提案の実効性　　　　　　　　　　　　　　　　　　　　38

　　⑴　倫理的提案の実現可能性　38

　　⑵　提案の実効性のエビデンス　39

　5　応用科学としての宇宙倫理学　　　　　　　　　　　　　40

　　⑴　ありうる反論と応答　40

　　⑵　応用倫理学と応用科学　41

第3章　宇宙の道と人の道──天文学者と倫理学者の対話
　　　対談者｜柴田一成・伊勢田哲治　司会｜呉羽　真　　　45

　1　はじめに──趣旨説明と自己紹介　　　　　　　　　　　45

　2　宇宙倫理学は無責任？　　　　　　　　　　　　　　　　47

　3　「宇宙は美しい」は意味を成すか　　　　　　　　　　　56

　4　自然科学の研究の価値は客観的なのか　　　　　　　　　58

コラムA｜宇宙倫理学の隣接分野⑴──宇宙医学・宇宙行動科学　立花幸司　61

コラムB｜宇宙倫理学の隣接分野⑵──宇宙法　　　　　　近藤圭介　64

第Ⅱ部　宇宙進出の光と影

第4章　政治哲学から見た宇宙政策
　　　──有人宇宙探査への公的投資は正当か……………… 呉羽　真… 71

　1　はじめに──有人宇宙探査とその倫理的懸念…………………… 71

　2　有人宇宙探査の正当性という問題……………………………… 72

　3　科学政策の哲学から見た有人宇宙探査への公的投資………… 74
　　　⑴　ビッゲスト・サイエンスとしての有人宇宙探査　74
　　　⑵　科学の価値　75

　4　正義論から見た有人宇宙探査への公的投資…………………… 79
　　　⑴　人間本性からの論法　79
　　　⑵　リベラルな国家は有人宇宙探査を支援できるか　81

　5　おわりに──公的投資なき有人宇宙探査の未来？…………… 83

第5章　科学技術社会論から見た宇宙事故災害
　　　──スペースシャトル事故から何を学ぶか…………… 杉原桂太… 87

　1　スペースシャトル計画におけるチャレンジャー事故………… 87

　2　ヴォーンによるチャレンジャー爆発事故の見直し…………… 88
　　　⑴　非倫理計算モデル　88
　　　⑵　新たな事故像　90
　　　⑶　逸脱の常態化　91

　3　ヴォーンの研究へのデイヴィスによる批判…………………… 93

　4　デ・ヴィンターによるチャレンジャー事故の分析…………… 94
　　　⑴　科学研究における利害の役割　94
　　　⑵　認識的誠実さの概念の掲示　95
　　　⑶　チャレンジャー打ち上げにかかわる意志決定における
　　　　　認識的誠実さの低下　95

　5　スペースシャトル計画において
　　　非認識的利害が果たした役割…………………………………… 99
　　　⑴　ヴォーンへの再びの注目　99
　　　⑵　職場文化の生成と製造の職場文化、職場の構造的機密性　100

6　デイヴィスの批判に答える─────────101

　　7　今後の宇宙開発へのチャレンジャー事故からの教訓─────102

コラムC｜有人宇宙飛行に伴う生命と健康のリスク─────呉羽　真─104

コラムD｜宇宙動物実験─────吉沢文武─107

第Ⅲ部　新たな生存圏としての宇宙

第6章　宇宙時代における環境倫理学
　　──人類は地球を持続可能にできるのか─────神崎宣次─113

　　1　宇宙船地球号と地球上での持続可能性─────113

　　　⑴　宇宙関連技術と持続可能性　115

　　　⑵　持続可能なシステムに対する外部からの脅威　116

　　　⑶　本章で扱う話題と扱わない話題──宇宙環境倫理学　118

　　2　気候変動問題の技術的解決策としてのジオエンジニアリング──118

　　　⑴　ジオエンジニアリングの倫理問題　119

　　3　持続可能性のための倫理観──宇宙時代における環境徳倫理学─122

　　　⑴　土地倫理は宇宙環境にも適用可能か　123

　　　⑵　他の理論的可能性──徳倫理学的アプローチ　124

第7章　宇宙に拡大する環境問題
　　──環境倫理問題としてのスペースデブリ─────伊勢田哲治─127

　　1　スペースデブリの現状─────128

　　　⑴　スペースデブリとは何か　128

　　　⑵　衛星軌道の区分　129

　　　⑶　デブリの数　129

　　　⑷　デブリの影響　131

　　　⑸　デブリ対策の種類　132

　　　⑹　デブリ対策の現状　133

　　2　スペースデブリにまつわる倫理的諸問題─────134

　　　⑴　環境問題としてのデブリ　134

⑵ スペースデブリと環境価値論　135

⑶ デブリの世代間倫理　137

⑷ デブリの環境正義　138

⑸ デブリのライフサイクルアセスメント　139

3　デブリ対策7項目を環境倫理の観点から見直す━━━━━141

第8章　惑星改造の許容可能性
━━火星のテラフォーミングを推進すべきか　　岡本慎平━143

1　はじめに━━居住可能な地球外の天体　143

2　テラフォーミング小史　144

3　火星のテラフォーミングへの倫理的批判━━━━━147

⑴ 自然の計画的統合性　148

⑵ 包括的な環境倫理学　150

⑶ テラフォーミングの悪徳　151

4　各批判への反論　153

5　おわりに━━賛成すべき理由はあるか　156

コラムE｜宇宙災害と対策━━━━━━━━　玉澤春史━159

第Ⅳ部　新たな活動圏としての宇宙

第9章　宇宙ビジネスにおける社会的責任
━━社会貢献と営利活動をどう両立させるか　　杉本俊介━165

1　宇宙ビジネスの現状と課題━━━━━165

⑴ さまざまな宇宙ビジネス　165

⑵ 民間参入の伸び悩み　168

2　宇宙ビジネスのCSR（企業の社会的責任）━━━━━170

⑴ CSRとは何か　170

⑵ 宇宙ビジネスではCSRはどのように理解されているか　172

⑶ 事例：NTN株式会社　173

3　宇宙旅行ビジネスとマーズワン計画 176
　　　　⑴　宇宙旅行ビジネスの問題　176
　　　　⑵　マーズワン計画は商業詐欺か　177

第10章　宇宙における安全保障
　　　——宇宙の武装化は阻止できるか 大庭弘継 181

　　1　宇宙での安全保障と倫理を語る難しさ 181

　　2　宇宙における軍事力の現状 182
　　　　⑴　現代戦争における宇宙の位置づけ　182
　　　　⑵　宇宙の軍事化と武装化　183
　　　　⑶　偵察・通信・測位衛星　184
　　　　⑷　弾道ミサイル／ミサイル防衛構想　185
　　　　⑸　対衛星攻撃兵器（ASAT）　185
　　　　⑹　大量破壊兵器・対地上攻撃兵器　186

　　3　戦争を阻止しうる規範などの現状 187
　　　　⑴　宇宙安全保障における国際規範の現状　187
　　　　⑵　聖域論　188
　　　　⑶　グローバル化と相互依存　189
　　　　⑷　疑似相互確証破壊　189
　　　　⑸　能力的制約　190

　　4　倫理的論点 191
　　　　⑴　犠牲を語らない戦争倫理は可能か　191
　　　　⑵　倫理を実践する主体の不在　192
　　　　⑶　デュアルユースの問題　193
　　　　⑷　テロなど非軍隊的な安全保障の問題　194
　　　　⑸　構想中の宇宙兵器の問題　195
　　　　⑹　宇宙安全保障の倫理は地球上の戦争の倫理に依存する　196

第11章　宇宙資源の採掘に関する道徳的懸念
　　　——制度設計に向けて理論構築できるか 近藤圭介 199

　　1　はじめに——宇宙資源の採掘に関する道徳的懸念 199
　　　　⑴　宇宙資源を採掘するという試み　199
　　　　⑵　宇宙資源の採掘に伴う四つの道徳的問題　200

2 宇宙資源の採掘をめぐる法的な規律 ……… 202
　⑴ アメリカ合衆国の新しい試み　202
　⑵ 国際宇宙法における規律の不備　203

3 宇宙資源の自由な取得をめぐる議論 ……… 205
　⑴ 「宇宙資源開発利用法」の想定　205
　⑵ ジョン・ロックの所有権論の応用　206
　⑶ ジョン・ロックの所有権論の難点　207

4 宇宙資源の公平な分配をめぐる議論 ……… 208
　⑴ 「月協定」のメカニズムの背景　208
　⑵ 資源取得の平等さからの議論　209
　⑶ 資源開発の公正さからの議論　210

5 おわりに——宇宙資源の採掘をめぐる正義と制度 ……… 211
　⑴ 宇宙資源をめぐる「グローバルな正義」　211
　⑵ 来たるべき制度のための議論　212

コラムF｜衛星情報とプライバシー ……………………… 伊勢田哲治 215
コラムG｜宇宙開発におけるデュアルユース ……………… 神崎宣次 219
コラムH｜宇宙科学と地域社会のコンフリクト …………… 軽部紀子 222

第Ⅴ部　宇宙から人類社会を見直す

第12章　宇宙倫理とロボット倫理 …………………… 稲葉振一郎 229
　1 宇宙倫理概観 ……………………………………………… 229
　2 宇宙植民の倫理 …………………………………………… 232
　3 ロボット——「人造人間」としての …………………… 239
　4 暫定的総括 ………………………………………………… 244

第13章　人類存続は宇宙開発の根拠になるか ………… 吉沢文武 247
　1 宇宙開発と人類存続 ……………………………………… 247

目　次　vii

2　人類存続とはどういうことか ……………………………………… 248

　　⑴　宇宙開発は人類存続にどう寄与するか　248

　　⑵　「絶滅」するのは誰か　249

　　⑶　現在世代　249

　　⑷　将来世代　250

　　⑸　不生世代　251

　　⑹　人類存続の問題を難しくする不生世代　252

　3　不生世代の倫理 …………………………………………………………… 254

　　⑴　不生世代の価値　254

　　⑵　幸福の最大化　254

　　⑶　幸福の総量が本当に問題なのか　256

　4　宇宙のなかで人類が存在し続ける意味 ……………………… 257

　　⑴　現在世代の営みと人類存続　257

　　⑵　宇宙の規模と人間の小ささ

　　　　——人類の営みと存続に関する第一の見方　257

　　⑶　永遠の相の下に見る人間の価値　258

　　⑷　人類の存続と達成

　　　　——人類の営みと存続に関する第二の見方　259

　　⑸　新しい世代の重要性と義務　260

　5　宇宙開発と人類の危機回避 …………………………………………… 261

コラムI｜地球外知性探査とファーストコンタクト ……………… 呉羽　真 264

コラムJ｜宇宙コロニーでの労働者の権利 …………………………… 杉本俊介 267

コラムK｜未来の戦場としての宇宙 …………………………………… 大庭弘継 270

あとがき ………………………………… 伊勢田哲治・神崎宣次・呉羽　真 273

索　引 ……………………………………………………………………………… 277

序　章
宇宙倫理学とは何か

水谷雅彦

1　総合的応用倫理学としての宇宙倫理学

　「宇宙倫理学」という言葉を初めて聞いたときの印象は、「それは何かの冗談なのであろう」といったものであった。実際、最近になって私自身がこの単語をいろいろな機会に話すと、多くの場合失笑がおきる。しかし、少し時間をおいて考えてみると、このテーマが実に豊富かつ刺激的な問題を含んでいることがわかってきた。数年前に京都大学の宇宙ユニット主催の講演会で、「宇宙倫理学事始」というタイトルの報告を伊勢田哲治氏と共同で行ったときには、「私と伊勢田さんはこの分野では世界で5本の指に入る研究者です」というホラを吹いたものだが、幸い現在では、多くの若い哲学、倫理学の研究者の真摯な関心を集めることができ、それが本書の出版につながっている。本書でもしばしば引用されるJ・アルヌーの『イカロスの二度目のチャンス』（Arnould 2011）やT・ミリガンの『月は誰のものでもない』（Milligan 2015）、日本では近年出版された稲葉振一郎の著作『宇宙倫理学入門』（稲葉 2016）を除けば、いまだ「先行研究」と呼べるものが少ないこの新しい研究領域について、ごく簡単に紹介することにしたい。

　ところで、先行研究は少ないとはいうものの、実は日本でもすでに1967年に「宇宙倫理学」という言葉が使用されている。それは、なんと手塚治虫によるもので、『万国博ニュース』という冊子の1967年1月号に収められた

1

「二十一世紀の夢」と題するごく短いエッセイの中にこの語が登場している。この慧眼にはやはり驚くしかない。許可を得て本章のあとにコラムという形で全文を掲載したのでご一読いただきたい。

　さて、○○倫理学というと、生命倫理学や環境倫理学のような応用倫理学を思いうかべる人も多いであろう。確かに、宇宙倫理学を最も新しい応用倫理学の領域であると考えることは間違いではない。しかしそれはどのような意味でなのだろうか。一般に応用倫理学は、20世紀の後半に爆発的に発達した科学技術がもたらした倫理的問題に、法や道徳などの既存の規範が対応しきれておらず、そこに深刻な「指針の空白」（policy vacuum）が発生している、という問題意識に基づいて議論され始めたものである。生命倫理学における臓器移植問題や環境倫理学における地球温暖化問題、情報倫理学におけるデジタル著作権の問題などを考えてみればよいだろう。この意味においては、宇宙にかかわる科学技術が「20世紀後半に爆発的に発達した科学技術」であることは疑いをえないとしても、多くの人々の現在や近い将来の生活に直接影響することはなく、テレビのニュースやSF映画でしか接することのない「宇宙」なるものに関して、いかなる「倫理問題」があるのかは、それほど明らかではない。

　まずここで指摘しておきたいのは、応用倫理学というものが、既存の倫理学理論（たとえば功利主義やカント主義）を特殊現代的な問題に「応用」しようとするものではないということである。むしろ逆に、特殊現代的な問題の存在に着目することによって、そこから従来の倫理学理論を逆照射し、それに新たな反省を加えるという意義の方が強調されてよいかもしれない。そして、宇宙開発に関する技術は、いうまでもなく現在の多様な領域にまたがる最先端の科学技術の集大成であり、この点では先行するさまざまな応用倫理学の領域と密接な関係をもたざるをえない。というより、いささかタコツボ化しているかの感がある現在の応用倫理学の諸領域を再度総合的に考えなおすきっかけを宇宙倫理学は与えてくれると期待できる。この意味で、宇宙倫理学は問題の宝庫であるともいえる。以下では、そのいくつかの問題につい

て簡単に論じることにしたい。

　ただ、具体的な話に入る前に本書でいう「宇宙」とはどういう場所かということを一応確認しておこう。現在、宇宙という言葉は慣習的に地上100km以上の高度を指す。このあたりは希薄とはいえ大気も存在し、地球の重力の影響も強い。国際宇宙ステーションはおよそ地上400kmあたりにあり、いわゆる低軌道の衛星もそのあたりにある。静止衛星軌道はそれよりかなり遠く、地上約36,000kmの距離である。月の地球中心からの平均距離は380,000kmで静止軌道よりさらに10倍の距離となる。探査の次の目標としてよく名前が挙がる火星は、最接近時でも地球との距離は数千万kmのオーダーであり、月までの距離の100倍以上の距離がある。その先の太陽系内、太陽系外、銀河系内外の空間もすべて「宇宙」という一言でくくられる。このように、一口に「宇宙」と言っても、地表の延長線上のような場所から全く人間の探査の手の及ばないところまで多様な場所が「宇宙」という一言でくくられているわけで、大変大雑把な言葉だといえるだろう。ただ、その大雑把にくくられた宇宙について、地上の倫理がそのまま当てはめにくくなるようないくつかの特徴を挙げることができるのもまた事実なのである。

2　環境倫理学と宇宙倫理学

　まず、環境倫理学は、従来の倫理学理論が、特定の時代の特定の共同体の内部における倫理を扱うことが主であったのに対して、「地球環境全体主義」「世代間倫理」を問うことによって、倫理学に大きな転換を迫ったといってもよい。たとえば、アリストテレスの倫理学は古代ギリシャにおけるポリスの存在を前提とし、その中での人間の行為のありかたについて論じていた。また現代倫理学における一つの金字塔であるJ・ロールズの『正義論』(2010)は、特定の「秩序だった社会」における正義のありかたを示すものであった。もちろん現代においては、世界的な富の偏在や絶対的貧困の問題、さらには

序　章　宇宙倫理学とは何か　　3

国家間の戦争といった問題は、いわゆる「グローバル・エシックス」という領域を生み出した。宇宙倫理学はまさに、この転換を引き継ぎ、かつさらに前に進めることになるだろう。

　もっとも身近で喫緊の課題としては、軌道上に大量に存在する「スペースデブリ」と呼ばれるゴミの存在があるが（第7章参照）、それ以外にも、衛星軌道および衛星が使用する周波数帯などの有限資源の配分といった問題が、「地球環境」を越えた「宇宙環境問題」として浮上している。環境倫理学は、地球環境全体を有限な資源ととらえることにより、たとえば土地の私的所有者や領土を領有する国家による自己決定的で自由な使用といった、これまで当然と思われてきた権利に制限を加える根拠を模索してきたといってよい。また南極条約などの例にみられるような「誰のものでもない場所」を設定し、その軍事利用を禁止し国際的に管理するということも行われている。宇宙倫理学は、こうした環境倫理学的問題意識を地球環境を越えて宇宙空間にまで拡張しようとするものであるともいえる。たとえば南極条約に類似したものとしては宇宙条約（「月その他の天体を含む宇宙空間の探査及び利用における国家活動を律する原則に関する条約」）というものがすでに1966年に国連総会で採択されているが、その個々の内容や具体的な実効性に関しての法学、政治学、そして倫理学的な議論はリアル・ポリティックスの前でそれほど深まっているとはいえない。実際、現在の宇宙条約は国家による天体の「領有」を禁止してはいるが、私人によるその「所有」に関する規定はない。もちろん現在の私的所有制度がそれぞれの国家の法律を前提にしている以上、「領有なき所有」はありえないということになる。しかし、近代的所有概念（第11章参照）の嚆矢となった17世紀の哲学者J・ロックの名とともに知られる労働所有論に照らして考えるならば、宇宙開発に関して労力を割いた者に何らかの排他的権利を認めることは、宇宙開発へのインセンティブという点からも考慮すべきであるのかもしれない。さらにいうならば、小惑星の地表を占有することは、小惑星という有体物を所有することなのか、その土地を所有することなのかという概念上の混乱も予想される。

さらに、地球環境が少なくとも人類あるいは地球上に生息する生物にとっての問題であるのに対して、宇宙にはそれら以外の生命体が存在している（将来的に存在する）可能性があるとすれば、宇宙開発によって宇宙環境に何らかの改変が加えられることの是非に関しても議論がなされるべきであろう。これはテラフォーミングと呼ばれる大規模な惑星改造（第8章参照）でなくとも、地球外惑星に探査機を打ち込むといった軽微なものであっても議論の対象になる。次節の生命倫理学的問題とも関係するのだが、地球人類による宇宙開発が地球外生命体の生存や進化にかかわるような環境改変を引き起こすとして、その生物がどのような進化レベル（これもあくまで地球人類からみてのことだが）のものであれば許容される、あるいはされないのかという問題は考えておくべきことであろう。たとえば、それが「知的生命体」であったとするならば、そうした行為が禁止されるのは明らかであるとしても、バクテリアレベルの生命体の存在が確認されていた場合はどうなるのか。もちろん、現在の地球においても、人類による多大な環境破壊のために絶滅に追いやられた動物種は多く存在する。環境倫理学の一部門としての性格ももつ動物倫理学の発想は、宇宙空間にまでその想像力を拡大したときにどのような変容をもたらすのであろうか。

　もっとも迂遠な課題は、環境倫理学が問題にしてきた人類の持続可能性という問題が、人類による環境破壊や人口爆発などの原因をはるかに超えた時間的スパンのなかにもちこまれることによって発生する。かつて宇宙開発を推進するべき根拠とされた人口爆発という問題は、現在のところは以前ほどには「危機」とはされていない。しかし、現在地球を人類にとって生存可能なものとしている太陽にも当然寿命はある。しかしその寿命がつきるはるか前に、太陽の膨張は地球を人類が住める場所（ハビタブルゾーン）ではなくしてしまうだろう。諸説あるが、最短時間は17億5,000万年であるらしい。もちろんそれ以前にも、太陽メガフレアや超新星爆発によるガンマ・バーストといわれる人為ではどうにもならない現象が、地球人類を絶滅させる可能性もある。それが事前に予測された場合、人類が存続するためには他のハ

ビタブルゾーンを探す必要がある。SF映画（たとえば最近では『インタース
テラー』）を想起させもするこの荒唐無稽とも思われる危機意識が示すのは、
実際は「人類の持続」という概念が何を意味しているのかという哲学的な問
題であるのかもしれない。仮に火星などの至近距離にある惑星をテラフォー
ミングによってハビタブルゾーンに改造しえたとしても、現在の地球人口の
70億人が移住することは不可能であろう。さらに、そうした太陽系惑星移
住が不可能な場合は、近くても10光年以上の距離があるとされる太陽系外
の惑星を探さねばならず、そこへの移住は何世代にもわたる恒星間航行が必
要となる。その場合の乗組員とは誰なのか。それはノア夫婦のように生殖能
力を持った個体なのか、人間の脳を持ったサイボーグか、それとも凍結受精
卵、あるいはクローンの作成できるヒトDNAをもった細胞だけでよいのか
といった問いは、これは、次節で扱う生命倫理学的問題へともつながるもの
であるが、同時に人類とは何かという根本的な哲学的問いをわれわれの前に
つきつけることになるであろう。

3 生命倫理学と宇宙倫理学

　生命倫理学は、どのような性質を備えた個体がどのような道徳的配慮の対
象になるかを議論することを通じて、従来の「人間観」の変容を問題として
きた。たとえば、ヒト胚、胎児、脳死体などの扱いや各種の動物への道徳的
配慮などがその例である。そこでは、「生命」のみならず、「人格」や「自己
意識」あるいは「痛覚」などの概念がさまざまな仕方で議論に登場している。
そして、歴史的にみても、この道徳的配慮の対象の範囲は拡大の一途をたどっ
てきたといってよいだろう。現在ではまだ地球外生命体の存在は確認されて
はいないが、もしそのような存在がいるとすれば、それらとどのように接
すべきであるのかを考えておくことは一定の必要がある。とりわけ、地球人
類が恒星間航行を実現する以前に出会うことになったのが「知的生命体」で

あった場合、われわれと接触可能なほどの文明を維持しているからには、数学とともに一定の「道徳」のようなものをもっていると推測することはできるが、数学の場合とは異なって、それが現在地球上に存在しているものと全く異なったものである可能性もある。奴隷を含む身分制の頂点で国王だけが全権を掌握している集団、完全に弱肉強食の倫理観をもった集団、動物タンパクの摂取を罪悪とする集団、挨拶の代わりに性交渉を行う集団、性交渉よりも食事を見られることを忌避する集団、特定の信仰のために無辜の子供を供犠において殺す集団等々、そのような実例はマンガやSFの世界ではありふれている。その場合、どのような「コミュニケーション」が可能であるのかについては多少なりとも哲学的な議論が要求されよう。哲学的には、たとえばS・レムの描く「ソラリスの海」に対してもD・デヴィドソンのいう「寛容の原理（principle of charity）」を求めうるのか否かが問題になるであろうが、倫理的問題としては、たとえば女子割礼（女性器切除）の儀礼の現場にいあわせた文化人類学者などが直面するディレンマと同じであるともいえるかもしれない（ということは、この問題はもちろん宇宙倫理学と隣接する宇宙人類学のテーマでもあることになる。この点に関しては岡田ほか（2014）を参照のこと）。もっと身近では、地域社会において交際する必要のある隣人が強固な人種差別主義者であった場合も想定しうるだろう。さらに、想像力をたくましくしてみれば、宇宙空間において出会う地球外生命体の場合、その集団の倫理観からみて現在の地球において支配的な倫理観が劣悪、劣等のものであり、それゆえに地球人類は絶滅させるべき、あるいは奴隷化すべきであると考えるかもしれない。SFが描くように「ファーストコンタクト」が「ワーストコンタクト」である可能性は否定できないのである。事実、ホーキング博士のように、地球外生命体との安易な接触の試みの危険性をコロンブスと接触したアメリカ先住民になぞらえて警鐘をならす研究者も存在する。

　以上が若干SF的な話であるとするならば、実際に宇宙空間に出る地球人に関してはすでに現実的な問題が発生しつつある。宇宙空間は重力、大気、気温、放射線など、さまざまな点で通常の人間が生活するには過酷な環境で

あり、このために長期滞在者に関しては、その身体的、精神的ケアが必須のものとなる。この問題は、将来的には、長期の宇宙探検に適した身体に改造するというエンハンスメントの可否ということや、サイボーグ化の問題へともつながるであろう（こうした問題に関しては第12章あるいは、稲葉（2016）を参照）。先に述べた生身の人間なら数世代にわたる恒星間航行の場合、とりわけさらに、高機能の宇宙ステーションや月などでのスペースコロニーが実現した場合、地球外で生まれ育つ人間が出現することになるが、その環境の差異によって、それらの子供はもはや地球上では通常の生活ができなくなっているのではないかという危惧が指摘されているが、これらの問題は人類という概念、地球人という概念に対する新しい反省を要求するであろう。生命倫理学の問題からはややずれるが、地球外コロニーで生まれた子供の「国籍」といった問題もこれに付随する。

また、宇宙飛行が国家事業ではなく民間が参入する時代になりつつあるといわれる（第9章参照）が、危険を承知で、つまり「自己責任」で宇宙空間に「私的旅行」を行おうとする者が出た場合、生命の保護を理由に、その行動を規制できるだろうか。かつて日本政府は、太平洋を単独でヨットで横断する計画を立てた堀江謙一に対してパスポートの発行を拒絶した。また、現在でも旅券法には「旅券の名義人の生命、身体又は財産の保護のために渡航を中止させる必要があると認められる場合」にはパスポートの返納を命じることができるという規定があり、実際にも紛争地域であるシリアへの渡航を計画したカメラマンにこの命令が下されたことは記憶に新しい。一般に生命保護などを理由に国家が個人の自由を制限することはパターナリズムといわれるが、シートベルトの着用の強制のようにリベラルな国家においても一定の社会的承認を得ているものもある。現在すでに「マーズワン」という、帰還を前提にしない火星移住計画が企画されており、主催者発表では20万人以上の参加希望者がいるとされているが、その実現可能性はともかく、片道切符での「移住」を国家が規制することができるかどうかが議論されるべきであろう。

4 宇宙倫理学の必要性

　以上のような環境倫理学、生命倫理学的問題以外にも、たとえば情報倫理学的問題としては、宇宙通信の周波数帯域の配分問題や、宇宙空間で獲得された知的財産の問題、そしてなにより宇宙衛星からの地表の「監視」に関するプライバシー問題がある（コラムF参照）。また、宇宙開発が軍事目的でなく私企業による（観光をも含めた）商用利用に転換されるならば、宇宙でビジネス倫理学の問題も浮上してくるであろう（第9章参照）。いずれにしても、まずなすべきなのは、SF的未来にかかわる（まさにそれゆえに原理的な）倫理問題とすでに現実に存在している問題の腑分けであろう。しかし、すでに本章がそうであったように、この腑分けはそれほど簡単ではないかもしれない。先にふれた稲葉振一郎の著書によれば、この二つの中間に「ミドルレンジの宇宙倫理学」というものが考えられるべきであるという。宇宙倫理学の個々の論点の深度を正確に見極めることは、これが一個の学として成立するためには何よりも肝要ではあろう。ただ同時に、一見すると身近な論点をより深い（たとえば存在論や認識論、価値論に関する）論点と関係させること、あるいは逆に、いかにも深淵にみえる論点を、ありふれた実例から再考してみせること、これらもまた、哲学としての倫理学がもともと得意としてきたことであったことを忘れるわけにはいかない。

　また、宇宙開発（とりわけ有人のそれ）に必要な莫大なコストを考えるとき、「宇宙開発よりも絶対的貧困や大規模感染症の撲滅を」というきわめてまっとうな意見をどのように考えるかということが正義論としての宇宙倫理学に課せられた第一の課題であることは疑いえない。表面上は軍事目的がいったん後景に退いたかの感がある現在では、宇宙開発、とりわけコストとリスクの多きさからみた場合に、公的資金による有人宇宙飛行の正当化が一定の困難に直面していることは、「夢とロマン」といった言葉が多用されていることをみても明らかであろう。しかし、私的企業による宇宙旅行の可能性が現実のものとなりつつある現在、この「夢とロマン」を嗤うだけではすまない

序　章　宇宙倫理学とは何か　　9

のもまた事実である。人間の知的好奇心、あるいは宇宙に関する学への情熱そのものを止めることは誰にもできない。だからこそ、そこでは他のあらゆる種類の科学技術と同じく（応用）倫理学が必要とされるのである。

　応用倫理学に対してしばしば向けられる批判の一つに、それが無節操に進展する現代の科学技術の後追い的な承認を行うものにすぎないというものがある。これが誤解であることを示すことは、いくつもの反例を即座に挙げるという点では容易であるが、しかし一方では継続的な自己反省を要求する批判であることも間違いない。先に述べたように、宇宙倫理学は、領域ごとにいささかタコツボ化した応用倫理学を、「人間」「生命」「宇宙」といった壮大な（しかし哲学が古代から問い続けてきた根本的な）問題系に差し戻すことによって再統合する可能性を秘めた新しい領域である。そしてその課題は、この継続的自己反省を徹底して遂行することによってのみ果たされるであろう。

5　本書の構成について

　最後に本書の構成について触れておきたい。本書は5部構成をとっている。第Ⅰ部「宇宙倫理学の方法と総合的アプローチ」は、宇宙倫理学の研究をどのように進めるかという方法論をテーマとしている。そこで強調しているのが「総合的アプローチ」、すなわち宇宙にかかわるさまざまな分野と協力し、それらの分野の知見を総合しながら倫理問題について考えるというスタイルである。第1章を担当する磯部は自身宇宙科学者であると同時に宇宙政策の現状についても詳しく、それらの観点から宇宙倫理学がなぜ今要請されるかを論じている。第2章は、倫理学を（EBMのように）エビデンスに基づいて行う必要性が論じられている。とりわけ、社会科学的知見は健全な議論を行ううえで欠かせないにもかかわらず、軽視されることが多い。第3章として、2016年に行われた宇宙倫理学をめぐる倫理学者（伊勢田）と宇宙科学者（柴田）

の対談を収録している。総合的アプローチを進めるうえで、関連する諸分野がお互いの研究の作法を理解しあうことは必須であるが、異分野間での対話には常に困難が伴う。この対談は、そうした行き違いがちな部分に焦点を当てており、相互理解の手掛かりとなることを期待してここに収録した。第Ⅰ部のコラムでは、その他に連携すべき分野として、宇宙医学、宇宙行動科学、宇宙法学が紹介されている。

　第Ⅱ部「宇宙進出の光と影」は、宇宙開発はどのように進められるべきか（そもそも進められるべきか）という問題についてバランスのとれた議論を志している。宇宙開発はとかく夢や希望という言葉で語られがちであるが、それだけでは良い面と悪い面の両方に着目したバランスのとれた議論はできない。第4章は政治哲学の問題として宇宙政策をとらえ、とりわけ宇宙開発への公的投資が政治哲学的な観点からどのように分析されるかを示す。第5章は技術者倫理でしばしば取り上げられるチャレンジャー号事故を、宇宙倫理学という文脈でとらえなおし、今後の宇宙開発への教訓を引き出そうという試みである。

　第Ⅲ部「新たな生存圏としての宇宙」は、われわれが宇宙へ進出し、そこに住むということにまつわる倫理問題を取り上げる。いわば、環境倫理学の拡張としての宇宙倫理学が考察の対象である。第6章は、宇宙を視野におさめることで環境倫理学や環境対策がどのようにとらえ直せるかを、ジオエンジニアリングや土地倫理といったテーマにそって論じている。第7章は新たな環境問題として、対策の必要性が高まっているスペースデブリの問題に、環境倫理学的な視点を当てはめる試みである。第8章は火星のテラフォーミングを題材に、地球以外の大体の環境を保全することの意味を問い直す。

　第Ⅳ部「新たな活動圏としての宇宙」は、「住む場所」ではなく、「何かをする場所」としての宇宙が引き起こす新しい倫理問題を取り上げる。第9章はビジネスエシックスの観点から宇宙ビジネスについてどのような倫理問題の発生が予想されるかを論じている。第10章は宇宙空間の安全保障への利用について、現在どのような可能性が存在するのか、今後どのような規制が

可能なのかを考察する。第11章は近年動きが活発化する宇宙資源開発につ
いて、規制の道徳的根拠としてどのようなものがありうるかが検討されてい
る。

　第V部「宇宙から人類社会を見直す」は、宇宙から人類という存在そのも
のを見直す、という意識変革の手掛かりとしての宇宙を論じている。第12
章は宇宙植民のためには現在の人類は適していないという認識から、ロボッ
トによる宇宙植民の可能性を論じる。しかし、果たして、ロボットが「植
民」をするのはわれわれにとってどういう意味をもつのだろうか。第13章は、
宇宙開発を進めるべき論拠としてしばしば挙げられる「人類の絶滅を避ける
ため」という論拠を検討する。人類の絶滅は本当に避けるべきことなのだろ
うか、またその根拠は何なのか。

　以上は宇宙開発について生じる（生じうる）多様な倫理問題のほんの一部
でしかない。その他の問題については、第II部以降の各部の「コラム」で簡
単に紹介している。詳細は目次にゆずるが、これらのコラムを本文とあわせ
読むことで、宇宙倫理学の多様性と豊かな可能性を感じていただければ幸い
である。

参考文献

稲葉振一郎　2016『宇宙倫理学入門——人工知能はスペース・コロニーの夢を見る
　　か？』ナカニシヤ出版。
岡田浩樹・木村大治・大村敬一編　2014『宇宙人類学の挑戦——人類の未来を問う』
　　昭和堂。
ロールズ、J　2010『正義論（改訂版）』川本隆史・福間聡・神島裕子訳、紀伊國屋書店。
Arnould, J. 2011. *Icarus' Second Chance: The Basis and Perspectives of Space Ethics.*
　　New York: Springer.
Milligan, T. 2015. *Nobody Owns the Moon: The Ethics of Space Exploitation.*
　　Jefferson: McFarland.

付録｜二十一世紀の夢

手塚治虫

　"人間はいつ月世界を征服できるか？"と聞かれれば、私は"それは大阪で万国博が開かれるまでに実現するでしょう"と答えている。そして、次にやってくるのは、人間が自由に、どこの惑星にでも到達できるほんとうの宇宙時代だ。地上にはヴェトナム問題や紅衛兵騒ぎはない。インターナショナルな世界機構として、宇宙開発をもっぱら扱う"宇宙連合"が結ばれて、いまの国連のように、宇宙航行法が討議され、宇宙倫理学が研究される。そんな時代がくるのを、私は夢ではなく、ほんとうに二十一世紀を迎えるころと思っている。

　いまのところ隘路はエネルギー問題と、人間の食糧と時間だけだ。これは、前者は宇宙に無尽蔵にある光子エネルギー利用が実現すればよい。また、食糧問題はやがてクロレラ培養で、ふんだんに供給されるようになるし、時間の問題は冷凍方式による人工冬眠法で解消できる。

　こんな時代の人間はまさにミュータントと呼ぶにふさわしい。いくつかの人工臓器を具えた、機械化された機能をもつ"宇宙人"である。彼らは優生学的に改良を加えられた人工授精により、いよいよ優秀な人間ばかりになってくる。あるいは姓名という固有名詞はなくなって、×××号という精子バンクで命名された符号によって住民登録されるに違いない。

　彼らミュータントの著しい身体的特徴は、小型化していることである。宇宙人はピグミー族よりもっと矮小であり、ほぼネズミか昆虫ほどの大きさである。これは恐竜やマンモスの悲しい歴史をみるまでもなく、あらゆる動物は、大型化し始めると絶滅の時期がやってくる、という自然淘汰に照らしても間違いない。食糧および棲息する土地の確保が困難になるからである。

　ところで、このような人間＝宇宙人は、新しい宇宙移民法により、続々と地球をあとに、広大な宇宙へ向かって雄飛していくことであろう。それは、かつて私たちの祖先が未知の大陸に挑んだときより、はるかにすばらしいフロンティア精神と、優秀な知性をもって、である。

　私には、そのときの光景が、現在の空想科学マンガの一コマより、もっと強烈で、あざやかに想像できるのである。　　　　（『万国博ニュース』1967年1月号）

第Ⅰ部

宇宙倫理学の方法と総合的アプローチ

第*1*章
宇宙活動はなぜ倫理学を必要とするか

磯部洋明

1 宇宙活動の現在

　本節では、まず宇宙活動に馴染みのない読者が本書を読む際の助けになる
よう、今人類は宇宙空間で、ないし宇宙に関連してどのような活動を行って
いるのかを概観する。つぎに宇宙活動を取り巻く社会的および学術的な状況
を解説し、なぜ今宇宙倫理学に取り組む意義があるのかを考察する。最後に、
天文学を専門とする自然科学者の立場から、宇宙倫理学に期待することを述
べる。

　序章でも触れられていたが、慣例的におおむね地上100km以上を宇宙と
呼ぶ。この高度は領空の上限としても利用される。すなわち高度100km以
上であれば、人工衛星等、ある国の打ち上げた物体が他国の上空を通過して
も領空侵犯とは見なされない。

　人類の宇宙における、ないし宇宙に関連した活動を表す言葉の主なものに
は宇宙開発、宇宙利用、宇宙探査、宇宙科学がある。これらの間には互いに
関連ないし重なりがある。最初に、宇宙へ行くことで何ができるのかという
観点から、宇宙活動を利用形態別に整理する。

(1) 地球周回軌道の人工衛星の利用

　地球周回軌道上にある無人の人工衛星の利用は宇宙活動の最も主要な形である。主な用途は通信・放送、地球観測、測位、そして宇宙望遠鏡等の科学観測である。

　衛星通信と放送の区別を確認すると、衛星を介在させて地球上の離れた2点間の双方向通信を行うのが衛星通信であり、衛星から多数の受信者に向けて信号を放送するのが衛星放送である。衛星通信・放送は地震や津波等の地上の災害の影響を受けにくいため防災上の利点があるほか、地上のインフラが整っていない地域にも需要がある。通信・放送は宇宙利用の中でもっとも産業化が進んだ分野であり、民間事業者が自ら衛星を調達、運用してビジネスを行っている。

　衛星による地球観測（リモートセンシング）は地球の広範囲を観測できるという利点と、領空侵犯せずに他国の状況を偵察できるという利点があり、安全保障および民生の幅広い用途で利用されている。民生の用途は気象観測、洪水や山火事等の災害監視、国土管理、農林水産業、資源探査、温室効果ガス等の環境観測、地球科学観測などである。取得できる情報は観測波長によって異なり、通常の写真を撮ることのできる光学望遠鏡のほか、電波を用いたレーダーは夜間や雲があるときでも地表の様子を知ることができる。また、反射波を用いて高精度の標高データも取得できる。また赤外線域まで含めた分光観測により、地表・海面の温度や植生などの情報を得ることも可能である。近年の技術の進展により解像度は上昇してきており、民間企業から購入できる衛星写真でも解像度が1mを切るものがでてきている。複数の衛星を連携させることにより撮像頻度を向上させることが近年の傾向であり、いくつかの企業が多数の小型衛星群で地球全域を常時カバーするような計画を持っている。

　米国のGPS（Global Positioning System）に代表される衛星測位は、複数の衛星からの信号を受信することで地球上の受信者の位置を知るシステムであ

る。全地球をカバーする衛星測位には約30機の人工衛星からなる巨大なシステムが必要である。GPSは軍事目的で開発されたシステムであるが、近年は航空機や船舶の運航、カーナビゲーションなど幅広い民生分野で利用される社会インフラとなっている。しかし依然として運用の主体は米軍であるため、米軍の恣意的な運用が可能なシステムに社会インフラを依存することを嫌い、現在米国以外では欧州、ロシア、中国が独自の全球的衛星測位システムを構築中である。日本は当面は独自の全球的測位システムは保有せず、米国のGPSを補完・補強する形で、日本近辺において超高精度の衛星測位を実現するシステムの開発運用を行っている。このシステムが実用化すると最高で数センチ程度の誤差での測位が常時可能になり、それにともなって新たな利用形態が生まれることも期待されている。

上記以外の主な衛星利用としては、宇宙望遠鏡や宇宙プラズマ観測などの科学研究目的の利用がある。宇宙科学については後述する。

(2) 弾道飛行

ロケットで宇宙空間へ行くが地球周回軌道に乗らずに地表に戻ってくることを弾道飛行と呼ぶ。弾道ミサイルの飛行がこれに相当する。民生分野では短時間の科学観測等で利用されている。将来的には地球上の2点間の高速輸送に利用することも検討されている。

(3) 地球周回軌道以遠の無人宇宙機

地球周回軌道以遠における無人宇宙機による宇宙活動は、これまでのところ学術目的の探査・観測と工学技術実証を目的として行われている。また、小惑星等の資源探査や天体衝突回避のためのミッションなどが将来的な可能性として検討されている。

(4) 有人宇宙活動

生身の人間が宇宙空間に行くことを伴う有人宇宙活動として現在行われているのは、国際協力による国際宇宙ステーション（ISS）と中国の有人宇宙活動である。

ISSは、米国、ロシア、欧州、日本、カナダの5カ国による国際プロジェクトであり、常時3〜6人の宇宙飛行士が滞在して、基礎科学と産業応用の両方を目的とした物質科学、生命科学等の実験や、地球および宇宙空間の観測等を行っている。またISSからの超小型衛星の軌道への放出や、教育目的のプログラム、商用目的の映像の撮影など、科学実験・観測以外にも多様な目的で利用されている。ISSの運用は2024年に終了予定で、その後は有人宇宙活動に関しては、各国から発表されている計画はあるものの、現状では見通しはやや不透明である。

ISS以外では、中国が独自の有人宇宙輸送機と宇宙ステーションを開発・運用している。また、民間による主に観光を目的とした有人宇宙飛行の計画が複数あるものの、現時点では実現に至っていない。

(5) その他の宇宙活動

自前でロケットや衛星を開発・運用する能力をもつことはその国の宇宙活動の自律性の確保のために必要である。特にロケットの開発は安全保障上の意義が大きいため、主要国は国家の戦略的技術開発として行ってきた。近年は民間による独自のロケット開発も盛んになりつつある。

また、ロケットの打ち上げ場や通信用アンテナなどの地上インフラの整備や、宇宙活動にとって障害となる宇宙デブリや太陽活動の監視（宇宙状況把握）もそれ自体で宇宙活動の一部と位置づけられる。

2 宇宙政策の現状

　日本の宇宙活動は、長年にわたって、学術研究だけでなく、地球観測等の実用衛星においても研究開発に重きが置かれてきた。このため、気象衛星のように比較的早い時期から社会インフラとなっている事業があるにもかかわらず、全体としては、社会的要請よりも学術研究と同じような研究者・技術者の関心に基づいた研究開発という性格が色濃かったといえる。宇宙開発利用に関する世論のインターネット調査においても、宇宙開発利用は再生可能エネルギーや医療技術など他の科学技術と比べて日本経済への貢献や将来性といった項目では評価が低いが、「夢がある」というイメージをもたれているという結果がある（太郎丸 2015、藤田・太郎丸 2015）。

　このように、公的資金を用いているにもかかわらず社会からの要請に必ずしも応えられてこなかったという反省から、2008 年を境に、日本の宇宙政策は大きな転換をとげた。この年制定された宇宙基本法は、内閣総理大臣を本部長とする宇宙開発戦略本部を設置し、この本部が宇宙基本計画を策定・実施することとなった。また、内閣府の下には宇宙政策委員会がおかれ、宇宙政策に関する事項を内閣総理大臣の諮問をうけて審議する態勢となった。これにより、宇宙開発の計画策定は文部科学省などの各省庁から、内閣府に一元化されることとなった。

　このような制度上の変更により、研究開発中心から社会解決のための宇宙利用を重視へと宇宙政策の方針が転換された。宇宙基本法制定を受けて最初に制定された宇宙基本計画（2009 年）は比較的それまでの宇宙開発利用を踏襲したものになっていたが、2013 年に決定された次の宇宙基本計画では宇宙利用の拡大と自律性の確保を二本柱とされ、研究開発中心から宇宙利用・宇宙産業促進へと政策の重心の転換がはっきりと示された。さらに 2015 年に決定された宇宙基本計画では安全保障分野を重視する姿勢が鮮明に出ている。

　このように、政府が主導して特定の技術の開発・利用を強力に押し進めよ

うとするとき、当然その技術の負の側面や副次的な効果まで視野に入れた総合的な評価に基づいた政策決定がなされるべきであろう。また、宇宙開発はそもそも何のために行うのかという基本理念を明確にしてこそ、はじめて有人宇宙開発を今後も継続するのかどうかといった具体的な戦略を考えることができるはずである。これらは人文社会系の知見が生きる問いではあるが、宇宙開発戦略本部や宇宙政策委員会の態勢は、そうした人文社会系の知識が取り込まれるような形にはなっておらず、宇宙基本計画にも人文社会系の視点は希薄である。

　もう一つ問題だと思われるのが、政策決定レベルにおけるドラスティックな変化と、実際に宇宙開発利用に携わる研究者、技術者などの当事者の意識との間に大きなずれが生じている可能性である。現場の研究者・技術者の意識は、宇宙政策が安全保障やビジネスへと大きく舵を切る中でも、それほど大きく意識が変わっているようには見えない。結果として、一方では政策レベルから降りてくる安全保障の論理やビジネスの論理、他方では現場側の気分として根強い学術研究の論理や「人類の夢」といったフンワリしたものがないまぜになった形で、宇宙開発利用が進行しようとしている。この側面が特に顕著に表れているのが有人宇宙開発だと思われる（第4章参照）。こうした多様な見方、価値観が入り乱れる状況を整理してよりよい政策決定のための議論の見通しをよくするのは倫理学（者）が得意とするところであろう。

3　宇宙政策の直面する問題

　宇宙開発利用の政策決定にまつわる問題は、単に多様な価値観がかかわるということだけではない。そもそも日本の宇宙政策は、国際的な枠組みと無関係にはありえない（コラムB参照）。その枠組みの基本となっているのが、日本を含め宇宙活動を行うほとんどの国が批准している宇宙条約（1967年発効）である。この条約は、宇宙探査や利用の自由、天体の国家による領有の

禁止、宇宙空間に兵器を置くことの禁止などを定めている（これらの具体的内容については第10章、第11章なども参照）。この条約をはじめとした宇宙関連の条約を監督するのが国連宇宙空間平和利用委員会（COPUOS）で、国際的な宇宙政策はこの委員会で検討される。しかし、現在の宇宙政策には、この50年前の条約だけでは処理しきれず、より具体的に倫理的な考慮を要するように思われる側面がいくつか存在する。

（1）デュアルユース

　第一に考慮しなくてはならないのが、宇宙技術は軍事と民生の両方で用いられるいわゆるデュアルユース技術としての側面が強いということである。宇宙科学技術に限らず多くの科学技術に軍事転用の可能性はあるのだが、ロケット技術をはじめ、宇宙開発のための技術のうちのいくつかは、とりわけこの側面が強いように思われる（デュアルユースの問題はコラムGも参照のこと）。それに加えて宇宙分野の特徴として挙げられるのは、宇宙開発利用がそのごく初期から「宇宙への夢」的なものと軍事とが入り交じっていたことだろう。宇宙開発の揺籃期は、もっぱら宇宙旅行を夢見る個人の活動として宇宙開発のための基礎研究がなされた。この時期を代表する名前として、ツィオルフスキー、ロバート・ゴダード、ドイツの宇宙旅行者協会などが挙げられる。転機となったのは第二次世界大戦だった。ナチスドイツがフォン・ブラウンらの宇宙旅行者協会に目をつけて、フォン・ブラウンを開発責任者としてV2ミサイルを開発させた。このミサイル開発に携わったドイツの技術者たちは戦後に東西両陣営に引き抜かれ、彼らの技術が米ソの宇宙開発の基礎を作った。よく知られているように人間を月に送ったアポロ計画のサターンロケットの開発の中心はフォン・ブラウンであった。アポロはソ連に対する技術的な優位性を示すために進められたが、人間を月に送り込むという事業は、ハードパワー（直接的な軍事力・経済力）というよりはソフトパワー（価値観や文化による影響力）的な側面をもっていた（鈴木 2011）。実際、アポロ

第1章　宇宙活動はなぜ倫理学を必要とするか　　23

の月面着陸は、超大国アメリカの国力の示威としてだけでなく、ナショナリズムを超えた人類の偉業としても受け取られている。

　日本においては、きわめて例外的なことに軍事的なものを排して宇宙開発が進められてきた。宇宙の「平和利用」というとき、非侵略（non-aggressive）、つまり攻撃的な利用はダメだが偵察等の防衛的な利用は許されているというのが国際社会での一般的な解釈だが、日本は「平和利用」を「非軍事（non-military）」利用と解釈し、防衛目的も含めて安全保障目的での宇宙利用を厳しく制限してきた。しかし、衛星通信、測位等がコモディティ化してきたことを受け、2008年に施行された宇宙基本法では第十四条に「国は、国際社会の平和及び安全の確保並びに我が国の安全保障に資する宇宙開発利用を推進するため、必要な施策を講ずるものとする」という条文が入ったことで、安全保障分野での非侵略的な宇宙利用を行うように方針転換された。

　宇宙科学の研究者たちにとって、こうした安全保障の問題をどう考えたらよいのか、どういう研究なら倫理的に許容され、どういう研究から手を引くべきなのか、というのは、大変頭がいたく、またなかなか答えの出ない問題である。宇宙倫理学はこの問題について考えるヒントを与えてくれるだろうか。

(2) 宇宙活動のアクターの変化

　宇宙政策において倫理学的な考察が現在求められるもう一つのポイントは、アクターの多様化である。宇宙活動はかつて限られた先進国が国家事業として行うものであった。冷戦終了後にロシアが国際宇宙ステーションに加わることで、東西対立から国際協力へと宇宙活動の体制が変化したかに見えたが、近年は中国やインドをはじめとする新興国の宇宙開発が活発になっている。特に中国は、ソ連（ロシア）と米国に続いて、人間を宇宙に運ぶことのできる有人宇宙輸送機を持つ3番目の国となり、独自の有人宇宙ステーションを運用するなど、宇宙分野でも大国の存在感を示すようになった。イ

ンドも月と火星の探査を実現させるなど存在感を増している。また、南米、東南アジア、中東、アフリカなどの国々も宇宙機関を設立して宇宙活動に参入してきている。

　民間のアクターも多様化している。ロケットや衛星等を製造する民間企業等も、かつては各国の政府と密接に連携し、事実上の国家政策を担っているという側面が強かった。しかし近年は衛星の小型化なども受けてベンチャー企業による衛星やロケット開発も盛んになってきている。また、衛星やロケットを開発製造するいわゆる宇宙機器産業だけでなく、地球観測データや衛星測位を利用してさまざまなサービスを提供する、いわゆる宇宙利用産業が拡大し、それまで宇宙とはかかわりが薄かったさまざまな業種の企業の参入が急増していることも最近の特徴である。

　民間アクターによる宇宙開発という点では、民間宇宙旅行や宇宙移民計画も近年注目を集めている。高度100kmを超えて戻ってくる弾道飛行は、民間の技術力でも不可能ではないところまできており、遠くない将来商業的な弾道飛行が実現するかもしれない。また、米国の実業家イーロン・マスクが経営するスペースX社は、すでにISSへの物資輸送などの実績を積み上げているが、長期的な構想として、火星旅行、火星移民等を目標に掲げている。このような民間の動きをうけて、新しいガバナンスの枠組みが求められているが、まだその具体的な姿は見えていない。

　宇宙はこれまで「特別な領域」だったが、社会インフラ化し、さまざまな宇宙利用産業が興ることで、個々人の生活に密接にかかわるようになってきた。身近になってきた一方で、いやだからこそ、それまで常識だった社会や人間のあり方を揺るがすようなものがでてきたりする（たとえば、コラムFで取り上げられるプライバシーの問題など）。そうした新たな問題をあぶり出すことも倫理学に期待できないだろうか。

第1章　宇宙活動はなぜ倫理学を必要とするか　　25

4 宇宙科学・探査の抱える哲学的問題

　ここまでは、衛星利用などの非常に現実的な宇宙開発利用という側面から、どういう点で倫理学（者）の働きが期待されるか（されうるか）を整理してきた。それと密接に関係しながらも、若干性格が違うのが宇宙科学・探査である。この面でも、哲学的な視点が役立ちうる局面がある。

(1) 宇宙科学と宇宙探査

　まず用語の整理を行う。宇宙科学は宇宙を対象とした科学研究全般を指す。地上からの観測や人工衛星に搭載した望遠鏡を利用した観測などに基づいて行う「天文学」は宇宙科学に含まれるが、宇宙探査とは通常呼ばれない。宇宙探査という言葉は、実際に他の天体や宇宙空間に宇宙機を送り出すことを指す。宇宙探査には、学術的な関心に基づく宇宙科学的な側面と、将来的に他の天体や宇宙空間を利用可能にするための技術開発という側面がある。すなわち、宇宙科学と宇宙探査は重なりをもつが、どちらかがどちらかに包含されるという関係にはない。

(2) 他天体への進出のはらむ問題

　かつて月や金星や火星などの太陽系内の天体は、望遠鏡で観測する「天文学」の対象だった。しかし有人、無人の「探査」を行えるようになってきたことで、人類活動が直接影響を与える場所になってきた。そうして人類が他の天体に影響を及ぼす際に何に気をつけなくてはならないのか、どんな問題が生じるのかについて、われわれはまだほとんど何も知らないと言っていいだろう。第8章で扱われる他天体の環境改変をめぐる考察や第11章の資源の所有権についての考察は、そうした未知の世界への糸口となってくれるだろう。

　一方いまだ天文学に属する系外天体でも、系外惑星が続々と見つかりだし

てきて、かつてSFでしかなかった地球外生命探査が真面目な科学目的になりつつある。それは究極の他者としての地球外知性とのコミュニケーションの問題を以前より幾分は切迫した問題としてとらえさせる（岡田ほか 2014、コラムI参照）。また地球に一番近い恒星系であるプロキシマケンタウリでの惑星の発見を受けた系外惑星の直接探査の可能性は第12章のロボットによる深宇宙探査の抱える倫理的側面の議論につながる。

(3) 一天文学者が宇宙倫理学へ期待すること

ここまではある程度客観的に、宇宙開発利用とその政策決定や宇宙科学・宇宙探査において倫理学者に何が求められそうか、ということを整理してきた。以下では、もう少し個人的な思いとして、一人の天文学者が宇宙倫理学に期待することを述べたい。

宇宙空間を利用する宇宙時代がくるずっと前から、天体や宇宙全体のことを対象にする天文学はあった。もともと暦の作成や航海にとって必要な実学と、「この世界はどういうところか」的な問いに答える営みという両方の側面があった。今でも各国宇宙機関が合同で出している "Space Exploration Strategy" には、宇宙探査（この文脈では宇宙科学と読み替えても差し支えない）の目的は「"Where did we come from?" "What is our place in the universe?" and "What is our destiny?"」といった人類にとっての根源的な問いに答えることだと書いてある。現代の天文学は「役に立たない」学問の自然科学における代表格と言える。

比較惑星学による地球環境のより深い理解、小惑星衝突からの惑星防衛、太陽活動の地球環境と人類の活動への影響を探る宇宙天気研究など、天文学が人類に直接役に立つ部分はある。しかし、宇宙の大規模構造や遠方の銀河やブラックホールの研究が直接役に立つ日は、永久にこないとは言わないまでも予見可能な未来にくるとは考えにくいし、研究者もそれを目指して研究しているわけではない。

有人宇宙探査もそれと少し似ていて、何のためにやるのかよくわからない
し、少なくとも公的資金を使った有人宇宙探査を正当化することは難しそう
ではあるが、にもかかわらずそれをやろうとしている人たちは少なからずい
る。

　結局のところ、私たちが住んでいるこの世界のことをよりよく知ることが
私たち一人一人の人生にとって何を意味するのかを考えることなしには、天
文学や（有人）宇宙探査の成果は私たちにとって意味ないし価値のあるもの
になりえない。ここで必要とされているのは倫理学だけではなく、もっと広
義の哲学や人類学、あるいは文学や芸術といったものかもしれないが、倫理
学が貢献できる部分は大きい。

　物理学者のスティーブン・ワインバーグは「宇宙は理解すればするほど無意
味に思えてくる」と言った（ワインバーグ 2008：216）。しかし意味は人間が付
与するものである。宇宙の物理的振る舞いを無意味と思うかそこに何らかの意
味を見いだすかは、私たちが何を考えるかによっている。同じく物理学者のフ
リーマン・ダイソンはそこからさらに踏み込み、「我々は単なる観察者ではなく、
宇宙のドラマの俳優である」「宇宙の長期的な未来の詳細は、生命と知性の影
響を考慮することなしには計算できない」と述べている（ダイソン 2006：231）。

　宇宙における私たちの存在の意味と、宇宙でよりよく生きるための知恵を
見いだすことを、宇宙倫理学に期待している。

参考文献
岡田浩樹・木村大治・大村敬一編　2014『宇宙人類学の挑戦——人類の未来を問う』
　　昭和堂。
鈴木一人　2011『宇宙開発と国際政治』岩波書店。
ダイソン、F　2006『宇宙をかき乱すべきか（上・下）』鎮目恭夫、筑摩書房。
太郎丸博　2015「宇宙開発に関する世論調査」京都大学文学部社会学研究室　2014
　　年度社会学実習報告書。http://hdl.handle.net/2433/197949（最終閲覧2017年10
　　月25日）
藤田智博・太郎丸博　2015「宇宙開発世論の分析——イメージ、死亡事故後の対応、
　　有人か無人か」『京都社会学年報』23、1–17頁。
ワインバーグ、S　2008『宇宙創成はじめの3分間』小尾信彌訳、筑摩書房。

第2章
宇宙倫理学とエビデンス
──社会科学との協働に向けて──

清水雄也

1 エビデンスに基づく宇宙倫理学

(1) なぜエビデンスか

応用倫理学における一つの目標は、社会が直面する重要な具体的道徳問題について、「我々はどうすべきか」という主張を倫理学的観点から確立し、意思決定指針を社会に提案することにある[1]。そして、本書のテーマである宇宙倫理学もまた、そのような応用倫理学の一分野である。本章では、まだ始まったばかりの宇宙倫理学という領域が、今後より頑健で有益な進展を遂げるために必要となる一つの方法論的要件を明らかにしたい。それは、倫理学的主張にエビデンス（科学的根拠）[2]を与えることであり、そのために他の科

---

1 もちろん、応用倫理学の重要課題はこの点だけにとどまらない。たとえば、さまざまな個別領域の道徳問題を検討することで一般的または原理的な倫理学的考察を深めることも応用倫理学の重要な側面であり、そこでの貢献も宇宙倫理学に期待されている（Baum 2016、呉羽 2017）。また、倫理学を人間がもつ社会性や倫理性の探求としてとらえるならば、個別領域での人間の行動を研究することでそのような知の獲得を目指すことも応用倫理学の重要な仕事と位置づけられるべきだろう（本書コラムA）。しかし、本章ではこの点には立ち入らず、具体的な道徳問題を解決するための活動としての応用倫理学という構想を中心に議論を進める（宇宙倫理学の目的については本書序章、第1章、第3章でも論じられている）。

2 本章では、さまざまな科学的根拠を広く「エビデンス」と呼ぶ。ここでの用語法は、医療（EBM）や政策（EBP）の領域で定着しつつあるものと齟齬をきたすものではないが、想定されるエビ

学分野と積極的に協働していくことである[3]。

宇宙倫理学における規範的主張の多くは、事実に関する記述的主張に依存する。たとえば、宇宙探査の道徳的正当化に関する主張を導く推論は、しばしばその前提に自然や社会に関する特定の主張を含んでおり、その主張が正当化されていなければ結論を受け入れる理由を提供することができない。したがって、宇宙倫理学を論ずる者が知的な説得によって人々に主張を受け入れさせようとするならば、その主張を導く推論に必要な前提（背景的な主張）が、真である、または十分に確からしいということの根拠を示す必要がある。

(2) なぜ協働か

しかし、必ずしも倫理学的な議論に参加する者が事実に関する主張の真理性や確からしさを擁護するための相応しい方法に通じているわけではない。特に、それが日常的な観察や推論によってはとらえきれないような高度に複雑な事象である場合、非専門家がその種の事柄について述べられることは非常に限られたものとなるだろう。事実に関する洗練された主張を確立するためにはエビデンスが不可欠である。宇宙倫理学的主張の多くは、科学によるバックアップを必要とする。

本章では、以上の論点を提示するにあたり、特に社会科学との協働が要求されるケースを取り上げる。ここで社会科学を取り上げるのは、宇宙倫理学との関連性が、自然科学や工学との関連性と比べて見落とされがちであると

デンスの要求水準は、それらの領域よりも相対的に低い。応用倫理学の主張がシステマティッ
クレビューやランダム化比較試験に基づくことを強く要求するのは、少なくとも現段階では非
現実的であり、生産的でないように思われる。応用倫理学にふさわしいエビデンスの要求水準
が具体的にどの程度なのかという問題は、別途詳細な議論を要する。

3　ここでの議論は、メタ宇宙倫理学とでも呼ばれるべき範囲に属するものであり、特に宇宙倫理
学の方法論を主題とする。いまのところメタ宇宙倫理学あるいは宇宙倫理学方法論を論じた文
献は少ないが、シュワルツの論文「宇宙倫理学の方法論について」（Schwartz 2016）がある。
ただし、当該論文は、宇宙倫理学と価値概念との関係に注目したものであり、本章の内容と重
なるところは少ない。

思われるためである[4]。社会科学よりも自然科学や工学との関係に興味のある読者は、各々の関心にひきつけてさまざまなケースを考えてみてほしい。なお、以下では、宇宙倫理学と呼ばれうる領域のうち、特に宇宙の探査・開発をめぐる道徳的諸問題の解決を目指す知的かつ社会的な活動に焦点を当てるが、ここでの議論は、より広い意味での宇宙倫理学、さらには応用倫理学一般に対しても一定の意義をもつことが期待されるものである[5]。

2 問題の重要性

(1) 三つの協働場面

宇宙倫理学の主張が社会科学のバックアップを必要とする場面は大きく三つに分けられる。第一に問題の重要性を訴える場面、第二に主張の正当性を確立する場面、第三に提案の実効性を請け合う場面である。本節では、まず第一の場面について説明する。

---

4 応用倫理学の中でも分野によって、社会科学的知見の重要性が意識される程度は異なるだろう。たとえば、ビジネス倫理学は当初から社会科学との融合分野という側面をもつが、生命倫理学では医学的・生物学的知見は当然重要視される一方で、社会科学への注目度合いは比較的低いように思われる。もちろん、生命倫理学において社会科学的知見が無視されているというわけではない。たとえば、キャンベルは、生命倫理学の入門書において、生命倫理学における社会科学的視点の重要性を（手短かにではあるが）指摘している（キャンベル 2016）。

5 応用倫理学という領域それ自体について主題的に論じた著作において、倫理学者の奥田は次のように述べている。「個々の具体的な倫理問題に立ち現れてくる既存の倫理の問い直しは、社会として取り組むべき問題であり、倫理学はその一翼を担いうるにすぎない。そのようにして既存の倫理の問い直しの一翼を担うには、倫理学に対して、さまざまな異領域とのコラボレーションが要求されるであろう。そうなると、どのようなコラボレーションのあり方がありうるのか、また、望ましいのか、という課題が立ち上がってくる」（奥田 2012：26-27）。本章の企図は、宇宙倫理学という特定の応用倫理学分野に焦点化しつつ、この課題に応えようというものでもある。ただし、奥田自身は、具体的な倫理問題に応用倫理学が異分野と協働しつつ解決を与えるべきだという（本章の前提でもある）ストレートな見解に対しては一定の距離をとっている（奥田 2012：29-30）。

(2) 問題の重要性と資源の有限性

　他の多くの学問分野と同様、宇宙倫理学の研究もまた自らが取り組む具体的な問題を設定することから始まる。たとえば、「有人火星探査を実行すべきか」「スペースデブリの抑制・除去に関して責任を負うのはどの主体か」「月面基地の建設は許されるか」「エイリアンに初めて出会ったときにどう行動すべきか」といった問題である。そして、それら具体的な問題に対して（暫定的であれ）答えを出すことが研究の目標となる。

　具体的な問題を設定し、それに取り組む者には、自らの研究課題が何らかの意味で重要性をもつことを示すことが求められる。これは、金銭・人材・時間といった、研究に必要な資源が有限であることによる。もちろん、すべての問題について、その重要性を逐一厳密に見積もらなければならないと考えることは不合理だろう。しかし、宇宙倫理学が公共的な貢献を目指す社会的活動であるならば、問題自体の重要性に注意を払い、それを明示化する努力は必須である。

(3) 問題の重要性のエビデンス

　この場面において、宇宙倫理学に社会科学の知見が必要となる場合がある。ごく単純な例として、有人火星探査実施の可否を道徳的な観点から問うような課題を考えてみよう。この問題の重要性を訴える一つの理路は、そのようなプロジェクトが莫大な公的支出を伴うという事実に訴えるものである。つまり、有人火星探査を実施するか否かということが公的資金の使途に大きな違いをもたらすという事実が、有人火星探査の可否を（道徳的な観点から）問うような研究課題の重要性を訴える根拠となりうるのである。そして、そのような公的支出額に関する知識は、原理的には社会科学の領分に属するものである。この例であれば、公開されている公式資料を参照することで比較的容易に情報を得ることができるかもしれないが、必要な情報がいつも非専

門家によって簡単にアクセスできる場所に置かれているとは限らない。そのような場合には、体系的に調査することで初めて自らの研究課題の重要性を確からしいものとすることができるだろう。そして、精度の高い調査は、専門的技能をもつ科学者でなければ遂行できない。ここに協働の有効性ないし必要性が生じる。

上の例では行為選択によって生じる違いが問題となっているが、その他では、たとえば、ステークホルダー関係の範囲と構造、当該問題に対する社会的関心、当該問題がもつ歴史的意義といったことが、問題の重要性を考えるうえで重要な社会科学的論点となるだろう。

宇宙倫理学が有限の資源に配慮し、公共の利益に資することを目指す学問分野であろうとするならば、意識的に重要性の高い研究課題を設定していくことが欠かせない。そして、研究課題の重要性を見積もるためには、しばしば社会科学的エビデンスが必要となる。課題設定の段階において、すでに宇宙倫理学と社会科学との協働可能性が模索されるべきなのである。

3 主張の正当性

(1) 倫理的主張の正当化

宇宙倫理学とエビデンスとの関係を論じるうえで最も重要なのは、第二の場面、すなわち具体的な倫理的主張を正当化する場面である。設定された具体的な問題に関するさまざまな事実について、単なる直観や日常的な経験則に頼るのではなく、科学的な調査と推論に基づいた知見を獲得することが、個々のケースにおける倫理的主張の正当化には欠かせない。専門的な手法による調査や厳密な科学的推論によらない記述的主張を含む倫理学的な論証は正当性を欠くおそれがある。

本節では、特に社会科学の知見が宇宙倫理学における具体的主張の正当化

に寄与すると考えられるいくつかの仮想的なケースを挙げる。社会科学の知見といってもさまざまな種類のものがあるが、ここでは便宜的に、過去や現在のある時点おける個別的事象に関する知見と、一定の一般性をもつ因果性に関する知見とに着目し、それぞれのケースについて考えてみよう。

(2) 天体改変と文化的意義

まず、個別的事象に関する社会科学的知見と宇宙倫理学との関係を見ていく。ここで最初に取り上げるのは、文化的意義という観点から天体の人為的改変に反対するような議論である（Milligan 2015：Ch. 8）。より具体的には、資源採掘やテラフォーミングといった企てに対して、当該天体がもつ文化的意義を根拠に反論を展開し、それらの保護を主張するような議論である。たとえば、太陽系の惑星や月は古くからさまざまな文化圏で神話や伝説と結びつけられてきたため、それらを採石場や居住地などとして利用し、その神聖性やインテグリティを損なうことは、諸文化に対する道徳的に許されない侵犯であると論じることができるかもしれない。

この種の議論がどこまで正当化できるかということは、当然、部分的には意義や価値といった概念に関する哲学的・倫理学的な理論や原則に依存する。しかし、その別の部分は、人々が当該天体に対してどのような文化的意義をどの程度まで認めているのかということに依存する。そして、人々が各天体にどのような文化的意義をどの程度まで認めているのかという情報を正確に獲得することは容易ではない。常識的知識や簡単な文献調査によってその手掛かりを得ることは可能であろうが、それだけで議論の正当化に十分な知見を得られるとは考え難い。ここでは、文化人類学や社会学によるフィールドワークやインタビューが有効であろう。また、さまざまな社会集団がもつ文化的背景を解き明かす歴史学や考古学の研究もまた大きな役割を果たしうる。社会科学の専門的知見に依拠することで初めてそれらの記述的主張を前提に含むような倫理学的推論は確からしいものとなるだろう。

(3) マウナケアの望遠鏡

これと類似した問題として、30メートル望遠鏡（Thirty Meter Telescope：TMT）の問題を挙げることができる[6]。TMTとは、現在ハワイのマウナケア山頂に建設中の超大型望遠鏡であり、この国際プロジェクトには日本も参加している[7]。TMTの問題とは、一部の地元住民がマウナケアにおけるTMT建設に強く反対することで天文学コミュニティが直面することとなった問題である[8]。天文学が追求しようとする科学的価値と当該地域に暮らす住民が守ろうとするマウナケアの文化的意義との関係をどう考えるべきかという問題は、宇宙倫理学にとっても重要な研究課題である。そして、ここでもやはり先に挙げたような社会科学分野による専門的な調査が、倫理的判断を正当化するための基盤として要求される。反対運動の内実や背景は、マスメディアなどによって取り上げられる当事者や関係者の発言のみから測り知れるほど単純なものではない。非専門家の観察や思い込みに基づいて倫理学的議論を重ねることは、場合によっては有害でさえあるだろう。

(4) 原子力利用とリスク計算

つぎに、因果性に関する社会科学的知見が宇宙倫理学的主張の正当化と関

---

6 TMTの問題は狭義の宇宙開発問題ではないが、宇宙倫理学の範疇に含まれうる論点であり、また近年の宇宙科学コミュニティにおける倫理問題として印象深いものであるため、ここで取り上げることとした。

7 TMTは、アメリカ・カナダ・インド・中国・日本の5カ国による国際共同プロジェクトである（マウナケアにおけるTMT建設問題については本書コラムHで詳しく論じられている）。

8 科学哲学者のステムウェデル（Stemwedel 2015）は、TMTへの現地住民による反対運動をきっかけに明らかとなりつつある天文学コミュニティ内外での倫理的コンフリクトを、関係者へのインタビューに基づきながら論じている。もちろん、ここでもステムウェデルによるインタビューは議論の端緒を与えるためのものにすぎず、特定の倫理的主張を正当化するには方法的な厳格さを欠くものである。とはいえ、このことによって当該記事の内容が価値をもたなくなるわけではない。

連性をもつケースを考える。ここでは原子力を用いた宇宙探査の正当化について論じた議論を取り上げてみよう。哲学者のグレイヴスは、宇宙探査における原子力利用について、それがもたらすリスクにもかかわらず、功利主義的にはベネフィットがコストを上回るという理由で、義務論的にはリスクが受け容れ可能な範囲にとどまるという理由で、その許容が正当化されるという議論を提示している（Graves 2016）。

　この論文でグレイヴス自身が明示的に展開している内容については別途検討を要するが、それとは別にこの論文には明らかな不備がある。それは、宇宙探査における原子力利用の（道徳的な）負の側面に直接的な健康リスクしか数え入れられていないという点である。つまり、社会・文化・政治・経済的なリスクは考慮されていないのである。他方で、正の側面には原子力を用いた宇宙ミッションに伴う専門家の雇用創出といった社会的または経済的な利益が挙げられているが、これについてエビデンスは提示されていない。

　原子力利用を伴うミッションが何らかの専門家雇用を用意するということ、もしミッションがなければ当該の雇用はなくなるということ、このことはほとんど自明である。しかし、重要なのは、そのような雇用が「ある」場合に生じる損益と「ない」場合に生じる損益との差である。原子力を用いた宇宙ミッションが雇用創出を通じてもたらす（引き起こす）ベネフィットを倫理学的な根拠として持ち出すためには、この差が生じるということを示さなければならない。そして、それは経済・労働・産業といった領域の経済学・社会学的な調査と、適切な推論技法を用いることでしか明らかにできないことである。そして、このような社会科学的知見を用いた証拠集めは、雇用創出以外のさまざまな論点についてもなされなければならない。宇宙探査における原子力利用について、考慮に値する負の側面は直接的な健康リスクだけではないかもしれない。正の側面についても、そこでの雇用創出が本当に大きなベネフィットなのか、他に重要な論点がないのか、科学的に検討する必要がある。

(5) 科学の発展と倫理学のハードル

　ここで必要とされているような因果性に関する知見は、仔細なデータ収集、適切なモデリング、厳密な推論に基づかなければ得られないものである。一般的に、科学における因果関係の探究は最大の関心事にして最大の難問であり続けてきた。特に社会科学においては、さまざまな理由により因果性を研究することが自然科学以上に困難であり、そのため、因果関係を明確な研究主題とすることや因果探究のための方法論を体系的に共有することが、自然科学の多くの分野と比べて少なかった。

　しかし、近年、この状況に大きな変化が起きている。統計的に因果関係を推論するための理路と技法が劇的に整備され（Pearl 2009）、それらが普及し始めたことで、経験的に因果を解明する社会科学的研究が急速に洗練されつつある（Morgan & Winship 2015）。この潮流の主たる舞台は計量経済学であるが、同様の傾向が政治学や社会学でも見られる。一方では、これまで社会科学には適合しないと考えられてきた実験研究が積極的に試みられるようになり（Moffatt 2016）、また他方では、非実験状況の観察データを適切に用いることで統計的に因果を分析する研究がより洗練されたかたちで展開されるようになっている（Imbens & Rubin 2015）。また、統計的因果推論の急速な発展を受けて、非計量的（質的）な調査からの因果推論も政治学を中心に強い関心を集めており、社会科学方法論の見直しが各領域で進んでいる（ジョージ&ベネット 2013）。

　もちろん、このような因果推論の興隆にもかかわらず、社会科学における因果関係の探究は相変わらず困難である[9]。しかし、少なくとも従来と比べて

9　稲葉（2016）は、宇宙開発に関する議論の射程をショートレンジ／ミドルレンジ／ロングレンジの三つに区別し、社会科学が因果関係の解明を通じて詳細に予測しうるのはショートレンジの範囲のみであるとしつつも、社会科学的知見に基づいてミドルレンジの範囲で生じうる可能的状況をラフに予測しつつ倫理学的に有意義な議論を立ち上げようとしている（本書第12章も参照）。その射程設定の妥当性は別途問われるべき難問だが、因果推論や予測が及ぶ範囲を見定め、その範囲内で社会科学的知見に依拠した応用倫理学的探求を推進するという態度は、エビデンスに基づく宇宙倫理学の基本方針として踏襲されるべきものである。

第2章　宇宙倫理学とエビデンス　　37

推論のための理路と技法が大きく発展・普及しつつある現在、具体的問題に関する応用倫理学的研究が踏まえるべき知見の水準も高くなっていると見るべきだろう。科学の進展を把握し、適切な要求水準を再設定することで、より確からしい前提に基づく宇宙倫理学を構築し続けなければならない。

　本節の議論をまとめよう。宇宙倫理学が確立を目指す規範的主張の正当化には、しばしば社会科学的知見が要求される。要求される知見の種類は複数あるが、いずれもその領分に特化した専門的な研究手法を用いなければ十分に信頼できる仕方で得られない。しかるべき領域の専門家と協働し、エビデンスによって正当化された倫理的主張を確立することを目指すべきである。特に、社会事象間の因果関係をデータから推論する技法が近年急速に発展してきていることは、宇宙倫理学にとっても重要な含意をもつ。因果推論の理路と技法が高度化し、普及するにつれて、倫理的主張に要求されるべき正当化のハードルも高くなる。このハードルを越え、より確からしい事実認識に基づく主張を展開していくためにも、社会科学との協働はますます重要となっていくはずである。

4　提案の実効性

(1) 倫理的提案の実現可能性

　宇宙倫理学が社会科学的知見を必要とする第三の場面は、倫理的主張に基づく実践的提案の実効性を考慮する場面である。宇宙倫理学を論ずる者が特定の問題に関する自らの見解にコミットするならば、それが実現されることを望むはずである。そして、その際にもまた、社会科学の知見が大きな役割を果たす。

　一般的な道徳理論を追求する場合とは異なり、応用倫理学の場合、最終的な提案が実効性をもつことは重要な要件である。しかし、政治哲学者のウル

フが述べるように、哲学ではしばしば「現在の状況からはかけ離れすぎて、哲学者以外の人にとってはまったくとんでもないと思えるような見解を擁護している」ことがある（ウルフ 2016：3）。ときに現実を大きく超える規範的主張を打ち立てることは倫理学の使命ですらあるだろうが、それは実現可能性をつねに度外視してよいということを意味しない。たとえば、公共政策にかかわるような倫理的主張について考えるならば、「ある人の議論がもつ知的な力がどのようなものであろうとも、公共政策は純粋な理性の領域ではないということは受け入れられねばならない。そして、もし公共政策は純粋な理性の領域であるとしても、他人を説得せねばならないという課題は残るのだ」（ウルフ 2016：5）。

(2) 提案の実効性のエビデンス

この点を考慮するならば、現在の社会状況から出発して、どのような倫理的主張に実現可能性があるのかを考え、それを実現するためにどのような内容の提案を、どのような仕方で打ち出すべきかを、宇宙倫理学は考えなければならない。しかし、そのような探求は明らかに狭義の倫理学を超えている。これを達成するためには、たとえば、社会学や政治学の知見を頼りに現在の社会的状況を明確に記述し、経済学や法学の知見に基づいてある提案のもつ合理的な受容可能性を検討するというプロセスが必要である。また、特定のコミュニティに暮らす人々の文化的背景を文化人類学や歴史学の知見をもとに明らかにしておくことが必要となる場合もあるだろう。社会科学によって裏づけられた実効性がなければ、宇宙倫理学の社会に対する提案は実際的な意義を大きく欠くことになると思われる。

倫理的提案の実効性を請け合うために役立つ社会科学的知見として、たとえば、宇宙開発に関する世論の調査や分析（藤田・太郎丸 2015）は非常に重要である。宇宙開発に対する人々の態度や言説の状況を把握することで、より支持されやすい提案が可能となるはずだからである。また、宇宙に関連す

る文化人類学的研究（岡田ほか 2014）も同様の役割を果たしうるだろう。

　政治・経済的状況、文化的背景、社会構造、これらを明らかにすることは社会科学の重要な目的である。そして、宇宙倫理学による要請は、そういった科学的知見の意義をより高めるだろう。エビデンスに基づく宇宙倫理学の企ては、倫理学の社会科学に対する一方的な依存をもたらすわけではない。この相互関係については、本章の最後で再び論じる。

5　応用科学としての宇宙倫理学

(1) ありうる反論と応答

　以上、本章では、宇宙倫理学が頑健で有益な領域となるためにエビデンスを重視すべきであるということ、そして各科学領域の専門家と協働すべきであるということを、問題の重要性を訴える場面、主張の正当性を確立する場面、提案の実効性を請け合う場面という三つの場面に分けて論じてきた。すでに述べたように、ここでは特に社会科学との関係を扱ったが、自然科学についても同様に宇宙倫理学はその専門家との協働を必要とする。

　ここで、ありうる反論について簡単に応答しておこう。第一に、宇宙倫理学の主張に科学が必要なのは自明であり、あえてそれを主張するのは無益であるという反論が考えられる。確かに、このことを全く理解していない者は少ないだろう。しかし、本章の目的は、このほとんど当然とも思われる事実をただ漫然と述べ立てることにはない。ここでの眼目は、なぜ／どのように、宇宙倫理学に科学との協働が要求されるのかということを明確化し、その実現を促すことにある。

　第二に、宇宙倫理学が規範的主張を確立しようとするたびに科学者との協働を要求するのは非現実的であるという反論があるかもしれない。これも的外れではないが、誤解は避けたい。まず、私は、すべての宇宙倫理学研究が

倫理学者と科学者との共同研究でなければならないという強い主張をするつもりはない。科学文献を利用することで必要な情報を引用できる場合もあるだろう。しかし、このやり方には少なくとも二つの現実的制約がある。一つは「倫理学的な議論をする人が常に科学文献を十全に理解することができるわけではない」という能力的制約であり、もう一つは「倫理学的な議論に必要な科学文献が常に都合よく用意されているわけではない」という機会的制約である。実際、宇宙の探査・開発に関する社会科学的研究は、これまでのところ、それほど活発ではないように見える。社会科学にとって宇宙はまだマイナーな主題にとどまっている。したがって、宇宙倫理学と社会科学とが協働することの重要性が理解され、積極的にプログラム化されていくことが望ましいと考えられる。宇宙倫理学の側から、宇宙社会学や宇宙経済学といった宇宙社会科学の活性化を要請していくことも重要だろう。

(2) 応用倫理学と応用科学

　最後に、宇宙倫理学がその一角をなす応用倫理学という学問領域一般について、本章の議論と関係する一つの側面を強調しておきたい。宇宙倫理学に限らず、応用倫理学はその本性からして科学としての側面を不可避的にもつ。それは、科学的知見に基づいて、応用倫理学的主張を確立しなければならない（ことがある）ためである。なお、この事態は逆から見ることもできる。すなわち、いずれかの科学領域が、記述的主張の確立という仕事を超えて規範的主張を目指す際には、倫理学や哲学の知見が要求されることになる。具体的な問題に対して規範的主張を展開する科学を応用科学（の重要な一部分）と呼ぶならば、応用科学もまたその本性において応用倫理学（応用哲学）としての側面をもつのである。

　本章では、倫理学者が議論する場面を主に想定してエビデンスの必要性を訴えてきたが、科学者が規範的主張を確立しようとする場面に着目すれば、価値や道徳に関する哲学的知見の必要性が強調されることとなっただろう。

第 2 章　宇宙倫理学とエビデンス　　41

これは、応用倫理学と応用科学という二つの領域が、少なくとも一つの意味においては、同種の課題設定を共有していることによる。

すでに確立されているそのような応用科学領域としては、医学、工学、環境科学、政策科学、厚生経済学などを挙げることができるだろう。また、その他の自然科学や社会科学の領域においても、より個別的な問題圏に応用科学的な視点で取り組むものも少なくない。これらの領域では、科学的方法に基づいて世界の現実的状況や因果関係を分析しながら、最終的には規範的判断に基づいた実践的結論を導くことが目標となる。そして、規範的判断に基づく実践的結論の導出や正当化は、まさに応用倫理学の目的でもある。

本章の議論を通じて、倫理学者と科学者の双方が協働の必要性をより深く理解し、互いの活動に対する関心を高め、宇宙倫理学の交差点で出会うことを願う[10]。

---

10 本章では倫理学と科学との協働を強調してきたが、ここでの主題はメタ倫理学において「自然主義」や「実在論」と呼ばれている議論とは基本的に独立である。たとえば、規範倫理学における理論や概念の形而上学的ないし認識論的ステータスについて、本章はいかなる主張も意図していない。ここでの議論が、メタ倫理学や規範倫理学のさまざまな議論とどのような関係にあるのかという点については別途検討したい。

参考文献

稲葉振一郎　2016『宇宙倫理学入門――人工知能はスペース・コロニーの夢を見るか？』ナカニシヤ出版。

ウルフ、J　2016『「正しい政策」がないならどうすべきか――政策のための哲学』大澤津・原田健二朗訳、勁草書房。

岡田浩樹・木村大治・大村敬一編　2014『宇宙人類学の挑戦――人類の未来を問う』昭和堂。

奥田太郎　2012『倫理学という構え――応用倫理学原論』ナカニシヤ出版。

キャンベル、A・V　2016『生命倫理学とは何か――入門から最先端へ』山本圭一郎・中澤英輔・瀧本禎之・赤林朗訳、勁草書房。

呉羽真　2017「人類絶滅のリスクと宇宙進出――宇宙倫理学序説」『現代思想』45(14)、226-232頁。

ジョージ、A＆ベネット、A　2013『社会科学のケース・スタディ――理論形成のための定性的手法』泉川泰博訳、勁草書房。

藤田智博・太郎丸博　2015「宇宙開発世論の分析――イメージ、死亡事故後の対応、有人か無人か」『京都社会学年報』23、1-17頁。

Baum, S. D. 2016. The Ethics of Outer Space: A Consequentialist Perspective. In J. S. J. Schwartz & T. Milligan (eds.), *The Ethics of Space Exploration*. New York: Springer, pp. 109-123.

Graves, P. R. 2016. The Risks of Nuclear Powered Space Probes. In J. S. J. Schwartz & T. Milligan (eds.), *The Ethics of Space Exploration*. New York: Springer, pp. 239-249.

Imbens, G. W. & Rubin, D. B. 2015. *Causal Inference for Statistics, Social, and Biomedical Sciences: An Introduction*. New York: Cambridge University Press.

Milligan, T. 2015. *Nobody Owns the Moon: The Ethics of Space Exploitation*. Jefferson: McFarland.

Moffatt, P. G. 2016. *Experimetrics: Econometrics for Experimental Economics*. London: Palgrave.

Morgan, S. L. & Winship, C. 2015. *Counterfactuals and Causal Inference: Methods and Principles for Social Research* (2nd edition). New York: Cambridge University Press.

Pearl, J. 2009. *Causality: Models, Reasoning, and Inference* (2nd edition). New York: Cambridge University Press.

Stemwedel, J. D. 2015. The Thirty Meter Telescope Reveals Ethical Challenges for the Astronomy Community. *Forbes* http://www.forbes.com/sites/janetstemwedel/2015/06/12/the-thirty-meter-telescope-reveals-ethical-challenges-for-the-astronomy-community/#77b456254572（最終閲覧2017年10月25日）

Schwartz. J. S. J. 2016. On the Methodology of Space Ethics. In J. S. J. Schwartz & T. Milligan (eds.), *The Ethics of Space Exploration*. New York: Springer, pp. 93-107.

第3章
宇宙の道と人の道
——天文学者と倫理学者の対話——

対談者：柴田一成・伊勢田哲治　　司会：呉羽　真

　本章は、2016年10月24日に京都大学宇宙総合学研究ユニット（通称「宇宙ユニット」）と宇宙倫理学研究会が合同で開催した公開対談の記録の一部を抜粋し、修正を加えたものである。来場者との議論を含む対談全体の模様は、宇宙ユニットのウェブサイト（https://www.usss.kyoto-u.ac.jp/etc/161024_Shibata-Iseda_Seminar.pdf）で公開している。

1　はじめに——趣旨説明と自己紹介

呉羽　対談を始めます。まずわたし、宇宙ユニットの呉羽から、企画趣旨を説明させていただきます。宇宙倫理学研究会で論文集を出すにあたり、哲学・倫理学コミュニティの外部の方の視点を取り入れたくて、研究会代表で宇宙ユニット・文学研究科の伊勢田先生と対談していただける人を探し、同じく宇宙ユニット・理学研究科の柴田先生にご快諾いただきました。なぜ柴田先生にお願いしたかと申しますと、宇宙ユニットでは「宇宙総合学」というリレー講義をやっていまして、コーディネーターが柴田先生で、伊勢田先生も「宇宙倫理学」という回を担当されているのですが、昨年度、伊勢田先生の講義を聴いて、柴田先生が「宇宙倫理学者は無責任なんじゃないか」という印象を受けたというお話をうかがっていました。そこで、この機会にぜひ柴田先生から率直に厳しいご意見をいただこうということでお願いした、とい

う経緯になります。では、お二人の自己紹介をお願いします。

柴田 宇宙ユニットの副ユニット長をやっております、柴田と申します。理学研究科附属花山天文台の台長をやっておりまして、宇宙における爆発現象に興味をもっています。20世紀後半、宇宙であらゆる天体が爆発を起こしていることがわかってきて、最初は遠方の銀河の中心における大爆発を解明しようと思ったのですが、いろいろ調べていくと身近な太陽の表面でも爆発が起きているとわかりまして、共通の物理学を解明しようということで一緒に研究しています。最近その太陽の爆発が地球にいろんな影響を与えているとわかってきました。通信障害とか、大停電とか、人工衛星の故障とかいっぱい被害が起きているのですが、それを予測すれば被害を少しは少なくできる。「宇宙天気予報」というのですが、そういう社会につながる研究分野に足を踏み入れました。わたしが常々思っていた、自分の好きなことをやって一生遊んで暮らすというのと全然違う人生に足を踏み入れだして、ちょっと人生観が変わりました。年を取ると、だんだん人類のためとかいうことも考えないといけないということがあり、倫理学とかにもすごく興味があって、今日はきました。

伊勢田 わたしは伊勢田と申します。文学研究科に所属しておりまして、科学哲学・倫理学などを専門としております。

　一番主な専門が科学哲学です。科学の方法論に関して哲学の観点から議論をしたり、あるいは科学の定義、つまり科学と科学じゃないものはどこで線を引くのかという問題について考えたり、科学というものについていろんな角度から考える分野になります。

　もう一つ倫理学という分野をやっていまして、こちらが今回の主な話になると思いますが、もともとは功利主義などの非常に抽象的な倫理学の研究から始めたのですが、だんだんいろいろな現実の問題に倫理学の理論、考え方、研究の仕方などを当てはめたらどんなことができるだろうかと思って応用倫理学をやるようになりました。応用倫理学では科学技術倫理、情報倫理、工学倫理、動物倫理などをやってきました。たとえば動物倫理では、動物を人

間はどう扱うべきか、人間には人権があるけど動物にも同じような権利があるのかないのか、といった問題を考えています。

　その中で、この宇宙ユニットに誘っていただいたときに、宇宙の問題は倫理学で扱えないんですかと聞かれました。そのときは宇宙倫理学についての知識はなかったのですが、人間のやることなすことたいてい倫理と結び付くので、できますよと軽く引き受けまして、それ以来やっております。幸い同じことに興味をもってくれる人たちもいて、宇宙倫理学研究会というものをやっております。宇宙倫理学にもいろいろな問題がありますが、一番主な話題としては、宇宙開発に関して何か倫理的な問題は生じないか、たとえば火星に人間が植民することに関して環境倫理学的な問題が生じないかとか、宇宙の資源は勝手に自分のものにしていいのかとか、そういった問題を主に扱っています。宇宙倫理学の試みは、まだまだ始まったばかりなのですが、できるだけいろいろな人の話を聞きながら、もっと議論を深めていきたいなと思っております。

2　宇宙倫理学は無責任？

呉羽　では、最初の話題に入ります。柴田先生に、なぜ宇宙倫理学は無責任だと感じられたのかを述べていただきます。

柴田　倫理というのは皆さんも高校のころに勉強されていると思いますけど、道徳とか、生きていくための社会的規範を教えてくれるのが倫理学だと、われわれは教わったんですね。生命倫理というのは、iPS細胞とかがどんどん発展して、いまや臓器がいろいろ作れる。そのうち人間だって作れるかもしれない。そんなことをやっていいのかどうか。もっと現実的な問題だと、iPSはいいとしても、受精卵を使うのは、生命倫理にもとるのではないか。科学者が勝手な興味だけで侵してはならない神の領域に入っていいのかとか、そういう類いの話かなと。宇宙倫理学も、人類が危険極まりない宇宙

に飛び出そうとしているけど、勝手に行っていいのかどうか。そういうことに対する答えを、伊勢田さんの講義で教えてもらえると思ったら、倫理学は、答えは教えません。考える仕組みだけ教えます。答えは皆さんで考えてくださいと。なんて無責任なという、それがわたしの感想でした。

伊勢田 いま生命倫理との比較の話がありましたが、確かに、たとえば病院には倫理委員会というのがあって、そこで生命倫理担当の人たちがいて、そういう人たちはわりとはっきりしたルールをもっていたりするわけです。よく言われるのは、生命倫理には四つの原則があって、患者の自己決定を大事にするとか、患者に危害を加えないとか、よいことをするとか、ちゃんと公平に扱うとか、そういう基本的なルールに従って医療は行われなくてはいけない、という考え方です。確かに、こうしたある程度話が進んだ分野では、具体的なアドバイスもできます。

　ただ、倫理学自体が何かそういう答えを教えられる存在かというと、実はあまりそうではない。倫理学の一番基本的な理論というのは、一つじゃないんですね。功利主義は幸福が一番大事だからそれを判断の基礎に据えなさい、という立場ですが、何が倫理の基本になるかについては他の考え方もあります。カント主義という立場の場合は、「人格」と呼ばれる存在、もっと日常的な言葉でいえば「ひと」が大事であり、お互いを「ひと」として尊重せよ、と言います。徳倫理学という立場は、何をするかよりどんな人になるかの方が大事で、「徳」を身につけよ、と言います。

　このように、われわれの倫理的な規範の一番基礎になるのは何かを話したときに、倫理学者はお互いに意見が食い違っていて、全く一致を見ないんです。それは倫理問題というものに本質的なことで、問題の性質上そうならざるをえないんじゃないかと思います。

柴田 それこそいいかげんすぎるんじゃないですか。意見が違うのは当然で、天文学や宇宙物理学でもさまざまな意見がありますけども、それを戦わせて普遍的な法則をできるだけ見つけていく。それが学問のあるべき姿でしょう。食い違うからしようがないというのでは、もう努力を放棄しているとしか思

えないんです。

伊勢田　もちろん、これらの議論はそれぞれ戦わされてきたわけで、特に功利主義と義務論と呼ばれる立場——カント主義はこの一種になります——の論争はもう何十年も続いています。戦わせてみてわかるのは、あるところまでは議論できるということです。ちゃんとした議論として成立するところは成立するんです。しかし、あるところを越えると、その先は、確かにこうも言えるし、あの立場もあるし、この立場もありうる、というようなことになる。価値の問題というのは、実験で白黒ついたりはしないんですね。

柴田　そこらへん、今日はいろいろうかがいたいと思ったところなのです。いわゆる自然科学の場合には、自然現象の観察、観測、実験で、ある程度は客観的というか誰がやっても同じようなデータが取れると思うんですね。そういうものから何か方針を探し出す。哲学とか倫理学では、そのデータに相当するものはいったい何なんだろうというのが素朴な疑問です。

呉羽　その話に行く前に、その授業でどういう問題を扱われたのかを説明していただけないでしょうか。

伊勢田　柴田さんが聞いて無責任と思われた授業というのは、宇宙開発に関する倫理問題を考えようというテーマで、特にどのぐらい環境倫理学のやり方が当てはめられるかを考えましょうという授業でした。火星に生物がいるかもしれないと言われていますが、いずれにせよ、地球上のような生態系が存在しない火星の自然を保護するべきかどうか。環境倫理学では、そういうものに客観的な価値があるかどうかを考えるときに、一種の思考実験をやるんですね。どんな思考実験かというと、人間にとってある自然とか風景を破壊することが全くメリットもデメリットもないという仮想的な状況において、スイッチ一つでそれを何もかも破壊してしまえるとする。そのときその自然や風景を破壊しても構わないと思うか、いや、特にメリットもデメリットもないんだったらむしろ破壊してはいけないと思うか、そういうことについて考える。このときに、やはり破壊しては困るとわれわれみんなが思うのであれば、われわれが火星の自然や風景というものに客観的な価値を認めて

第3章　宇宙の道と人の道　　49

いることになります。そういう話をしたんです。これも、実際にどう反応するかというのは、やってみなければわからない。実際、わたしの授業で学生にアンケートをとったら、別に構わないよという人と、やはりそれは困りますという人、半々くらいでそれぞれいるわけです。

　そのときに、こちらが正解ですよと言うのは倫理学を教えるときのわたしの仕事じゃないと思います。いろんな議論をしているうちに、こっちの立場がどうも擁護できないということになる可能性はありますが、取りあえず授業の中でのわたしのスタンスとしては、まずはこういう思考実験について考えてもらう。それについて考える中で、何が問題となりうるのかを把握する。たとえば、火星の自然を破壊することで何が問題になりうるかを理解するうえでは、こういうことを考えに入れる必要があると知ってもらう、それが授業の目的です。

柴田　そこまでの過程は貴重だと思えますが、そこでやめているというのが無責任だと。つまり、答えを出すのはわたしの仕事じゃないということだけど、わたしは別に伊勢田さんの答えを聞きたいのではなくて、倫理学というものがわれわれ人類社会に教えてくれる答えを知りたいんです。決してすごく偉い先生個人が言ったからということではなくて、倫理学全体としていろんな考え方を全部網羅したうえで、じゃあ現在の人類は火星に行くときにどうすればいいのか。その答えを出して、それを実際に応用していく。そこまで行って、初めて倫理学の責任を果たしたということになるんじゃないかと思うんです。

伊勢田　わたしがよく授業で言うのは、こういうものに正解はないけれども、ましな答えはあると。だから、いろんな答えが全部等価であると言うようであれば、全く無責任であると思います。

柴田　それでいいと思います。それは、どんな学問だってすべてわかるわけじゃないので。

伊勢田　いろんな選択肢の中で、この選択肢はさすがに誰も支持しないし、こっちは支持する人も支持しない人もそれぞれいて、こちらはどの立場から

見ても「あり」だ、みたいな、そういう序列化はある程度可能です。議論していくうちに、こっちはこっちよりまだましかな、となる。どういうときにこっちがましと判定されるかというと、たとえば、先ほどいくつか倫理学の基礎理論があると言いましたけど、どの立場から見てもこれよりはこっちだよというある程度の共通の答えが出る場合があるんです。生命倫理学の四つの基本的な原則というのはこのよい例で、どういう基礎理論を採用しようが、それぞれ違う理由なんですけども、いろんな立場から見て、やはり患者の自己決定は大事だなという判断になる。なので、自己決定は大事にしましょうというのが一つの結論です。

　宇宙倫理に関しても、たとえば今後、火星に人類が行くときに、どんなことに気を付けなければいけないかに関して、たぶん同じような原則は作れると思います。ただ、生命倫理学においてはある程度の議論が繰り返されたうえでそういう立場が出てきたわけですけど、宇宙に関して議論するうえでも、やはりある程度は議論が繰り返され練られてこないと、そういうものが見えてこないんです。

柴田　「練られる」というのは、どういう意味ですか。

伊勢田　たとえば、先ほどの思考実験がありますよね。こういうものに対して、いろんな人がいろんなリアクションをするわけです。その中で、いや、それはないだろうというものもあれば、あっ、確かにそうだなというのもある。そして、また別の思考実験が考えられて、それに対する人々の反応が集められる。そういう形で進めていって、何が本当に大事なのかとか、何が問題なのかというのを、だんだん練る。

　哲学は何をデータとしているのかという先ほどの質問にお答えすると、基本的には、こういう思考実験などについてみんなでよく考えたときに出てくる答えが、一応データのような存在になります。ただ、それは決して間違えないものではなくて、議論しているうちに変わりうる。人間にとってメリットもデメリットもないけど、火星の自然を完全に破壊していいかどうかという問題に対する答えも、いろいろ話を聞いているうちに変わったりするわけ

第3章　宇宙の道と人の道　　51

です。それは、別に構わないといいますか、そういうものなんです。ただ、そうしたプロセスの中で意見が収束していくなら、そういうものがデータみたいな役割を果たします。

柴田 ある意味で、人間に関するデータと思ったらいいですか。人間の思考というか、発想というか。

伊勢田 そうですね。最終的に倫理学は、人間——ホモサピエンスという意味での人間には限らないのですが、少なくとも人間と同じ意味で倫理というものを理解して行動できる存在——にとってのものです。われわれは何をすべきかと考えるわけですが、当然ながらその問いは、何をするべきかという問いを理解できる存在のためにあるわけです。その問いについて、われわれが使えるデータは、結局、われわれがいろんなものについて下している判断なわけです。倫理学というものは、われわれがよく考えたうえで出す判断というのを、ある種のデータみたいなものとして扱わざるをえない。

柴田 それは、当然、時代によって変わってくるわけですね。

伊勢田 そうですね。ただし、価値について学問的に語れるのかという話をするときに——たとえば火星の自然をスイッチ一つで破壊するという思考実験では、火星の自然に価値があるかどうかを判定しているわけですが——、われわれが価値というものをどんなふうに扱っているのかを考える必要があります。そしてそこで気づくのは、決してわれわれは、自分の価値というものを単なる相対的なものとしては語らないということです。

柴田 わたしなんかがどういうふうに理解するかというと、そのときにどういう価値判断をするかに応じて、われわれの生存確率が変わってくると。そこでベストな判断をしないものは絶滅していくだろうと。結局、生き残ったものの価値判断で、ある意味では宇宙の進化にのっとって、答えが決められていくのかなとかね。それこそ傍観者的なふうに思ってしまうんです。もちろん、そんなことで社会はやっていけないから、ちゃんと倫理学者に頑張ってもらって、わたしたちも一緒に考えてやっていくしかないんですけども。そういう倫理とか、道徳とか、宗教もそうかもしれないですけど、生存して

いくためにやっぱりそれは必要で、そのおかげでわれわれは社会をここまで発展させてきた。その帰結じゃないかと。それを、倫理学者はもう少し慎重なやり方で理解しようとしていると、わたしは勝手に思っているのですが、どうですかね。

伊勢田 外から見られる立場は、それで全然構わない。ああ、人類は、こんなふうに進化してきたんだなと。だから、進化的な理由で、こういう価値をもっているんだなとか、外から観察している人は、それでいいんですが、まさに倫理を生きなくてはいけないわれわれ、中の人間としては、それでは困るわけです。

柴田 だから、無責任じゃないかという話になるんです。

伊勢田 無責任じゃないかとおっしゃいますが、われわれが何をするべきかと判断するときには、われわれ自身がいろんなケースを見てどんな判断をするか以外に、何かデータになりうるものはあると思いますか。

柴田 わたしは、経験に基づいてね。人類の歴史がいろんなことを教えてくれると思うんです。このとき、このグループの人々はこういう価値判断をしたので生き延びたとかね。あるいは、別のグループはそこで大きな失敗をしたとかね。

伊勢田 われわれにとって、そんなに生き延びることが大事でしょうか。

柴田 やっぱり、ここまで生き延びてきたということは、そういう生き延びる方策を考えてきたわけで。それは、やはりご先祖さまのおかげであり、そのつながりをここで断ち切らないようにするのは、つぎに続く人々に対する大きな責任だと思います。

伊勢田 柴田さんが個人的に先祖へのご恩義を感じられることは、もちろん構いませんし、それによって柴田さんが研究されているのはいいことだと、わたしは個人的に思います。でも、いくらでもその価値観を共有しない人がいるんですね。

柴田 ええ、でも、統計的にはわれわれ人類がそうだったから、ここまできたんです。生き延びることは全然価値がないとみんな思ってしまったら、とっ

第3章　宇宙の道と人の道　　53

くの昔に滅んでいるわけです。

伊勢田 それがまたいいことなのかという問題が生じます。たとえば戦争はどうか。対立する他の民族を滅ぼすことで、われわれの先祖は生きてきたわけです。戦争に強いのは、おそらく進化的に非常にいいことなんです。そうだとしたときに、柴田さんは、ご先祖さまはみんな戦争を肯定してきたんだから、いまのわれわれの戦争を肯定しようとおっしゃいますか。

柴田 いえいえ。そんなに単純ではない。

伊勢田 ということは、歴史から学ぶとはいっても、歴史を見た後で、それを肯定することもあれば、否定することもあるわけですね。

柴田 それは、歴史研究が必ずしも十分じゃない。

伊勢田 十分に歴史を研究したら、過去の人たちのもっていた価値観や、過去の人たちがそれによって生き延びてきた価値観を、われわれはみんな受け入れるようになるんですか。

柴田 大量の情報があるはずで、それを使わないといけないというか、それ以外に何もないんじゃないですか。

伊勢田 いまのわれわれが下す判断はデータじゃないんですか。

柴田 もちろんいまのわれわれの判断もあるけど、それはこの時代の判断であって。でも過去にもデータがあるわけですよね。

伊勢田 もちろん過去の人たちに学ぶことはできます。それこそカント先生の本を読んだりして、「ああ、なるほど、こんな考え方があったんだ」と学んだりすることはあります。

柴田 いや、そういう類いの勉強はしたことがないので。それにどれほどの意味があるのか、よく理解できていないので、お聞きしたいんです。いろんな倫理の、昔の教科書には、そういうことが書いてあるんですけど、もう少し別の切り口があってもいいんじゃないかと思うのですが、どうですかね。

伊勢田 もちろん別の切り口があっていいと思います。いろんなことを学んだうえで、過去の人の価値観とか、これがどんなことにつながっているかを学んだうえで、最終的にいまのわれわれにどう生かすかというのは、いまの

われわれの判断です。そういう意味では、最終的なジャッジは、いまのわれわれが決めているんです。

柴田 それはいいです。でも、そのときのデータというか、資料というか、その中身は、現在のわれわれが考えるだけじゃなくて、昔のいろんな歴史なり、考えた人の残したものも活用できるはずです。

伊勢田 最終的に取捨選択する前の段階でいろんなものを聞くのは、もちろん大事です。倫理学も決してそのことを否定する学問ではないと思います。ただ、宇宙の話をするときに、果たしてどれぐらいそのやり方でいけるのかというのは、宇宙倫理学を始めたときから気になっているんです。われわれのご先祖さまたちが想定していなかった状況にいまのわれわれは直面しようとしていて。彼らがつくり上げてきたいろんな判断の蓄積みたいなものが、もしかしたらいまいち使えないんじゃないか。たとえば、ご先祖さまたちは土地の所有についてはこの地球という球体を大前提にして土地の所有を考えていたけど、じゃあ、地球から離れたときに、土地の所有について彼らが考えてきたことがどれぐらい使えるのかは、やはり一度考え直さなくてはいけない。

柴田 全く同じ状況はないと思いますけど、意外と似ている側面はあるんじゃないですかね。そこが面白いんじゃないかと思います。海を渡って島とか大陸に行くというのは、宇宙に出て行って他の惑星に行くことと似たような側面があるでしょう。

伊勢田 移動のためのコストとか、いろいろ違うところもありますけど、似ているところもあると思います。でもたとえば、行った先に、生き物の全くいない状況というのは、たぶんこれまぐになかったんですよ。

柴田 いや、いるかもしれないです。

伊勢田 いたらいたで、また別の面白い考察のテーマになってくると思います。

第3章　宇宙の道と人の道　　55

3 「宇宙は美しい」は意味を成すか

呉羽 事前に柴田先生から、道徳的価値の他に美的価値についても議論したい、とうかがっていました。

柴田 以前、（京都大学の）文学研究科におられた伊藤邦武先生が宇宙ユニットのシンポジウムで出された、「宇宙はどうして美しいのか」という問いが理解できなかったんです。人間が宇宙をどうして美しいと思うのかはありえるけど、宇宙がどうして美しいのかという問いはありえないと。宇宙は美しいも美しくないもないですよね。人間が勝手に美しいと思うだけで。

伊勢田 さっきもちょっと言ったように、外から見る人と中から見る人の差があって、外からだと、「ああ、こいつはきれいだと判断しているな」となるし、「じゃあ、こいつはなんできれいだと判断しているんだろう」といって、心理学的な研究や認知科学的な研究をするだろうと思うんです。他方、判断をしている本人としてのわれわれからすると、まさに宇宙が美しいのであって、自分がただそうして判断しているだけではないと思うんです。つまり、美しいとか、よいとか、こういう判断がどういう構造をもっているか。これが倫理学とか哲学的な美学の立場から、いろいろ議論してきたことです。われわれは善とか美について客観的なものとして語る。これは、われわれの語り方の一つの特徴だと思うんです。

柴田 それは、やはり誰かに語っているからじゃないですか。つまり、「星雲は美しいですね」と宇宙に向かってしゃべることはない。必ず誰かに向かってしゃべるわけです。要するに、わたしが美しいと思うのは、そこにいる皆さん、周りの人々も美しいと思うだろうと思って、一種、そう信じて呼び掛けている。そういう客観性です。

伊勢田 みんなも同じように判断するだろうというところまでしかコミットしないのは、間主観性という別の言葉があります。そう割り切る人もいなくはないのですが、真理とか、善とか、美とかに関する、われわれの語りの圧倒的に多くは、そこに留まってはいないんです。宇宙が美しいというときに

は、対象は宇宙であり、宇宙のもつ性質として美しい。別に宇宙に限らず、われわれが何かを「美しい」と言うときに、そういう判断をしているんです。

柴田　「美しい」という言葉そのものが、人間が発する言葉であって、決して宇宙が自分のことを美しいとか、宇宙が言うことはないですよね。

伊勢田　それは、人間というものを外からご覧になっているじゃないですか。判断を下す本人として見ていないじゃないですか。

柴田　そこらへんが出ると、わけがわからなくなります。

伊勢田　美しいという判断を下す自分とちょっと距離を置いて見ている目線から抜けきれていない。

柴田　そうでないというのが、ちょっとよくわからない。

伊勢田　判断を下しているまさにその本人としての判断が、ちゃんと見えていないんじゃないかと。つまり、美しいと判断している本人がそう判断している瞬間の判断の在り方というのは、まさに宇宙が対象で、そこに美しさという性質があって、それで終わりなんです。

柴田　美しいと思っているだけと。

伊勢田　いや、それはその判断に対する反省じゃないですか。いったん判断を下した後で、「はっ」と、ちょっと引いて、「ああ、いま俺はこんな判断をしたな」ということですよ。もしも対象そのものについて判断してないんだったら、そもそもその対象が美しいと断言するような気持ちにはならないでしょう。

柴田　美しいじゃなくても、たとえば音楽を聴いて、「ああ、これはすごいな。気持ちいいな」と。同じことですよ。

伊勢田　「気持ちいい」は、自分の心理状態に言及していますね。「気持ちいい」と「美しい」は、ちょっと違うんです。美しいといったときには、われわれは対象の性質について語っています。その対象がそういう性質を持っているかどうかというのは、また別の問題として、われわれは、あれは美しいとかよいという言葉をそういうふうに使ってきたわけです。

柴田　難しくなってきました。

呉羽　まとまりそうにないですね。

4　自然科学の研究の価値は客観的なのか

呉羽　今度は伊勢田先生の方から、理系の研究の価値について問題提起をしていただきます。

伊勢田　いまの話の流れとして、美しいものについて柴田さんは人が美しいと思っているだけだろうと言われますが、自分がやっている研究の価値についても同じことを言うのか。つまり研究に意義があると自分が思っているだけだと割り切られるのか、それともこの研究には意義があるという言い方をされるのかを、おうかがいしたいのですが。柴田先生のご研究についても、たとえば、宇宙天気予報もわたしは大変意義があると思うのですが、柴田さんは、自分がただ意義があると思うからやっているというだけですか。別に客観的に意義がある研究ではないのですか。

柴田　自分がそう思っているけど、周りが全然賛成してくれないということはあるわけですね。でも、伊勢田さんのいう、自分が思っているだけじゃないかというのは、突き詰めると、これも若い人に言いたいのですけど、自分が思っていなかったら絶対に話に説得力が出ないんですよ。

伊勢田　そこは否定しないですよ。

柴田　自分だけが思っているでもいいんですよ。

伊勢田　自分が思っているだけでいいんですか。

柴田　そこは人間だからね、思っていたら、やっぱり他の人にも伝えたいでしょう。自分に賛成してほしいと思うのが自然でしょう。でも、自分が思っているだけではないから、追及されても仕方ないですねと。そういうものだと思うんです。

伊勢田　本当は、研究者は、みんな学問に客観的な価値があるとは思っていなくて、ただ自分が好きなだけだと。

柴田　物事をおとしめる必要はないのですが。

伊勢田　どうしてこういう話になっているかというと、柴田さん、たとえば、美的な価値に対して、ただ自分が思っているだけじゃないかとおっしゃるの

で、じゃあ、それは研究の価値も同じことじゃないのという話になっています。

柴田 いや、大なり小なり変わらないでしょうけどね。ただ、何かを伝えるときには、伝える目的がありますね。たとえば、宇宙天気予報を伝えると被害を少なくすることができる。それに、研究の意義をちゃんと世の中に伝えると、研究費が増えて研究を推進することができる。それは、単にだましているのではなくて、本当にそういう役に立つことがあるならば、それは正しく伝える。でも、客観というのは最終的に多くの人がそれに賛同するかで、ある程度それでやったら本当にそういう結果が出てくるかで決まるんじゃないですか。

伊勢田 要するに、賛同者が多ければいい、少なければ駄目とか、そんな話ですか。誰にも理解してもらえないけど、俺はこれがすごい研究だと思うみたいなことはないんですか。

柴田 最初はありえても、何年たってもそうだったら、それは違うと思います。

伊勢田 みんなが賛同してくれないということで、研究の価値が否定されるわけですか。

柴田 そういうものはいっぱいあるわけでしょう。単に賛同するだけじゃなくて、自然科学の場合は検証なので、言ったことが正しいかどうかというのは必ず明らかになります。

伊勢田 検証は、もちろんそうなんです。検証によって、ある種、白黒がつく面はあります。でも、研究の価値というのは、実験で検証できれば、何でも同じ価値があるわけじゃないんじゃないですか。検証されるかどうかという問題と、検証された結果としてわかったことにどれぐらい価値があるとか、あるいは、それについて研究を続けることにどれぐらい価値があるかは、また別の問題です。

柴田 その価値というのは、波及効果みたいなものですよね。

伊勢田 いや、必ずしも波及効果とは限らないです。たとえば、重力波が最

近観測されたと話題になっていますが、あれも波及効果の部分とはまた別に、これが確認されたこと自体に価値があるとも言われます。それは、たまたまみんなが認めたから価値があるのか。それとも、みんなが認めなくても価値はあって、認めなければ認めないやつがわかってないのか。

柴田 逆に言ったら、本当に原理的で重要なことは、みんなが価値を認めるようになる。時間とともにね。

伊勢田 ある種、みんなというものに対する信頼ですね。

柴田 そうそう。だから、学問は、統計的に正しい、という表現を使ったりしますね。各時点で学問全体が間違うことはいくらでもあるわけでしょう。アインシュタインが相対性理論を提唱する前は、エーテルが存在するとみんな思い込んでいて、そっちの方向ばっかりに研究を進めていた。そんな失敗はいくらでもあるわけですね。物理学みたいな単純な学問ですら、そういうことがあるので、哲学とか倫理学とか、人間に絡むもっと複雑な学問は相当難しいかと思うんです。検証も、時間がかかる。だから、こういう議論をしているんです。簡単な学問のようにいかないことは理解するのですが、それでもやっぱり人と歩み寄る努力は必要だろうと。わたしたちも、理解する努力が必要なんだろうと思います。

呉羽 時間になりましたので、このへんで終わろうと思います。柴田先生、伊勢田先生、今日はありがとうございました。

コラムA｜宇宙倫理学の隣接分野（1）
——宇宙医学・宇宙行動科学——

立花幸司

　宇宙開発は大きく無人と有人に分けることができる。たとえば、前者には惑星探査機や情報収集衛星の打ち上げなどが含まれ、後者には国際宇宙ステーション（ISS）の管理運営やそこでの宇宙飛行士たちの活動などが含まれる。無人宇宙開発と有人宇宙開発のあいだの重要な違いの一つは、後者における設計ミスや事故は宇宙飛行士の生死に直結するため、求められる安全水準がきわめて高いという点である。それゆえ、宇宙飛行士の命を守り、何事もなく無事に帰還させることは、有人宇宙開発に特徴的な課題である。

　こうした宇宙飛行士の「無事（生存と健康）」を確保することは、なによりもまず技術的な課題とされてきた。宇宙船を事故なく打ち上げること、船内での機器の作動を安定させること、多様な船外活動を安全に遂行するための宇宙服を開発すること、さらにはスペースデブリとの衝突を避けるためにデブリを監視し宇宙船の軌道を絶えず修正することなどは、宇宙船を保護し宇宙飛行士の無事を確保するうえで必須となる技術開発である。

　他方で、そうした技術的要因以外にも宇宙飛行士の「無事」を脅かす要因がある。たとえば、宇宙への射出時には、胸から背中への前後方向にかけてかかる加速度（Gx）が3Gxほどになるため、呼吸器・循環器等への影響が生じる。とりわけ帰還時には、それまでほぼ無重力の宇宙空間に滞在していたことにより加速度耐性が低下しており、その影響は大きい。また宇宙空間滞在中には、明暗サイクルの変化に伴う概日リズムの変化による睡眠障害や、体液シフトによる不快感や宇宙酔いも生じる。こうしたさまざまな生理的な影響は、宇宙飛行士の生存や健康を直接脅かすこともあれば、彼らのパフォーマンスを低下させることによりアクシデントを誘発し、間接的に宇宙飛行士を危険に晒すこともある。こうした問題については、航空技術の発展に伴い生まれ進歩してきた航空医学を土台として、航空

宇宙医学（aerospace medicine）がおもに取り組んできた（立花監修 2016）。

　有人宇宙開発の進展、とりわけ宇宙での滞在期間の長期化に伴い生じる有人宇宙飛行に特徴的な医学的な問題への注目などから、最近では「宇宙医学（space medicine）」と呼ばれることも増えてきた。現在、ISSでの滞在期間は平均で6カ月となり、2016年にはロシアと米国の2人の宇宙飛行士が一度に約1年ものあいだ滞在し話題となった。長期滞在化に伴い、筋力や骨密度の低下、さらには宇宙放射線の被曝に伴う発がんリスクの増大など、さまざまな身体的な問題が深刻化することが指摘されており、こうした問題にも対応すべく研究が進められている。

　さらには、ISSのもつ隔離閉鎖環境という特性も、長期滞在化によって精神心理・行動科学上の問題を生じさせることがわかってきた。たとえば、性別も文化も異なるクルーたちが約半年もの長期間にわたり隔離閉鎖環境でともに過ごすことにより、不和や軋轢といったさまざまな対人関係上の問題や、さらにはうつや適応障害といった疾患につながる症状が報告されている。こうした多様な精神心理上・行動上の問題もまた、宇宙飛行士の「無事」を直接的に脅かす可能性もあれば、宇宙飛行士たちのパフォーマンスに影響することによって間接的に脅かす可能性もある、重要な問題である。

　現在、ISSという隔離閉鎖環境下での宇宙飛行士の健康管理の研究は、狭義の医学の枠を超えて生理・心理・行動の三領域にわたっている。こうした宇宙飛行士の健康およびパフォーマンスに取り組む学際的な営みは「宇宙行動科学（space behavioral science）」と呼ぶことができよう。この横断的な取り組みの重要性は米国でも長らく認識されず、NASAの研究者たちが関心を示すようになったのは1990年代半ば頃からである。日本では、国の宇宙開発の基本指針である宇宙基本計画（2009年、2013年、2015年、2016年）でこれまで明示的に言及されたことはないが、専門家による委員会のレベルでは、宇宙医学の研究が行動科学分野も含めて拡大することへの期待が表明されたり、今後推進すべき重要領域として宇宙行動科学が挙げられたりと、その重要性がかねてより指摘されてきた（宇宙環境利用専門委員会・宇宙医学専門委員 2002：21、宇宙開発委員会・利用部会 2004：21）。ISSのさらなる活用やISS運営終了後に計画されている月や火星への有人探査など、有人宇宙開発におけるミッションは今後ますます長期化することが予想される。それ

ゆえ、宇宙での長期滞在に伴う宇宙飛行士の生理・心理・行動を総合的に研究する宇宙行動科学は、これからさらに重要となる研究領域であるといえる。

　宇宙医学を中心とするこうした宇宙行動科学の研究は、倫理学の立場からも二つの点で興味深い。第一に、人々の生活の向上への貢献という点である。ISSという隔離閉鎖環境におかれた宇宙飛行士の精神心理・行動支援の研究の知見が、地球上で隔離閉鎖環境におかれた人々の支援に生かされたことがこれまでに2例ある。こうした実績をもとに、今後はさらにその知見を生かし、避難所や刑務所などといった地上のさまざまな隔離閉鎖環境における人々の精神心理・行動支援を通じて、社会に生きる人々の生活の向上に貢献することが期待される（Tachibana et al. 2017）。第二に、人間の社会性・倫理性の解明への貢献という点である。宇宙行動科学は、実践的な支援のみならず、隔離閉鎖環境における人間の精神心理・行動上のパフォーマンスの変化の原因を探求する学問でもある。この理論的な研究は、神経科学など近接する分野と協働することにより、人間の社会性や倫理性の基盤に関して新たな知見をもたらすことが期待される（Tachibana 2017、Tachibana in press）。このように、宇宙医学・宇宙行動科学は、宇宙開発のみならず、宇宙倫理学にとっても今後が注目される研究分野なのである。

参考文献

宇宙開発委員会・利用部会　2004「我が国の国際宇宙ステーション運用・利用の今後の進め方について」http://www.mext.go.jp/b_menu/shingi/uchuu/reports/05052701/all.pdf（最終閲覧日2018年4月1日）。

宇宙環境利用専門委員会・宇宙医学専門委員　2002「宇宙医学分野研究シナリオ第四版」http://iss.jaxa.jp/utiliz/pdf/med4.pdf（最終閲覧日2018年4月1日）。

立花正一監修　2016『宇宙飛行士はどんな夢を見るか——宇宙船生活のリアリティ』恒星社厚生閣。

Tachibana, K. 2017. Space Neuroethics. *AJOB: Neuroscience*, 8 (1): W6–W7.

Tachibana, K. in press. Workplace in Space: Space Neuroscience and Performance Management in Terrestrial Environments. In J. Martineau & E. Racine (eds.), *Organizational Neuroethics: Reflections on the Contributions of Neuroscience to Management Theories and Business Practice*. New York: Springer.

Tachibana, K., S. Tachibana, & N. Inoue. 2017. From Outer Space to Earth—The Social Significance of Isolated and Confined Environment Research in Human Space Exploration. *Acta Astronautia* 140: 273–283.

コラムB | 宇宙倫理学の隣接分野 (2)
——宇宙法——

近藤圭介

宇宙法とは「人間の宇宙活動を対象とする法的な規律」の総称であり、国際的な性質を帯びるものと国内的な性質を帯びるものとに大別される。ここでは、幾つかの優れた入門書（小塚・佐藤編 2018、Tronchetti 2013）の助けを借りつつ、両者の特徴を確認し、各々の発展を概観したうえで、本書の主題である宇宙倫理学との関係について触れたい。

国際宇宙法と国内宇宙法

国際宇宙法と国内宇宙法の特徴を理解するには、国際法と国内法の一般的な特徴とその相違を踏まえる必要がある。ここでは、多少の正確さを犠牲にしつつ、国際法と国内法の各々の特徴を、この相違が強調される形で図式的に説明したい。

一方で、国内法は、強制力を正統に独占するものとされる国家を背景として成立している。その下にある人々は立法機関が制定する法律により規律され、紛争に際しては司法機関による裁定に服するものとされ、その遵守は究極的には強制力によって担保される。また、これらの一連の制度的な枠組みもまた、それ自体が法に基づいて整備され、規律される。

他方で、国際法は、諸国家が並存する、上位者が存在しない国際社会を舞台とする。そのため、国内法に見られる制度的な枠組みをおよそ欠いている。つまり、一定の形式を備えた慣習（慣習法）や合意（条約）のみが拘束力ある規律と扱われ、関係諸国の合意が存在する場合にのみ司法的な裁定が可能になり、その遵守を強制する装置は存在しない。

国際宇宙法と国内宇宙法は、この国際法と国内法の一般的な相違、つまり背景となる社会構造の相違、それを反映した制度的な枠組みや強制力の有無という観点から、その特徴を理解することができる。

国際宇宙法の発展

　国際宇宙法は、第二次世界大戦後の冷戦構造を背景に、アメリカとソ連が競って宇宙開発に着手したことを契機として生まれた。この競争の延長上にある危機を回避するため、国連は「宇宙空間平和利用委員会（COPUOS）」を立ち上げ、宇宙の平和利用の促進を目的とする国際的な規律を模索したのである。その結果、1960年代から70年代にかけて、アメリカとソ連の両国を含めた諸国家の間で、現在でも国際宇宙法の根幹をなす「宇宙条約」（1967年）、「宇宙救助返還協定」（1968年）、「宇宙損害責任条約」（1972年）、「宇宙物体登録条約」（1975年）、そして「月協定」（1979年）という主要な5条約が締結されたのだった。

　しかし、1980年代以降、宇宙活動に関心をもつ国家の増加とともに、諸国家の間での合意調達が困難になる。それゆえ、COPUOSで議論が交わされ、国連総会で採択された決議など、本来は国際法上の拘束力をもたない文書に、国際宇宙法における穴埋めの役割が期待されるようになった。今日でも、国際宇宙法を支えるのは、この「ソフトロー」と呼ばれる種類の緩やかな規律である。たとえば、「リモートセンシング原則」（1986年）や「スペースデブリ低減ガイドライン」（2007年）などがそれに当たる。

　このような経緯で、今日に至るまで、国連を軸とする普遍的な合意調達は滞った状態にある。それに対してヨーロッパやアジアなど地域的な宇宙開発の協力体制を整える条約や宇宙先進諸国間の国際宇宙ステーションをめぐる協定、さらには2カ国間の宇宙協力協定など、多くの個別的な枠組みが成立している。加えて、宇宙を直接の主題とはしないものの、規律対象の性質上、宇宙と密接な関連性をもつような条約も多く存在している。たとえば、「部分的核実験禁止条約」（1963年）や、「国際電気通信連合憲章及び条約」（1992年）などは、その重要な具体例であるといえるだろう。

国内宇宙法の発展

　従来、宇宙活動は、そのような活動を実施する能力を十分に備えた先進諸国により担われてきた。この先進諸国が宇宙活動を実施するために創設した特別の国家機関に関する立法が、これまでの国内宇宙法の典型例である。たとえば、アメ

リカの「国家航空宇宙法」（1958年）や日本の「宇宙航空研究開発機構法」（2003年）などが、それに当たる。

　しかし、近時では、宇宙ビジネスの拡大に伴って、民間事業者が宇宙活動に積極的に乗り出すようになってきた。上記の国際宇宙法、とりわけ「宇宙条約」第6条が諸国家に自国内での民間事業者による宇宙活動の監督を要求していることもあり、その活動を規制する立法としての国内宇宙法の必要性が高まりをみせている。

　アメリカは、私人の宇宙活動を規律する立法の整備に長らく取り組んできた先駆的な国家である。1984年、レーガン政権下のアメリカは「商業宇宙打ち上げ法」を制定し、民間事業者によるロケットの打ち上げに対する許可制度などを導入した。その後、いわゆる宇宙旅行の将来的な実施に備えるための法改正などが行われている。そして、2015年には、民間事業者による宇宙資源の「所有権」を認める立法を制定し、国際社会で大きな波紋を広げた。

　日本もまた、ようやく2016年11月に「人工衛星等の打上げ及び人工衛星の管理に関する法律」（通称「宇宙活動法」）を制定し、私人の宇宙活動を規律する立法の整備を実施した。今後は、国内宇宙法のより一層の充実が求められることになるであろう。

宇宙法と宇宙倫理学

　宇宙倫理学が取り扱う主題には、現時点ですでに宇宙法による規律の対象であるか、あるいは、これから規律の対象になりうるものが多く含まれる。本書との関連では、たとえば、スペースデブリの問題、天体環境の問題、宇宙安全保障の問題、宇宙ビジネスの問題、あるいは宇宙資源開発の問題が挙げられよう。それゆえ、この両者の関連性は非常に重要である。

　それでは、宇宙倫理学は宇宙法に対してどのようなかかわり方をもちうるであろうか。たとえば、宇宙法の既存の規律を評価し、批判を加える手助けができる。あるいは、新しい規律を設定するに際しては、その内容をめぐる指針を提供するであろう。さらに、設定された宇宙法の実際の運用を支える法理の形成にも、有益な知見を提供するかもしれない。このように、宇宙倫理学は、宇宙法の今後の

発展に大いに寄与するものといえる。

　むろん、宇宙法の制定・運用には多様な利害関係を有する多くの主体が関与し、常にさまざまな要因、とりわけ政治的な要素が作用している。このような状況において、宇宙倫理学の知見がどの程度まで有効でありうるか、またあるべきかについては、当然のことながら検討が必要である。それでもなお、宇宙倫理学の知見が、宇宙法の未来にとって重要な役割を果たしうることに疑いの余地はないであろう。

参考文献
小塚荘一郎・佐藤雅彦編　2018『宇宙ビジネスのための宇宙法入門（第2版）』有斐閣。
Tronchetti, F. 2013. *Fundamentals of Space Law and Policy*. New York: Springer.

第Ⅱ部

宇宙進出の光と影

第*4*章
政治哲学から見た宇宙政策
——有人宇宙探査への公的投資は正当か——

呉羽　真

1　はじめに——有人宇宙探査とその倫理的懸念

　本章では、有人宇宙探査の倫理的正当性について論じる。ガガーリンによる宇宙飛行に始まりアポロ計画で頂点に達した有人宇宙探査は、アメリカのスペースシャトル計画やソ連のミール計画に引き継がれ、現在は国際宇宙ステーション(ISS)計画や中国による独自の宇宙ステーション計画(「天宮計画」)が実施されるなど、発展を遂げている[1]。将来計画としては、各国の宇宙機関からなる国際宇宙探査協働グループ（ISECG 2018）が、2020年代に月軌道上に宇宙ステーションを建造、2030年頃に有人月面探査を実施、その後に有人火星探査を実施する、という内容のロードマップを発表している。日本政府もまた、2025年以降に国際的な有人月面探査計画に参加するという方針を表明している[2]。しかし、有人宇宙探査に対してはさまざまな倫理的懸念が提起されている。そこには、宇宙飛行士がこうむる生命と健康のリスクに関する生命倫理的懸念や、地球外環境へのダメージに関する環境倫理的懸念も

1　「探査（exploration）」とは、行ったことのない、あるいはなじみのない場所に行き、そこにあるものを見出す活動とされる。この意味では、宇宙ステーション計画は必ずしも探査と見なせないが、その目的や手段は有人探査計画のそれと密接な関係があるため、本章では関連する範囲で取り上げることにする。

2　「月有人探査に参加　20年代後半目指す」（毎日新聞 2017年12月1日）https://mainichi.jp/articles/20171201/k00/00e/040/172000c（最終閲覧 2018年5月13日）。

含まれるが、本章では特にコストにかかわる懸念、すなわち「巨額の資金を投じて人を宇宙に送ることは正しいのか」という問いについて、政治哲学、特に科学政策の哲学と正義論の議論を参照しつつ考察する。

有人宇宙探査は科学技術事業の中でも特に莫大なリソースを要するものであるが、その一方で政治的にも文化的にも大きな意義をもつとも言われている。宇宙進出は「人類の運命」ないし「進化の必然」であるといった大仰な主張がなされることも多い。しかし、有人宇宙探査の正当性について議論する際には、こうした無根拠な大義名分を振りかざすのではなく、問いを明確化し、考慮すべき論点を整理し、さらにはそこに含まれる哲学的問題について考察する作業が必要になる。本章では、こうした哲学的問題の中から、科学的探究はどんな種類の価値をもたらすのか（第2節）、そして社会が価値を追求するうえで政府はどんな役割を演じるべきか（第3節）、という問いを取り上げて議論する。

2 有人宇宙探査の正当性という問題

まず問題を明確化しよう。「有人宇宙探査を推進することは正しいか」という設問はあまりに漠然としており、このままでは答えようがない。それを推進する時期が現在から数十年以内といった近い将来なのか、それとも遠い将来でもいいのか、そしてそれを推進する主体が人類全体なのか、それとも特定の国なのかによって答えは変わりうるのである。本章では、「ある国が、今ないし近い将来に、有人宇宙探査を推進することは正しいか」という問いを扱うこととしたい。さらに、リソースがどこから提供されるかという点も重要である[3]。有人宇宙探査は、米ソの宇宙開発競争以来、公的資金によって

---

3 「リソース」には人材、時間、労力、エネルギーなどさまざまなものが含まれるが、ここでは単純化のために特に資金に注目して議論を進める。

遂行されてきた事業であり、また巨額の資金を要するために、国際宇宙探査共同グループなどの将来計画においても、各国政府の主導で推進されることが前提とされている[4]。そこで以下では、公的投資を通じた有人宇宙探査の正当性に話題を絞って考察を行う。

　有人宇宙探査の正当性の問題はしばしば人が宇宙へ行くことの意義ないし価値の問題として論じられてきた。たとえば全米研究評議会の報告書（NRC 2014）では、その意義として、①「経済的利益」、②「国家安全保障」、③「国家威信および国際関係」、④「学生や市民へのインスピレーション」、⑤「科学的発見」、⑥「人類の存続」、⑦「人類共通の探査への運命と野心」の七つが挙げられている。しかしこのような問題設定は過度な単純化を含んでいる。というのも、仮にそれが上記のような意義や価値をもつとしても、そのことから直ちに有人宇宙探査に公的投資すべきだという結論が出てくるわけではないからだ。第一に、その価値を実現するのは政府の役割ではないかもしれない。すなわち、リソースの出所の問題がある。第二に、その価値は他の手段（たとえば無人探査）でより低コストに実現できるかもしれない。すなわち、費用対効果の問題がある。第三に、価値のある事業すべてを実施できるだけのリソースはなく、有人宇宙探査以外の事業にリソースを割く方がよいかもしれない。すなわち、リソース配分のバランスやプライオリティの問題がある。第四に、当該の価値を実現するべき時期は今ではないかもしれない。すなわち、タイミングの問題がある。これら多数の論点がかかわるため、有人宇宙探査への公的投資の正当性はきわめて複雑な問題となる。次節と第4節では、これらの論点に注意を払いつつ、有人宇宙探査の主要な意義とされるものを検討しよう。

4　近年では、有人宇宙活動を計画する民間企業も登場し、状況に変化が生じつつある。民間の有人宇宙活動の問題については、第5節で触れるほか、本書第9章も参照せよ。

第4章　政治哲学から見た宇宙政策　　73

3 科学政策の哲学から見た有人宇宙探査への公的投資

　本節では、有人宇宙探査を巨大科学プログラムの一つとして特徴づけ、科学政策の哲学の観点からその問題点を明らかにする。その過程で、科学の価値と社会の価値体系全体の中でのその位置づけ、という問題について論じたい。

(1) ビッゲスト・サイエンスとしての有人宇宙探査

　「巨大科学（big science）」と呼ばれる科学分野群は、第二次世界大戦中にアメリカが実施したマンハッタン計画を嚆矢として、20世紀半ば以降に登場した（それ以前には、国家が科学事業に巨大なリソースを投入した事例はほとんどない）。これらの分野は一般に、①巨額の資金を要求すること、②多数の、かつ組織化された研究者集団によって遂行されること、③大型装置を使用すること、といった特徴をもつとされる。これらの特徴を共有しつつも、巨大科学の諸分野は、大型望遠鏡や宇宙探査機を用いた天文学、高エネルギー物理学、エネルギー科学、生命科学など、多岐にわたる。

　さて、巨大科学事業として見た場合、有人宇宙探査は以下のような特徴をもつ。第一に、コストが桁違いに高い。『サイエンティフィック・アメリカン』誌の記事（Scientific American編集部 2016）によると、アポロ計画の総コストは現在の換算で1,000億ドル以上、またISS計画のそれは約1,400億ドルにも上り、科学技術事業全体の中で群を抜いている。有人火星探査計画のコストは、その具体的内容が未定であるために正確には算出できないものの、1,000億ドル（Kaufman 2014）から5,000億ドル（ローチ 2011）に上ると予想されている。有人宇宙探査は少なくともコストの面から見れば人類にとって前代未聞の挑戦であることは疑いなく、「ビッゲスト・サイエンス」と呼ぶにふさわしい。

　第二に、応用科学ではない。というのも、有人宇宙探査には技術的・軍事

的・経済的見返りがほとんど見込めないからである（鈴木 2011）[5]。むろんそれは何の技術的成果ももたらさないわけではない。たとえばISS計画は、将来の本格的な有人探査に向けて人間が長期間にわたって宇宙空間で生活するための技術を獲得することを一つの目的としており、そうした技術には確かに進歩が見られる。しかし、重力や大気が存在する地上でのそれらの技術の応用可能性が、コストに見合うものになる、とは期待できないのである。有人宇宙探査は月・火星・小惑星などの資源開発を通して社会に利益をもたらすと言われることもあるが、採掘された資源を地球に持ち帰るコストを計算に入れると、当面はメリットがないと考えられている。

　第三に、その目的が純粋に科学的なものではない。確かに有人宇宙探査は、基礎科学としての側面をもち、特に月・惑星科学に大きく貢献する。たとえば、アポロ計画を通じて月の土壌や岩石のサンプルが大量に持ち帰られ、その分析から月、地球、そして太陽系の起源と進化について多くの知見が得られた。しかし、アメリカなどの国が有人宇宙探査に巨額の資金を投じた理由は科学的なものではなく、むしろ国威発揚や国際協調という政治的目的のためである。アポロ計画では、何よりもソ連に対する技術的優位を示すことがその主眼だったと言われている。

　第四に、科学的価値よりも広い意味での文化的価値をもつとされる。たとえば、アポロ計画において撮影された「ブルーマーブル」や「地球の出」といった写真は人々の意識に多大な影響を与えたと言われる。

(2) 科学の価値

　さて、以上のような性格をもった有人宇宙探査を公的事業として推進することが正当と認められるには、以下三つの尺度で、そのコストに見合うだけ

5　ただし、ISSのような宇宙ステーションで行われている物質科学や生命科学の微小重力実験には、新素材や新薬の開発が期待されているため、応用科学的な性格があると言える。

の成果が見込めるのでなければならない。①無人探査と比較したときの費用対効果、②宇宙探査と他の科学事業の間のバランス、③宇宙探査と科学以外のさまざまな事業の間のプライオリティ、である。いずれの点に関しても、有人宇宙探査は、要求されるだけの科学的および社会的な意義が見出せないと批判されてきた。

　まず、科学的意義から見たその妥当性について論じよう。多くの科学者（e.g. Van Allen 2004, Weinberg 2013）は、有人探査は無人探査に比べて費用対効果が低いと主張してきた。というのも、無人プログラムのコストがせいぜい数億〜数十億ドルであるのに対して、有人プログラムのそれは前述のように大型の計画の場合1,000億ドル以上にも達し[6]、桁が違うからだ。確かに人間には無人機に見られない機動力や臨機応変な対応能力があるが、この圧倒的なコストの違いを考慮すると、これらの利点は有人探査を正当化するのに不十分だろう。また、この桁違いのコストは、宇宙探査以外の科学分野とのリソース配分のバランスを考えるときにも問題となる。つまり、有人宇宙探査に費やされるリソースを他の科学分野に充てればより大きな科学的成果が得られると考えられるのだ。

　社会的意義から見た妥当性の点でも、有人宇宙探査は当初から厳しい批判にさらされてきた。たとえば、「巨大科学」という用語を考案したアルヴィン・ワインバーグ（Weinberg 1961）は、巨大科学分野の中でも有人宇宙探査は人々の福祉の向上に貢献しないため、他の分野（生命科学やエネルギー科学など）を優先すべきだ、と論じた。また、現在は貧困問題や環境問題といった地球上の問題が山積みであるため、宇宙に人を送るよりこれらの問題を解決することが先決だ、という意見も根強くある（ニュートン 1990）。さらに、有人宇宙探査を含む巨大科学の諸分野は冷戦という特殊な政治的背景の下で成立したが、時代の変化とともに巨大科学を取り巻く状況は厳しくなってきた。まず、科学装置が大型化し、さらに巨額のコストを要するようになってきた一方

6　1,000億ドル強を費やして6度の月面着陸に成功したアポロ計画の場合、月面探査1回あたりのコストでも170億ドルとなる。

で、国家の発展のために基礎科学への巨額の投資を行うことの妥当性が疑われるようになってきた。冷戦期のアメリカで科学に巨額の公的資金が投入された背後には、基礎研究が技術的応用を生み出し、イノベーションにつながる、という考え方（「リニア・モデル」）があったが、このモデルに反して、基礎科学への投資が必ずしも社会に利益をもたらしはしない、という認識が広まったのだ。また、ソ連の崩壊によって冷戦が終結した結果、科学への投資目的として国威発揚が挙げられることが少なくなり、代わって経済的競争力が重視されるようになったことも、経済的見返りの少ない宇宙探査にとって不利に働いた。こうして、もともと問題視されることが多かった有人宇宙探査への公的投資は、時代の変化によってより問題含みのものになってきているのだ。

このように科学に社会的意義（いわば「役に立つこと」）を求める姿勢に対しては、異論があるかもしれない。実際にかつては、科学的探究に他のどんなものにも優先する価値を認め、「科学のための科学」を提唱する人々もいた。しかしこの見方は、科学者を人類の存在意義の体現者と見なすエリート主義に与するものであり、現在では受け入れられていない。むしろ、哲学者のレッシャーが言うように、「知識は多くの人間的価値の中の一つにすぎず……科学的知識は知識の一つのあり方にすぎない」（Rescher 1999：243）という見方が妥当である。科学的探究は確かに価値をもたらすが、それ以外にも多種多様な価値が存在する。そして、それらの価値を実現するためのリソースに限りがある以上、科学事業を推進するうえでは、社会のさまざまなニーズを考慮に入れて、さまざまな事業の間でのバランスやプライオリティに配慮しながらリソースを配分しなければならないのだ[7]。

これに対してさらに、宇宙探査の推進は人々の知的好奇心を満たすことを通じて社会のニーズに応えている、という反論が提起されるかもしれない。確かに、短期的な経済的利益に還元されない社会的ニーズが存在することは無視してはならない。だがそうしたニーズの優先度を考慮すれば、やはり有

---

[7] 宇宙科学の価値に関するより詳細な分析として、呉羽（2017b）を参照せよ。

人宇宙探査への投資は正当化しがたい。この点を示すために、哲学者キークス (Kekes 1995) の議論を参照しよう。彼は、人間の幸福にとって普遍的に要求される「一次的価値」と、そうでない「二次的価値」を区別し、宇宙探査によって得られるそれを含む科学的知識は後者に属す、と論じる。すなわち、科学的知識は多くの（とりわけ先進国の）人々が抱く人生の理想にとって不可欠であるかもしれないが、科学なしに人々が豊かに暮らした社会もあるため、一般にそれなしには善い生が不可能だとは言えない。したがって、一次的価値が二次的価値より優先的に実現されるべきだとすれば、人々の幸福を脅かしている地球上の諸問題を差し置いて好奇心を満たすための科学研究に希少なリソースを割くことには疑問が生じる。これらの問題が解決されるまで科学を推進してはならないというのが極論だとしても、少なくとも有人宇宙探査のようにコストの大きい純粋科学研究の場合、弁護は困難だろう。

　政府が科学事業に投資すべきとされる理由には、科学的知識が社会に利益をもたらすというものに加えて、それが「公共財」だというものもある。公共財とは、当該の財が提供されるとその対価を支払っていない人もその消費から排除できないという「非排除性」と、当該の財に関してある人の消費が他の人の消費に影響されないという「非競合性」をもった物やサービスと定義される。このような財は、コストを負担することなくそれを消費するただ乗りが可能であるため、市場に任せておくと十分な量の供給がなされず、したがって政府が供給する必要があると言われる。基礎研究によって得られる科学的知識は、誰もがアクセスできるように公開されるという点で非排除的であり、またそれを利用しても量・質ともに低下しないという点で非競合的であるため、公共財の一種と見なされる。しかしこの点を認めても、有人宇宙探査への公的投資を正当化することはできない。なぜなら他の科学分野によって得られる知識もまた公共財であり、前述のように無人探査と比べた費用対効果や他の科学分野とのバランスの観点から言って、桁違いにコストの高い有人宇宙探査を推進することが妥当とは考えにくいからである。

　以上で確認したように、有人宇宙探査を一つの科学事業として見た場合、

あまりに莫大なリソースを要することがネックとなり、それを正当化することは非常に困難だと言える。

4 正義論から見た有人宇宙探査への公的投資

前述のように有人宇宙探査はそのコストに見合うだけの利益を地上にもたらすとは考えられないため、それを支持するには、費用便益分析の観点からはとらえられない「功利性を超えた価値（trans-utilitarian value）」（Pompidou 2000）に訴える必要がある。この類の論法の一つに、人間がもつとされる探検者としての本性に訴えるものがある[8]。本節では、この「人間本性からの論法」を取り上げ、社会が価値を追求するうえで政府がどんな役割を演じるべきか、という正義論（リソース配分をめぐる規範的議論）の問いに即して、これに検討を加える。

(1) 人間本性からの論法

有人宇宙探査の正当性をめぐる議論の中で、それがもつ功利性を超えた価値として、人間に自然に備わった探検衝動の発露を掲げる論法は非常に頻繁に見られる。たとえば惑星科学者のセーガンは、「私たちは基本的に生物学的理由から、フロンティアを必要とする生物種なのだ」（セーガン 1998下：105）として有人宇宙探査の必要性を訴えている。また、全米研究評議会の

8　この他に、功利性を超えた有人宇宙探査の目的として人類の存続が持ち出されることがある。すなわち、人類が地球に留まる限り、天体の衝突や核戦争によって絶滅する危険性があり、また長期的には資源の枯渇や太陽の燃えつきによって確実に絶滅するので、人類は有人宇宙探査を推進し、宇宙へ進出していくべきだ、というのだ（e.g. セーガン 1998、Schwartz 2011）。この「人類存続からの論法」に関する詳しい考察は呉羽（2017a）および本書第13章に譲るが、ここでは当該の論法の難点として、人類の宇宙進出が実現しても、実際に宇宙へ行き、破滅を免れられるのは少数の人々にすぎない、ということを指摘しておこう。そうだとすれば、なぜ他の人々もそのコストを負担しなければならないのかは明らかでない。

報告書でも、「探検および挑戦的な目標の達成への衝動は、人類共通の特性である。宇宙空間は今日、こうした探検と野心のための主要な物理的フロンティアである」(NRC 2014：28) と述べられている。

この人間本性からの論法は、正義論における「卓越主義 (perfectionism)」という考え方に依拠するものと解釈できる。卓越主義とは、広義では、国家の役割は特定の善い生き方を実現することだとする考え方を指す。それによれば、人間の生き方には優劣があって、国家はより優れた生き方を促進すべきであり、したがってリソースの配分も善い生き方を促進する程度に応じて行われねばならない。どのような生き方が国家の促進すべき善い生き方なのかについてはさまざまな見解がありうるが、その中でも古典的なのは、アリストテレスに代表される見解で、当該の生き方を、人間本性を構成する諸々の能力や特徴を発達させるような生き方と同定するものである。このように人間本性に訴える卓越主義のバージョンは「狭義の卓越主義」(Hurka 1993) あるいは「人間本性卓越主義」(Wall 2009) と呼ばれる。人間本性からの論法は、この狭義の卓越主義に依拠するものと見なせる。つまりそれは、探検衝動を人間本性の一部と見なし、それを発揮する手段として「最後のフロンティア」と称される宇宙を人間が探検することが不可欠だと論じるものとして再構成できるのである。

しかし、探検衝動がここで関連する意味において人間本性の一部であるかは非常に疑わしい。これは、「本性 (nature)」という言葉の意味にかかわる。もしそれが、どんな人間にも不可欠な、人間を人間たらしめる「本質 (essence)」と解されるならば、探検衝動は、それをもたない人間も存在していることから考えて、明らかに人間本性には属さない。たとえば、心理学者の鈴木 (2013) は、現生人類が地球のさまざまな場所に拡散していった要因として (直立二足歩行によって得られた高いモビリティと並んで) 未知の場所を訪れたがる好奇心を挙げつつも、同時に、人間における好奇心には個人差が大きく、それに駆り立てられて探検に乗り出していったのは一部の人々にすぎない、と指摘している。その一方で、一つの種として見た場合には、人間 (ホモ・サピエンス) は地球上のほとんどあらゆる場所に拡散してきたと

いう点で比類ないとも言いうる（Gamble 1993）。そこで、ある生物種の本性をその「特異性（uniqueness）」という意味に解するならば、探検衝動は人間本性に属すと言えるかもしれない。しかし、この意味での「人間本性」が人間にとって善い生き方を特定するうえで関連性をもつとは考えられない。というのも、ある特徴が人間という種にユニークな仕方で見られるということは、その特徴が他の生物に見られないということを含意するが、哲学者のノージック（1997）が指摘するように、ある生物種にとってどんな生き方が望ましいかが他の生物種のあり方に依存するというのは不可解だからである。

したがって、狭義の卓越主義に基づいて有人宇宙探査を擁護することはできない。では、卓越主義の他のバージョンではどうだろうか。「客観的リスト卓越主義」（Wall 2009）と呼ばれるバージョンでは、客観的に善いとされる生の特徴をリストアップするという方法で、国家が促進すべき生き方を特定しようとする。この立場では、人間本性に訴えることなく、探検衝動の発露が促進されるべきだと言えるかもしれない。しかし卓越主義に対してはそもそも、人々にとってどんな生き方が善いのかを規定する役割が国家に与えられるという点に関して、異論の余地が大きい。この点を次項で確認しよう。

(2) リベラルな国家は有人宇宙探査を支援できるか

近代以降の政治哲学において主流をなす立場は、人々が自分の生き方を自分で決める自由を尊重し、国家の役割は人々が（他者に危害を加えない限りで）自分の考える善い生き方を追求できるようにすることだ、と考える「リベラリズム」である[9]。この立場を採る論者（e.g. ロールズ 2010、ドゥオーキン 2012）は、国家は何が善い生き方かに関する特定の考え方（「善の構想」）を優遇してはならない、という「国家の中立性」を主張する。哲学者のドゥオーキン

9　リベラリズムは（ミル流の）功利主義に基づくバージョンと（カント流の）権利ベースのそれに区別できるが、どちらの立場でも人間本性からの論法は認められない。

が述べるように、「正統的なリベラリズムの主張するところでは、政府は公金の使用を正当化するためには、何らかの生き方が別の生き方よりも立派である……といった想定に依拠すべきではない」（ドゥオーキン 2012：290）のである。どんな人生の理想を抱くかは人それぞれであり、無理に統一しようとしてもうまくいかない、という事実を受け入れる限り、異なる価値観をもった人々が共存する枠組みとしてリベラリズムを採用することは妥当だと考えられる。リベラリズムは、「コミュニタリアン」と呼ばれる論者たち（e.g. サンデル 2011）から、生き方の選択において共同体が演じる役割を過小評価していると批判されてきたが、共同体の重要性を認めても、そのことから国家の中立性を放棄しなければならないとは言えないだろう[10]。むしろ、自分の生き方を選択する人々の能力を国家が尊重しないというのは傲慢なパターナリ・・・・ズムだと考えられる。本人が選択を間違うこともしばしばあるにせよ、他の誰かが本人よりも正しく選択できるはずだと想定することは不当なのだ[11]。

さて、リベラリズムの下では、探検衝動を尊重するような人生の理想に訴えて有人宇宙探査への公的投資を認めることは困難である。なぜなら、このような特定の人生の理想に依拠して有人宇宙探査を公的に推進すれば、その理想を共有しない人々にもその事業を支援することを強制することになってしまうからだ。これは、自由の侵害と見なされる。リベラリズムによれば、探検衝動を重視するかどうかは個人の価値観の問題であり、政府が介入してよい問題ではないのだ。より一般的に言えば、有人宇宙探査への公的投資を擁護するために功利性を超えた価値に訴えても、その価値が特定の人生の理想に依存するものである限り、国家が尊重すべき自由という観点からは受け入れられない、と言える。

---

10 コミュニタリアニズムとは、特定の文化的伝統をもった共同体の成員が共有する価値（「共通善」）を国家が促進すべきと考える立場で、広義の卓越主義の一種と見なせる。

11 リベラリズムと卓越主義の折衷案として、国家の役割を善き生の促進に認めつつ画一的な価値観の強制を禁じる「卓越主義的リベラリズム」（Raz 1986）があるが、紙数の都合上この立場についての議論は省略する。

では、リベラリズムの下で政府はどんな事業に対して投資を認められるだろうか？　一つは（前節で言及した）公共財を供給する事業だが、有人宇宙探査は、通信・放送、地球観測、測位などに役立つ無人宇宙開発と比べて、公共財の供給という点での意義は薄いと考えられる。この他に、厳密には公共財と見なせないものでも、特定の人生の理想に依存せず、人間の生に普遍的に要求される価値（一次的価値）を提供する事業に対しては、リベラリズムの下でも政府が支援することを認められる。健康や教育、そして（限定つきだが）文化はこの種の価値と見なされ、実際にリベラリズムを採る国々もそれらを供給する事業に一定の公的投資を行っている[12]。有人宇宙探査には、人々に科学技術への夢を抱かせるという教育的意義があり、また地球を外部から見るという体験の共有を通して人々に意識の変容（「オーバービューエフェクト」と呼ばれる）をもたらすという文化的意義があるとも言われる。しかし、これらを有人宇宙探査の意義として引き合いに出す際には、他の教育・文化事業とのバランスを考慮しなければならない。有人宇宙探査が実際にどの程度の教育的・文化的効果をもたらすかが正確に見積もりがたいことに加えて、教育目的で行われなければならない事業は他にも多数あり、また芸術やスポーツなどの文化事業に対して政府が巨額の投資を行っていないことを考慮すれば、上記の諸価値に訴えてもやはり有人宇宙探査への公的投資は擁護しがたいだろう。

5　おわりに——公的投資なき有人宇宙探査の未来？

　本章では関連する論点すべてを検討したわけではないが、暫定的結論とし

12　リベラリズムの下でも、芸術や人文学といった文化事業に投資することは認められうる。ドゥオーキン（2012）によれば、芸術や人文学は人々が文化的内容を選択することを可能にする文化的構造を提供するのであり、リベラルな国家もそれが継承してきた文化的構造を保護する責任をもつ。しかしドゥオーキンも、文化の保護が他の競合する目的に比べて優先されるべきとは限らない、と論じている。

ては、倫理的観点から有人宇宙探査への公的投資を正当化することは非常に困難だと言える。それは科学的知識やその他の公共財を供給する事業としてはあまりにコストが高く、またそれがもたらすとされる功利性を超えた価値は政府が介入すべき類のものではないからである。

　ただしこの結論は、人々がいかなる仕方でも有人宇宙探査を行ってはいけない、ということを意味しない。まず、民間企業や民間団体による有人宇宙活動は、本章で提示した論拠によっては禁止されない。火星移住計画を発表しているスペースX社をはじめ、有人宇宙活動の実現を目標に掲げる企業が登場してきており、将来的な人類の宇宙進出は民間の主導で進められていくかもしれない。ただし、宇宙旅行者の安全が確保されないといった別の理由によってこうした計画が許容されない場合は当然ありうる。さらに、たとえば民間旅行によって火星環境の汚染が生じ生命探査が阻害されるといったように、民間の有人宇宙活動が科学を含む公的事業の障害になる恐れもあり、こうした事態を予防する措置も必要とされる。

　また、こうした私的事業は措くとしても、公的投資以外にも民間助成金や寄付、クラウドファンディングなどの資金調達方法もある。とはいえ現状では、これらの方法で宇宙探査の巨額のコストを賄えるとは考えられない。日本の無人プログラムを例に挙げると、はやぶさ2計画が資金難に陥ったときにJAXAが寄付を募ったが、（総額300億円という当該計画の予算に対して）集まった金額は約3,800万円に留まった。ここからわかるように、日本国民の多くは、科学の成果（知識やドラマ）を享受することには熱心でも、それを自分たちで支えていく姿勢はもっていない。したがって、有人宇宙探査のように「役に立たない」事業を推進していくことを望む人々には、まずそれを自分たちの力で支援していく姿勢をもつことが要求される[13]。これは決して容易な課題ではないが、「有人宇宙探査の意義」と称してそれを望んでいな

13　ここで筆者は、基礎研究一般に対する公的投資に反対しているわけではない。むしろ、研究成果が人々にアクセス可能な仕方で公開されることを保証し、またマイナーな分野に資金が行き渡らなくなることを避けるために、それは必要だと考えている。

い人から資金を供出させるための方便を考えるより、望んでいる人がそれを
負担する仕組みを考案する方が、よほど真っ当だろう。

参考文献

呉羽真　2017a「人類絶滅のリスクと宇宙進出——宇宙倫理学序説」『現代思想』45
　　（14）、226-237頁。

　　――――　2017b「宇宙倫理学プロジェクト——惑星科学との対話に開かれた探求と
　　して」『日本惑星科学会誌 遊星人』26（4）、174–181頁。

Scientific American編集部　2016「ビッグサイエンスの実規模」『日経サイエンス』
　　2016年1月号、94–95頁。

サンデル、M　2011『公共哲学』鬼澤忍訳、筑摩書房。

鈴木一人　2011『宇宙開発と国際政治』岩波書店。

鈴木光太郎　2013『ヒトの心はどう進化したのか』筑摩書房。

セーガン、C　1998『惑星へ（上下巻）』森暁雄訳、朝日新聞社。

ドゥオーキン、R　2012『原理の問題』森村進・鳥澤円訳、岩波書店。

ニュートン、D・E　1990『サイエンス・エシックス』牧野賢治訳、化学同人。

ノージック、R　1997『考えることを考える（上下巻）』坂本百大訳、青土社。

ローチ、M　2011『わたしを宇宙に連れてって——無重力生活への挑戦』池田真紀
　　子訳、NHK出版。

ロールズ、J　2010『正義論（改訂版）』川本隆史・福間聡・神島裕子訳、紀伊國屋書店。

Gamble, C. 1993. *Timewalkers: The Prehistory of Global Colonization*. Stroud:
　　Sutton Publishing.

Hurka, T. 1993. *Perfectionism*. New York: Oxford University Press.

The International Space Exploration Coordination Group (ISECG) 2018. *The Global
　　Exploration Roadmap (3rd Edition)*. https://www.globalspaceexploration.org/
　　wordpress/wp-content/isecg/GER_2018_small_mobile.pdf（最終閲覧2018年7月
　　24日）

Kaufman, M. 2014. A Mars Mission for Budget Travelers. *National Geographic*
　　April 23, 2014. http://news.nationalgeographic.com/news/2014/04/140422-
　　mars-mission-manned-cost-science-space/（最終閲覧2018年5月3日）

Kekes, J. 1995. Pluralism, Scientific Knowledge, and the Fallacy of Overriding
　　Values. *Argumentation* 9: pp. 577–594.

National Research Council (NRC) 2014. *Pathways to Exploration: Rationales and
　　Approaches for a U.S. Program of Human Space Exploration*. Washington:
　　National Academies Press.

Pompidou, A. 2000. *The Ethics of Space Policy*. UNESCO.

Raz, J. 1986. *The Morality of Freedom*. Oxford: Oxford University Press.

Rescher, N. 1999. *The Limits of Science (Revised Edition)*. Pittsburgh: University of
　　Pittsburgh Press.

Schwartz, J. S. J. 2011. Our Moral Obligation to Support Space Exploration.
　　Environmental Ethics 33: pp. 67–88.

Van Allen, J. A. 2004. Is Human Spaceflight Obsolete? *Issues in Science and Technology* 20: pp. 38–40. http://issues.org/20-4/p_van_allen/（最終閲覧2018年5月3日）

Wall, S. 2009. Perfectionism in Politics: A Defense. In T. Christiano & J. Christman, eds. *Contemporary Debates in Political Philosophy* Oxford: Blackwell, pp. 99–117.

Weinberg, A. M. 1961. Impact of Large-scale Science on the United States. *Science* 134: pp. 161–164.

Weinberg, S. 2013. Response: Against Manned Space Flight Programs. *Space Policy* 29: pp. 229–230.

第5章
科学技術社会論から見た宇宙事故災害
──スペースシャトル事故から何を学ぶか──

杉原桂太

　宇宙倫理学に関する著書においてミリガンは、宇宙旅行に関する倫理問題の一つにリスクを挙げている（Milligan 2015：39-40）。リスクが問題となったケースとして彼が指摘するのは1986年のスペースシャトル・チャレンジャーの爆発事故である[1]。本章では、科学技術社会論[2]を用いてこの事故から教訓を引き出し、今後の宇宙開発に資することを目指す[3]。

1　スペースシャトル計画におけるチャレンジャー事故

　スペースシャトル計画とは1981年から2011年にかけて行われた米国政府による再利用可能な宇宙船の開発と利用であり、NASA（米国航空宇宙局 National Aeronautics and Space Administration）によって実施された。この計画の一部として、五つのスペースシャトルが開発され、合計135回の飛行が行われている（De Winter 2016：125）。

　チャレンジャーの事故は技術者倫理で次のように提示されている[4]。1986年

1　もう一つの2003年のスペースシャトル・コロンビアの事故は澤岡（2004）が参考になる。
2　藤垣編（2007）によれば、科学技術社会論は、Science and Technology Studies および Science, Technology and Society を指し、STS と略記される。
3　本章の2、5節は杉原（2004）の一部を、3節は杉原（2007）の第8章の一部を加筆した。
4　技術者倫理とは技術者の専門職倫理であり、ここではハリスら（Harris et al. 2000）を参照する。

1月に打ち上げられたチャレンジャーが上空で爆発した。その前日、NASA、固体ロケットモーターを製造するサイオコール社の間で気温が高くなるまで打ち上げを延期するかどうかの通信会議が行われている。同社の技術者ボジョレーは、かねてから低温下でOリングというロケットモーターの部品の機能が損なわれる可能性に気づいており、この懸念を社の役員とNASAに伝える。しかし、NASAは打ち上げ中止に疑問を示す。同社は、NASAが計画通り打ち上げを行いたがっていることと、NASAとの契約の更新のためには打ち上げ反対がマイナスとなることを理解していた。同社は打ち上げに同意する。

2　ヴォーンによるチャレンジャー爆発事故の見直し

(1) 非倫理計算モデル

　社会学者ヴォーンは、チャレンジャーの事例の従来の通説を覆している(Vaughan 1996)。彼女は、競争的環境下にある会社の経営者、管理者が法や規則を破ることによって得られる利益が予想される法的ペナルティを上回らないかどうか計算し、ペナルティを差し引いても利潤が出るようなら組織の目標を果たすために意図的にルール違反をすることを非倫理的計算と呼ぶ。

　ヴォーンは、従来の通説的見解に反し、非倫理的計算モデルでこの事例をとらえない。確かに、この事故が同モデルの一例であることは当然視されてきた。従来は、打ち上げは危険だとサイオコール社の技術者に指摘されながらNASAの管理者はチャレンジャーを発射し、その理由は、NASAでは打ち上げスケジュールを守ることが最重要課題となっていたからだと理解されていた。議会から予算を削られ、NASAのスペースシャトル計画は商業衛星の会社に頼っていた、と非倫理的モデルはいう。年間の打ち上げ回数が多い程NASAは収入を得る。こうしたプレッシャーに対して、打ち上げの意

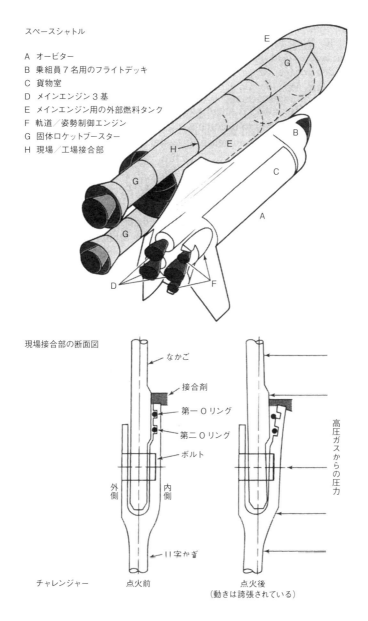

図 5-1　スペースシャトルの構造と固体ロケットモーターのジョイント・ローテーション
出典）Martin & Schinzinger 1996：98。

第 5 章　科学技術社会論から見た宇宙事故災害　89

志決定を担当するNASAの管理者はスケジュールを重視している。そして、技術者の提案を軽視し、安全上の懸念事項をNASAの上層部に報告するという規則を意図的に破った。これは非倫理的計算モデルである。

(2) 新たな事故像

　チャレンジャーの事故を非倫理的計算モデルでとらえる通説の出所は事故原因を究明するために設置された大統領委員会の報告書だとヴォーンは述べる[5]。報告書にはたとえば次のような箇所がある。「1982年にマーシャル宇宙飛行センターは、固体ロケットブースターに『致命度1（Criticality1：C1）』の格付けを割り振った。これは、ブースターの接合部に設計上は意図されていた冗長性がないことを指すNASAの記号である。つまり、第一〇リングが機能しないと乗組員と機体が失われるということである。しかし、C1の格付けがされてしばらくすると、センターのブースター担当管理者のムロイは、次の打ち上げの直前にこの格付けを撤回し（waive）、打ち上げが行われるようにした」あるいは、「1985年に『打ち上げ制限』がブースターに課された。打ち上げ制限とは、打ち上げを行わない意志決定を正当化するに十分に深刻な飛行上の安全問題に対して課されるNASAの公式な格付けである。しかし、マーシャル宇宙飛行センターのムロイは、続く5回のシャトルの飛行それぞれに先立って打ち上げ制限を撤回し、〇リングの問題に対処せずに飛行が行われるようにした」という部分である（Vaughan 1996：56-57）。C1と打ち上げ制限は管理上の公式な手続きで、固体燃料ブースターに深刻な問題があると管理者が知っていたことを意味している。大統領委員会にとって、管理者がC1や打ち上げ制限を撤回したことは非倫理的計算を指していた。

5　ヴォーンは、大統領委員会の報告（1986年6月）の妥当性を疑いうる資料として、米国議会の科学技術委員会の報告書（1986年10月）を挙げている。大統領委員会の報告の結論の幾つかは科学技術委員会の報告書によって否定されており、その中にはNASAの中間管理者による規則違反を大統領委員会が見出したことが含まれている（Vaughan 1996：72）。

すなわち、打ち上げスケジュールを守るために意図的に安全規則を破っていたことになる。

報告書のこれらの箇所について、NASAの用語を正しく理解していないとヴォーンは指摘する。委員会は、「撤回する（waive）」を動詞として用いている。たとえばムロイが「撤回した」というように。しかし、「撤回（waiver）」はNASAの専門用語においては名詞として使われていたのである。撤回とは、撤回するようにとの要請の背後にある技術的合理性に基づいてNASA内部の規則を除外することを許す公式の手続きだった。この要請はNASAとサイオコール社の双方のワークグループから出されている。

(3) 逸脱の常態化

チャレンジャーの事故についてヴォーンは逸脱の常態化（normalization of deviance）という視点を提示する。彼女は、固体ロケットブースターの接合部が設計上の意図から外れて働いていることを、設計上の想定からの逸脱した事態と呼ぶ。逸脱が常態化される（normalized）とは、初めは逸脱だととらえられた接合部の働き方が受け入れ可能な規準の内側にあると再解釈され、受け入れ可能なリスクとして公式に認められることである（Vaughan 1996：65）。

接合部についての逸脱は、固体ロケットブースターの開発が始まった1970年代の後半から繰り返し起きていたとヴォーンは指摘する。当時から、ジョイント・ローテーションによって接合部に大きな隙間ができることが知られていた。これは技術的な逸脱である。そこで1977年に、この隙間をOリングが密閉できるかどうか調べるため、それ以上の幅の隙間に実際よりも高い圧力をかける実験がNASAとサイオコール社の技術者陣によって行われた。Oリングは密閉機能を果たす。そして、NASAの管理者とサイオコール社の経営者も、Oリングの問題は受け入れ可能なリスクだと判断している。こうしてこの技術的な逸脱は常態化された。逸脱の常態化は1981年にも起

きている。今度は、本当の打ち上げの後で、Oリングが密閉機能は果たしながらも燃料ガスによって浸食されていたことが発見された。そのため、あらかじめOリングを理論上ありえる以上に侵食しておき、接合部には実際以上の圧力をかける試験が行われる。ここでもOリングが密閉機能を果たしたため、この逸脱例も常態化された。1984年には、やはり実際の打ち上げの後に、2カ所の接合部でOリングの侵食が見つかるという逸脱があった。しかし、1981年の侵食よりも小さかったために受け入れ可能とされている。さらに、1985年1月には、燃料ガスがOリングの脇を噴き抜けて、バックアップのための第二Oリングにまで到達していたという著しい逸脱例が発見された。低温下でOリングの密閉機能が損なわれることが疑われ始めたのはこの頃からである。打ち上げ前に約マイナス7℃の低気温が続いていた。しかし、噴き抜けの起こったOリングへの侵食が1981年のものよりも小さかったこと、燃料ガスによって第二Oリングが侵食される前に噴き抜けが停止してOリングがシール機能を果たすと考えられたこと、さらに、その低気温がフロリダではまれだったことから、この逸脱例も受け入れ可能とされている。続いて、1985年4月の打ち上げについて、ノズル接合部において第一Oリングが完全に焼け、初めて燃料ガスによって第二Oリングが侵食されていたことが発見される。このときノズル接合部の真空漏れテストは従来の200psi（pounds per square inch：ポンド平方インチ）ではなく、100psiで行われていた。問題は第一Oリングにあり、この問題が100psiのテストでは問題が見つからなかったと考えられたため、その後は200psiでテストを行うこととし、接合部の設計は受け入れ可能であると結論づけられた。

　こうして逸脱の常態化が繰り返された。それにより、NASAとサイオコール社でOリングの受け入れ可能なリスクがずいぶん大きくなっている。そのために、1986年1月のチャレンジャーの打ち上げ前日には、危険性が指摘されていたにもかかわらずOリングのリスクについての認識が切り替わるということがなかったのである。

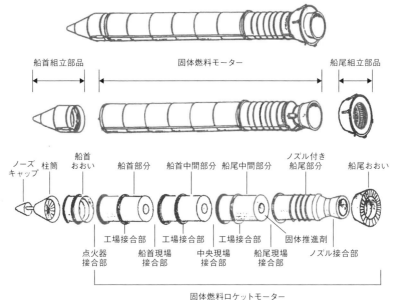

図 5-2 固体燃料ブースター
出典）Vaughan 1996：4。

3 ヴォーンの研究へのデイヴィスによる批判

　リンチとクラインは、チャレンジャーの事故についてのヴォーンの論考を科学技術社会論の研究と見なし、技術者倫理教育で活用しようと主張している（Lynch & Kline 2000）。この提案を哲学者のデイヴィスは批判する（Davis 2006）。デイヴィスは、ヴォーンによるアプローチの問題点として、打ち上げ前日になされた決定の責任がサイオコール社の意志決定者にないことにしてしまうことを指摘する。事故を防ぐために何かがなされなければならなかったとしたら、より早い時期に（主に）サイオコール社の意志決定者以外の者によってなされなければならなかったとヴォーンは主張する。続けて彼

は、ヴォーンの著作は、技術者が仕事をする文脈の理解を深めてくれるものの、技術者倫理のいかなる議論にも前提となるような意志決定を下す能力を省いてしまう傾向にあると論じている。

さらにデイヴィスは、科学技術社会論を技術者倫理教育で役立てようとすることについて、次のような疑問を提示している。彼によれば、社会学的なアプローチは、意志決定を不可避的なものとする必要はないが、そのような傾向がある。一般的に社会学者は、出来事を個々の意志決定よりもむしろ「社会的圧力」と関連づけて理解しようとする。社会的な圧力が個々の意志決定を「決定する」とされ、圧力は意志決定の言い逃れを許すことによって意志決定を説明する。意志決定者には「選択の余地がなかった（つまり、「本当の」意志決定がなかった）」と理解される。そのように技術者倫理を教えることは何も教えることにならないよう思われるとデイヴィスは述べる。彼の指摘を踏まえ、ヴォーンに依拠しつつチャレンジャーにかかわった意志決定者の問題点を指摘するにはどうすればよいだろうか[6]。

4 デ・ヴィンターによるチャレンジャー事故の分析

(1) 科学研究における利害の役割

科学哲学者デ・ヴィンターは、ヴォーンの研究に基づいてチャレンジャーの事故をとらえたうえで、チャレンジャーにかかわる意思決定を問題視する観点を提示している。彼は、科学において異なる種類の利害が果たしている異なる役割を記述し分析することを目指した（De Winter 2016：10）。ここでは、認識的利害（epistemic-interest）と非認識的利害（non-epistemic interest）

6　デイヴィスの批判に対して、事故を防ぐための具体策という点からの答えはヴォーンの研究のなかに見出すことができる（杉原 2007）。すなわちヴォーンは、チャレンジャーの事例分析からコンプライアンス戦略の重要性を引き出している（Vaughan 1998）。

が区別される。前者の例は、経験的妥当性や内的一貫性である。後者の例は、政治的利害あるいは財務上の利害となる。

　科学研究のプロセスにおいて、認識的利害だけでなく非認識的利害を用いてよいのだろうか。科学的な探求の要点は認識的利害を満たすことであり、その探求は非認識的利害から独立しているべきであるという立場もある。デ・ヴィンターはそのような立場を批判する（De winter 2016：18）。非認識的利害は、科学研究における推理プロセスにおいて、普通に考えられている以上に顕著な役割を果たしている。

(2) 認識的誠実さの概念の提示

　このようにデ・ヴィンターは非認識的利害に科学における一定の役割を認めている。しかし、科学においてどのような非認識的利害を用いてもよいと彼が主張しているわけではない。デ・ヴィンターは、科学において受け入れ可能な利害の影響を受け入れ不可能な利害の影響から区別することを目指す。科学における利害の影響が認識的に問題となるのはどのような場合なのかを決定する基準として彼が提示するのが認識的誠実さ（epistemic integrity）の概念である。研究プロセスの認識的誠実さの程度の定義は、研究プロセスにおいて満たされていると研究の受け取り手が正当に仮定できる認識的基準にそっている程度、というものである（De Winter 2016：95）。この定義は、認識的誠実さの最高の程度をもつために研究プロセスは確実な認識的基準に執着しなければならないという考えに基づいている。彼は、認識的誠実さを損なう非認識的利害は科学において用いられるべきではない、と論ずる。

(3) チャレンジャー打ち上げにかかわる
意志決定における認識的誠実さの低下

　デ・ヴィンターは、科学研究において認識的誠実さが損なわれていた例

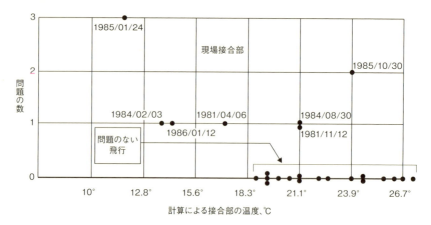

図5-3 Oリングの損傷と温度
出典）*Report of the PRESIDENTIAL COMMISSION on the Space Shuttle Challenger Accident*
https://history.nasa.gov/rogersrep/v1ch6.htm（最終閲覧2017年9月11日）。
注）各飛行後の検査の月日を追加した。接合部の温度は、外気温から計算式によって算出されている。

としてチャレンジャーの事例を取り上げている（De Winter 2016：125-138）。まず、技術者について確認しておこう。彼は、技術者の認識的誠実さが低下していたと以下のように主張している。打ち上げ前日にNASAとサイオコール社の間で行われた1回目の通信会議において、1985年1月の打ち上げで見つかったOリングの侵食の原因が低気温であることを示すどのような証拠をサイオコール社は持っているのかをボジョレーは尋ねられた。1985年10月の打ち上げではそれほどの低気温ではなかったにもかかわらず噴き抜けが起きていた。彼は、気温の懸念事項を定量化するためのデータを持っていないと答えた。

しかしサイオコール社にはそのデータがあったとデ・ヴィンターは指摘する。その論拠として彼が示すのは、事故を調査した大統領委員会のメンバーが作成したチャートである。このチャートはOリングの異常例と温度の間の明らかな相関関係を示している。

デ・ヴィンターは、ボジョレーもこの相関を見つけることができたはずだ

と指摘する[7]。彼はサイオコール社にとって利用可能なデータに基本的な統計手法を適用しなければならなかっただけだが、それをせず、利用可能なデータに基づいて温度の懸念を定量化することはできないという結論に至った。同社にとって利用可能なデータに基本的な統計手法が適用されなかったという事実は、適切に満たされていると受け取り手が妥当に仮定できる認識的基準が研究プロセスにおいて満たされていなかったことを含意する。したがってこの研究プロセスの認識的誠実さは損なわれていた。

　つぎに、中間管理者について確かめておこう。デ・ヴィンターは、中間管理者によるレビューの認識的誠実さが損なわれていた例としてムロイを挙げる。1985年4月に打ち上げられたスペースシャトルについて、固体ロケットブースターの第一Oリングと第二Oリングの両方が侵食されていたことが見つかる。この発見によって打ち上げ制限が課された。しかし、この打ち上げ制限はノズル接合部についてのみであり、現場接合部については課されなかった。というのは、1985年4月に打ち上げられたスペースシャトルにおいて上手く機能しなかったのはノズル接合部であったからである。打ち上げ制限がノズル接合部についてのみ課された理由は、他の接合部が200psiでテストされたのに対し、ノズル接合部は100psiでテストされたというものである。ムロイは、ノズル接合部のダメージは厳格ではよりない真空漏れテストのせいであると仮定した[8]。彼は、欠陥のあるOリングは100psiの真空漏れテストにおいては気がつかれず、このことがダメージにつながったと考えた。その後の打ち上げにおいてはノズル接合部の真空漏れテストは200psiに引き上げられたので、ムロイは打ち上げ制限を撤回した。ムロイはこのことを上層部に報告した。

　デ・ヴィンターは、ノズル接合部で見つかったダメージについてのムロイ

7　こうした批判に対するボジョレーらからの応答はロビンソンら（Robinson et al. 2002）を参照のこと。

8　しかし、このように仮定したのはサイオコール社の技術者たちである（Vaughan 1996：165）。そこで、関係者にムロイを含めるとしても、サイオコール社の技術者も考慮する必要がある。

第5章　科学技術社会論から見た宇宙事故災害　　97

の説明（ノズル接合部に対する厳格ではよりない真空漏れテスト）は相当な科学的理由づけによって妥当に支持されていると仮定することはムロイの上層部の受け取り手にとって理にかなっていたと指摘する。しかし、ムロイの理由づけは科学的ではなかった。100psiの真空漏れ試験のせいで気がつかれなかった欠陥あるＯリングによってダメージが起こったという仮定は、適切な科学的議論によって支持された説明というよりも、不適切に支持された憶測だった。このことをデ・ヴィンターは以下のように論じている。

ノズル接合部のダメージについての説明の別の候補は、欠陥ある設計によってダメージが起きたというものである。しかしこの仮説は退けられた。マーシャル宇宙飛行センターの信頼性・品質保証のディレクターであるブンはこの仮説を退けたことを以下のような論拠によって正当化している。ブンは、機体には六つの接合部があり、もし設計に問題があれば六つのすべてが漏れを起こすはずだと述べている。したがって、もし一つだけ漏れを起こしたのなら、品質の見逃しということになるとブンは述べる。

ブンの主張に対して、非常に弱い論拠であることは明白だとデ・ヴィンターは指摘する。つまり、六つのうち五つの接合部が漏れを起こさなかったという事実は設計が完全に適切であるということを含意しない。完全には適切ではない設計でさえほとんどの場合、上手く働くのである。したがって、見つかったダメージは欠陥ある設計のせいではなく、ノズル接合部に対するより厳格ではないテストのせいであるというムロイの仮定は適切な科学的論拠によっては支持されていない。

デ・ヴィンターは、研究プロセスにおいて満たされていると上層部の受け取り手が妥当に仮定できた認識的基準が損なわれていたことを以上は意味すると指摘する。したがって、ムロイのレビューの認識的誠実さは損なわれていた。

続いて、チャレンジャーの打ち上げ前日のサイオコール社の経営者についてヴォーンおよびデ・ヴィンターに倣って取り上げておこう。打ち上げ前日にNASAとサイオコール社の間で行われた1回目の通信会議が中断された後、技

術的見地から打ち上げに反対するボジョレーの主張を踏まえ、技術担当副社長のルンドは打ち上げに同意することをためらっていた。上級副社長であるメイソンはルンドに対し、「技術者の帽子を脱いで経営者の帽子を被る時だ」と告げた[9]。2回目の通信会議においてNASAに同社が打ち上げの同意を伝える。

　通信会議の再開後にサイオコール社が示した打ち上げへの同意は、通信会議の中断中に行われた十分な科学的理由づけによって妥当に支持されていると仮定することはNASAの受け取り手にとって理にかなっていた。しかし、同社の議論は科学的とはいえない。なぜなら、低温のＯリングへの影響という技術的見地から行われる必要のある判断（技術者の帽子）を、経営上の判断（経営者の帽子）によって下しているからである。すなわち、同社の打ち上げ同意においては認識的誠実さが損なわれていた。

5　スペースシャトル計画において
非認識的利害が果たした役割

(1) ヴォーンへの再びの注目

　デ・ヴィンターは、スペースシャトル計画の研究プロセスの認識的誠実さが損なわれていたことについて、計画にかかわった行為者の非認識的利害に基づいて説明しようとする（De Winter 2016：133-137）。この非認識的利害とは財政上の利害である[10]。この利害の手掛かりとして、再びヴォーンに着目し[11]、逸脱の常態化が繰り返された説明を確かめよう。

9　この発言は、予定通りに打ち上げを行いたいというNASAの意向に新たな契約を必要としていた同社が屈したというニュアンスで提示されることがある。しかし、メイソンの意図は、技術上のデータに基づいて経営上の判断を下すというものだった（Vaughan 1996：319）。
10　彼はキャリア上の利害も挙げているが、ヴォーンはキャリアの利害には言及しない。
11　なぜなら、デ・ヴィンターの解説が非倫理計算モデルを脱却していないからである。

第5章　科学技術社会論から見た宇宙事故災害　　99

(2) 職場文化の生成と製造の職場文化、職場の構造的機密性

ヴォーン（1998）が提示するのは職場文化の生成（production of culture）と製造の職場文化（culture of production）、職場の構造的機密性（structural secrecy）という三つの概念である。まず職場文化の生成を確認しよう。これは、受け入れ可能なリスクの幅がどのように大きくなっていったかを説明してくれる。職場文化の生成とは、技術的問題に対して技術者が考えだす、問題解決の方法の集まりを指す。この文化は、ワークグループで内在化し受け継がれていた。職場文化にはワークグループにおける社会的コンテクストと情報のパターンの二つが影響を与えている。社会的なコンテクストとして、ブースターにまつわる技術的問題が起こることが当たり前で予期されており、しかもシャトルが繰り返し使用されるものであることがあった。リスク・アセスメントは、繰り返し起こりうる問題と、この問題にブースターが耐えているという条件の下で続けられていた。情報のパターンとは、ブースターの接合部に発生する問題がランダムに起こったことである。技術的問題は系統的な原因がないように見えていた。もし、技術的問題が一斉に起こるとか、共通の原因が発見されるということがあれば、ワークグループは自分たちのリスク・アセスメントに疑問をもっていたのかもしれないが、そうではなかった。

こうして受け入れ可能なリスクが広がっていった。しかし、技術的な問題が累積していたにもかかわらず、NASAとサイオコール社でこのリスクの大きさが当然視されていたのはなぜだろうか。それを説明するのが製造の職場文化と構造的機密性である。まず製造の職場文化に注目しよう。NASAには次のような職場の文化があった。すなわち、優秀な技術的文化（厳格な方法論、定量的科学）と政治的説明責任（製造、コスト上の関心事）、官僚的説明責任（規則と手続きへの注意）である。NASAには、外部の契約者に頼るというよりも、上級管理者も実際に汗をかいて作業をするという技術的な文化があった。1970年代のシャトル計画においては、NASAでは議会への予算上の説明責任（政治的説明責任）が発生している。さらに1980年代には、

100

外部の契約者に頼るようになり、ここから官僚的説明責任が生じた。

　技術的文化と政治的説明責任、官僚的説明責任は、次のように逸脱の常態化につながっている。シャトル帰還後のリスク・アセスメントから数量的なデータが得られ（元来の技術的文化）、ブースターの設計は公的に受容可能なリスクであるという確信をワークグループに与えた。技術的な問題点が発見されるにつれ、不確かさは大きくなっていったものの、ワークグループはコストとスケジュールへの関心にとらわれており（これが政治的説明責任の表れである）、シャトル計画を停止してさらなる試験のために時間を設けるということをしなかった。そして、リスク・アセスメントの規則に漏れなく従っている（官僚的説明責任を果たしている）ということが、ワークグループにブースターの設計は受け入れ可能であるという信念を与えていたのである。

　こうして逸脱の常態化が繰り返されたわけだが、ブースターのワークグループの外にいる者にそのことが知られなかったのはなぜだろうか。これを説明するのが構造的機密性である。確かにNASAには、スペースシャトルの技術的問題を把握しているのがワークグループだけとならないようにする仕組みがあった。飛行準備委員会（flight readiness review）は、打ち上げに先立ってリスク・アセスメントの情報交換が行われる場所である。ここでは、技術者による分析がワークグループの外側から評価される。しかし、シャトルは6,000万個の部品からなっており、準備委員会のメンバーがそれぞれのパーツの最新情報に通じているわけではなかった。大量の情報は問題の所在を不明確にし、委員会の管理者は報告される情報を理解するのに技術者に頼らざるをえなかった、準備委員会が技術者による分析結果を裏返すということはなく、構造的機密性は保持されたままだったのである。

6　デイヴィスの批判に答える

　スペースシャトル計画の研究プロセスの認識的誠実さは、コスト、スケ

ジュール上の関心事という非認識的利害によって損なわれていた。ここで
ヴォーンに対するデイヴィスの批判に答えよう。第一の批判点に対して、
ヴォーンのアプローチにおいて、サイオコール社の意志決定者の責任を問う
ことはできる。すなわち、同社の意志決定者には、スケジュールという非認
識的利害によって認識的誠実さを損なったという責任がある。第二の批判点
について、ヴォーンの研究に基づくデ・ヴィンターの指摘によって以下のよ
うに答えられる。社会学的な論考においても、意志決定の言い逃れを防ぐこ
とができる。つまり、社会的な圧力下でも意志決定において認識的誠実さを
保たなければならない。

7 今後の宇宙開発へのチャレンジャー事故からの教訓

　チャレンジャーの事故からの今後の宇宙開発への教訓は何だろうか。ス
ペースシャトルを通じて学んだ有人宇宙技術は、今後の日本の宇宙開発に
とって、安全性をいかに高めるのかという技術につながるという（JAXA
2011）。では、以下のような教訓が得られるだろう。この事故の背景には
NASAとサイオコール社による技術的な逸脱の常態化があった。逸脱の常
態化においては、NASAと同社の関係者に認識的誠実さを損なっていたと
いう問題点が指摘できる。認識的誠実さを損ねたのはNASAのコストおよ
びスケジュールからの非認識的利害であった。すると、逸脱の常態化を防ぐ
ためには、NASAと同社の関係者がこれらの利害を退け認識的誠実さを保
つ必要があったということができる。このことは、今後の宇宙開発の安全性
を確保するうえで重要な示唆を与えている。これからの新たな宇宙船の開発
においても、技術的な逸脱が起こりそれを常態化させてしまうことは十分に
予想される。逸脱の常態化を食い止めるためには宇宙開発にかかわる管理者
と経営者、技術者が技術開発と意志決定の各段階において認識的誠実さを高
く保つことが大切になる。つまり、認識的誠実さを損なうようなコストおよ

びスケジュール上の利害は排しなければならない。各関係者がこれらの利害にとらわれずに認識的誠実さを高く保持することが逸脱の常態化を防ぎ、安全性の高い宇宙技術の実現を可能とするだろう。

参考文献

宇宙航空研究開発機構（JAXA）　2011「スペースシャトルと日本の有人宇宙活動の歩み」。http://www.jaxa.jp/article/special/spaceshuttle/index_j.html（最終閲覧2017年9月11日）

澤岡昭　2004『衝撃のスペースシャトル事故調査報告——NASAは組織文化を変えられるか』中災防新書。

杉原桂太　2004「技術者倫理を捉えなおす——公衆の安全・健康・福利のために何をすべきか」『社会と倫理』17、153-170頁。

杉原桂太　2007『科学技術社会論と統合された技術者倫理の研究』名古屋大学博士論文。

藤垣裕子編　2005『科学技術社会論の技法』東京大学出版会。

Davis, M. 2006. Engineering Ethics, Indivisuals, and Organizations. *Science and Engineering Ethics* 12 (2): pp. 223-231.

De Winter, J. 2016. *Interest and Epistemic Integrity in Science A New Framework to Assess Interest Influences in Scientific Research Processes*. Lanham: Lexington Books.

Harris, C. E., Prichard, M. J. & James, R. 2000. *Engineering Ethics: Concepts and Cases (Third Edition)*. Belmont, CA: Thomson Wadsworth.

Martin, M. W. & Schinzinger, R. 1996. *Ethics in Engineering (Third Edition)*. McGraw-Hill.

Milligan, T. 2015. *Nobody Owns the Moon: The Ethics of Space Exploitation*. Jefferson: McFarland.

Lynch, W. T. & Kline, R. 2000. Engineering Practice and Engineering Ethics. *Science, Technology, & Human Values* 25 (2): pp. 195-225.

Robinson, W., Boisjoly, R., Hoeker, D. & Young, S. 2002. Representation and Misrepresentation: Tufte and the Morton Thiokol Engineers on the Challenger. *Science and Engineering Ethics* 8: pp. 59-81.

Vaughan, D. 1996. *The Challenger Launch Decision, Risky Technology, Culture, and Deviance at NASA*. Chicago: University of Chicago Press.

Vaughan, D. 1998. Rational Choice, Situated Action and the Social Control of Organizations. *Law & Society Review* 32 (1): pp. 23-61.

コラムC │ 有人宇宙飛行に伴う生命と健康のリスク

呉羽　真

　有人宇宙飛行に対する倫理的懸念の一つに、宇宙飛行士や民間宇宙飛行参加者がこうむる生命と健康のリスクの問題がある。有人宇宙飛行はこれまでも多数の犠牲者を出してきたが、いま計画されている長期的な有人宇宙探査や民間宇宙旅行が将来的に実現すれば、より深刻なリスクが生じることは避けがたい。そこで、こうした危険を冒してまで有人探査を推進したり、あるいは宇宙旅行を許可したりすることは正しいのかが、倫理的観点から問われることとなる（民間宇宙旅行の倫理的問題については第9章を参照してもらうこととして、以下では公的事業として行われる有人宇宙飛行の問題について解説する）。

　有人宇宙飛行に伴う人命リスクとして真っ先に挙げられるのは、事故である。それぞれ7名の犠牲者を出した2度のスペースシャトル事故（1986年のチャレンジャー号事故と2003年のコロンビア号事故）をはじめ、過去に19名もの宇宙飛行士が飛行中の事故で死亡していることからわかるように、宇宙輸送技術はいまだに安全からは程遠い状態にある。

　事故に加えて、有人宇宙飛行がもたらす生理学的影響も懸念される。その中でも特に深刻なのが、宇宙放射線被曝である。大気と磁場によって守られた地球上と異なり、宇宙空間や月・火星表面上では強い放射線に身をさらすことになるのだ。国際宇宙ステーション（ISS）では被曝線量は1日当たり平均で0.5mSvから1mSvに達し、さらに帰還まで2年半かかると言われる火星ミッションでの被曝線量は1Svにも上ると予想されている。国際放射線防護委員会の勧告では、一般人の線量限度は1mSv／年、放射線業務従事者の場合でも50mSv／年とされており、有人宇宙飛行はこの基準を軽く上回る。被曝線量が増加するにつれて発がん率や白内障の発生確率が高まり、また運悪く突発的な太陽フレアに見舞われた場合には、ただ一度で致死的な影響が生じることもありうる。現在のところ宇宙飛行中の被

曝を防ぐには物質で遮蔽する以外に有効な対策がないが、この手法では打ち上げる物質の重量が飛躍的に増えるために法外なコストがかかり、有人宇宙飛行は事実上不可能となる（宇宙放射線被曝のリスクについては、藤高ほか2004を参照せよ）。

　宇宙空間での生活がもたらす生理学的影響としてはこの他に、骨量の減少や筋肉の萎縮、視力の低下などが知られている。また有人火星探査のような長期ミッションの場合、長期間にわたり地球を離れたことで地上に帰還した後に正常に暮らせなくなる恐れがあり、他にも予期せぬ危害が生じることがありうる。加えて火星の場合、最も近いときでも地球から5,000万km以上という距離のため、行き帰りや滞在中に健康を脅かす事態が生じても直ちに地球に帰還できない、という点も大きな不安要素となる。さらに有人宇宙飛行に伴う健康リスクには、閉鎖環境下でのストレスのような心理学的影響も含まれる。それが原因で精神疾患を発症すれば、ただでさえ危険な宇宙飛行は一層危ういものとなる。

　これほどの危険がある以上、公的事業として有人宇宙飛行を推進することは倫理的観点から疑問視されうる[1]。これに対して、本人が自ら参加することを望む限りその意思を尊重すべきだ、という理由で有人宇宙探査をやめたり、それに規制を加えたりすることに反対する人がいるかもしれない。しかし、この見解に対しては、以下の反論が可能である。第一に、一般に危険な業務に従事する労働者に対しては、医師が医療措置を受ける患者に対してそうするように、その自律性を尊重するために「インフォームドコンセント」の取得（すなわち、その業務に従事することがもたらすリスクについて、従事者から十分な説明と理解に基づく同意を得ること）が要求される。しかし、有人宇宙飛行、それも長期ミッションの場合、どんな種類の、そしてどの程度の危険が生じるかについて、十分な情報が得られていない（cf. Daniels 1986）。第二に、個人の自由を尊重するリベラリズム（詳しくは第4章を参照せよ）の枠内でも、過度な自己危害をもたらしうる行為（たとえば麻薬の濫用）に関しては、本人の意思に反した干渉（パターナリズム）が認められることが多い（cf. 加藤 2001）。有人宇宙飛行は高い頻度で犠牲者を出してきた上に、未知のリスクも多いと考えられるため、ミッションの内容次第ではそれに参加することの危険性を過度と見てよいかもしれない。

　以上の理由で、危険を伴う有人宇宙飛行への参加を単純に個人の意思に任せて

しまうのではなく、それが許容されるか否か、あるいはどんな条件下で許容される
るかに関して社会的合意を取りつける努力が必要とされる。この際に問題となる
のは、人命リスクの許容に関しては文化的差異が大きい、という点である。たと
えば立花（2014）は、日本が独自の有人宇宙開発を推進して事故で犠牲者を出せば、
日本国民はそのことに耐えられず日本の宇宙開発は打撃を受けるだろう、と論じ
ている。しかし、京都大学で実施された社会調査では、日本国民の多くが、有人
宇宙開発による死亡事故はあってはならないと考えつつも、それが起きてしまっ
た場合には原因究明後に再開すればよいと考えている、という結果が得られてい
る（藤田・太郎丸 2015）。この結果が直ちに事故のリスクを冒して有人宇宙開発を
推進することを正当化するわけではなく、また人々の意見を正確に把握するには
より詳細かつ広範な調査が要求されるが、こうした研究は合意形成に向けた一歩
として有益だろう。

注
1 米国医学研究所の発行した報告書（IOM 2014）は、既存の健康基準に例外を認めない限り、
　有人宇宙飛行ミッションの一部は倫理的に許容されない、と結論している。

参考文献
加藤尚武　2001『応用倫理学入門――正しい合意形成の仕方』晃陽書房。
立花隆　2014『四次元時計は狂わない――21世紀 文明の逆説』文藝春秋。
藤田智博・太郎丸博　2015「宇宙開発世論の分析――イメージ、死亡事故後の対応、有人か
　　無人か」『京都社会学年報』23、1-17頁。
藤高和信・福田俊・保田浩志編　2004『宇宙からヒトを眺めて――宇宙放射線の人体への影響』
　　研成社。
Daniels, N. 1986. Consent to Risk in Space. In E. C. Hargrove ed., *Beyond Spaceship Earth:
　　Environmental Ethics and the Solar System*. San Francisco: Sierra Club Books, pp.
　　277-290.
Institute of Medicine (IOM) 2014. *Health Standards for Long Duration and Exploration
　　Spaceflight: Ethics Principles, Responsibilities, and Decision Framework*. Washington,
　　DC: National Academies Press.

コラムD │ 宇宙動物実験

吉沢文武

　宇宙開発の過程で、さまざまな動物が実験に用いられている[1]。人間以外の脊椎動物が宇宙空間に到達した最初の例は、1949年にV2ロケットに乗せられたアカゲザルのアルバートII世だが、1957年に旧ソ連の人工衛星スプートニク2号に乗せられた犬のライカ（クドリャフカ）はよく知られているところだろう。帰還した動物も帰還できなかった動物もいるが、この2頭の例に関しては、機材トラブルや帰還方法の欠如のために死亡している。

　「宇宙動物実験」という言葉のイメージにより近いのは、宇宙空間に浮かぶ実験室での実験だろう。そうした実験としては、無人の生物実験用人工衛星、スペースシャトル、国際宇宙ステーションなどで実施されるものがある。さらに範囲を広げれば、宇宙開発関連の動物実験としては、宇宙での実験の対照実験や、人工衛星などの推進薬の人体に対する安全性向上を目的とした研究などのために、地上で実施されるものもある。

　宇宙動物実験の主要な目的は、宇宙で生命が生存できるかを調べることであり、宇宙飛行における宇宙船の安全性、宇宙環境における微小重力や宇宙放射線などによる生物への影響に関する知識を得ることである。さらに長期的な生存に焦点を当て、哺乳類が宇宙で繁殖可能かを調べることを目的とした実験などもある。それらの実験で用いられる動物は、たとえば、脊椎動物では、メダカやゼブラフィッシュ、カエルやマウスなどを含めた、小型の動物が主である。こうした実験において動物は、基本的には、人間についての知識を得るための動物モデルとして利用されている[2]。

　動物倫理の考え方としては複数の理論的立場があるが、その基本的な発想は、痛みや苦しみを感じる能力をもつ動物については少なくとも、その生存や利益に対して倫理的に配慮しなければならない、というものになるだろう（動物倫理の理

論的な背景と動物実験の倫理一般については、伊勢田〈2008〉を参照されたい）。そうした考えが宇宙動物実験の実践においてどう反映されているか、JAXAの「動物実験実施規程」[3]を例として見ると、宇宙における実験といっても、その規則は特別なものではない。基本方針は、いわゆる「三つのR」（代替法の利用、使用数の削減、苦痛の軽減）を中心とした一般的なものである。宇宙空間での動物実験は、国内関連法規だけでなく、国際学術連合会議宇宙空間研究委員会（COSPAR）が策定した国際ガイドラインにも準拠することになるが、そのガイドラインもまた、一般的な基準にそったものである。

　宇宙動物実験に関しても、動物実験一般に言われる懸念や問題点は当然存在する。動物の倫理的扱いに関するものだけでなく、種が異なる人間についての知識を動物実験のデータから得られるのか、という外挿の問題などもしばしば指摘される。ここでは、宇宙空間における動物実験に関してとりわけ問題になりそうな点を三つ挙げておきたい。

　1点目として、実験動物の飼育管理に関する問題がありうる。微小重力環境では、たとえば、木片チップなどは浮いてしまうため、環境エンリッチメントの目的で巣材としてマウスに与えることはできない。宇宙実験動物に関しては、種としての適切な環境と人工の飼育環境との差だけでなく、地上と宇宙との差も考慮しなければならない。動物福祉の観点からも、実験データの信頼性の観点からも、従来の方法を補う工夫や評価方法の見直し、技術開発の推進が必要になる。また、たとえば2013年には、ロシアの無人生物実験用人工衛星Bion-M1に乗せられた多くの動物が、装置の故障で死亡している。装置の異常のさいに長期間（あるいは、最後まで全く）対応できない状況も、地上との違いとして特徴的と言えるかもしれない。他には、宇宙で実験を実施する宇宙飛行士が動物実験の専門家とは限らないということも、動物の扱いや異常事態への対処をめぐる懸念を生むだろう。

　2点目として、実験による動物への危害と人間の利益とのあいだの釣り合いをめぐる課題がある。宇宙空間での動物実験は、有人宇宙飛行において人間が被りうる危害の特定や最小化に寄与するかもしれない。だが、そもそも有人宇宙探査という目的が正当化されうるのかという疑問がありうる（Johnson 2015：267）。有人宇宙探査によって人類にもたらされる利益は、たとえば、医学研究によって得ら

れる利益ほど明らかでもないし、切迫してもいないと思われるからである。

　2点目と関連する3点目として、宇宙実験動物の英雄視や、「動物宇宙飛行士」といった表現、動物実験が含まれる研究に対して心を躍らせるような印象を与えることの問題点を指摘しておきたい。宇宙開発の「夢がある」イメージは、実験動物の犠牲の深刻さを低く見せてしまうかもしれない。動物による人類の進歩への貢献といったとらえ方が、グロテスクに、良くても皮肉なものとして描かれうることは（たとえば、星新一の「不満」）、真面目に受け止めた方が良いと思われる。科学研究の意義は、実施の妥当性の評価においてはもちろん、その成果に関する情報発信、科学教育においても、動物が被る危害との冷静な比較考量に基づいて示すことが、公正な科学研究のあり方として必要だろう。

注

1 宇宙動物実験の歴史の概略については次を参考にした。NASA "Animals in Space"、https://history.nasa.gov/animals.html（最終閲覧2018年5月10日）

2 たとえばJAXAは、実施した動物実験の概要、自己・外部評価などを公開している。宇宙ステーション・きぼう　広報・情報センター「動物実験委員会」http://iss.jaxa.jp/kiboexp/committee/iacuc/（最終閲覧2018年5月10日）。

3 2008年（平成20）2月15日策定、2016年（平成28）6月1日改正。http://iss.jaxa.jp/kiboexp/committee/iacuc/pdf/kitei_committee_animal.pdf（最終閲覧2018年5月10日）

参考文献

伊勢田哲治　2008『動物からの倫理学入門』名古屋大学出版会。

星新一　1961「不満」『週刊朝日』臨時増刊号66（20）、67-69頁（星新一　2012『ようこそ地球さん　改版』所収、新潮社、96-103頁）。

Johnson, J. 2015. Vulnerable Cargo: The Sacrifice of Animal Astronauts. In J. Galliott ed., *Commercial Space Exploration: Ethics, Policy and Governance.* Surrey: Ashgate, pp. 259-269.

第Ⅲ部

新たな生存圏としての宇宙

第*6*章

宇宙時代における環境倫理学
——人類は地球を持続可能にできるのか——

神崎宣次

　私はよく、「宇宙船に乗ったらどんなだろう」と人が言うのを耳にする。し
かし、答えはいとも簡単。「今、どんな感じだい？」だ。みんな経験してるじゃ
ないか。私たちはみんな、宇宙飛行士なのだ。（フラー 2000：45-46）

1　宇宙船地球号と地球上での持続可能性

　1985年から翌年にかけて放映されたアニメ『機動戦士Ｚガンダム』（日本
サンライズ）において、クワトロ・バジーナことシャア・アズナブルは、人
類は地球を汚染してきたのであり、地球から巣立つ時がきているのだ、と全
世界に向けた演説（ダカール演説と呼ばれる）を行っている。この演説の前提
として、この作品を含めたガンダムシリーズの作品世界ではスペースコロ
ニーなどの技術によって宇宙進出が達成されている。それに対して現実世界
では、どれだけ地球環境が悪化してきていようとも、人類が地球を離れるこ
とは容易にはなっていない。これまで宇宙に行った人類は通算でも551人に
すぎず[1]、現在地球上に生きている70億人超の人口と比べて、ごく少数にすぎ
ない。われわれは（まだ）本格的には地球を離れられないのである。

1　2017年4月現在の数字。JAXAの次のページによる。http://iss.jaxa.jp/iss_faq/astronaut/
astronaut_010.html（最終閲覧 2017年5月30日）

「逆説的にもこれまでの宇宙開発の進歩は、地球上でなんとかやっていく方法を見出す必要性を、人類に認識させてきた」と主張されることがある。たとえば、共有資源管理についての重要な論文「共有地の悲劇」で知られるギャレット（ガレット）・ハーディンは、アメリカの宇宙計画について1972年に次のように書いている。

　……54万5400キロ離れた月に到達するため、300億ドル近い金を使っている。それは豪壮な技術的成果である。だが結局、宇宙計画の主な成果はわれわれ人間のここ地球上での立場をいっそう深く理解することであることが明らかになるだろう。地球が本当に有限であること、地球はあまり大きなものではないこと、それを破滅させないで利用することを学ばなければならないこと、などを、最後には肝に銘じて感じ取るようになるだろう。（ハーディン 1975：17）

　ハーディンがこのように書いたより少し前にあたる1960年代は人口問題、資源問題、廃棄物問題、環境破壊などが深刻なものとなり、グローバルな環境問題への意識が高まった時期でもある。それとほぼ同時期に宇宙開発技術の進展[2]によって、地球を外側から見るというイメージが人類に共有されるようになった。それによって地球は美しいだけでなく、有限でもあることが広く認識されるようになったとハーディンは指摘している[3]。

　……宇宙飛行士が離れた場所から地球の写真をとり、それを地球に持ち帰って、地球上のわれわれすべてに見せた時、最も大きい変化が現れた。そこにはあった、我々の地球が。白い雲の渦をまとった小さな青みがかった球が。

2　米ソ両国の宇宙開発競争が、ミサイルへの技術の転用可能性により、核戦争という人類の生存に対する脅威の一つと切り離せないものであったことも指摘しておくべきだろう。本書のコラムG「デュアルユース」も参照のこと。

3　環境倫理学者キャリコット（Callicott 1986）は、これと同様のことを述べたうえで、さらにこうした写真が人類の一体感をももたらしたとしている。この論文の243-244頁、および注の31および32を参照のこと。

それは無限の宇宙空間の中にあるひどくちっぽけなもの、限られた、閉じ込められたもの、ひとつの宇宙船だったのだ。（ハーディン 1975：16）

　宇宙船地球号（Spaceship Earth）という用語は、ハーディンだけでなく冒頭で引用したフラーやケネス・E・ボールディングなどの論者によって、地球上での人類の生存可能性、もしくは持続可能性を論じるために用いられてきた[4]。少なくとも人類の活動圏がおおむね地球上に限られている間は、環境問題あるいは持続可能性の問題とは地球上での問題であるとみなされるのが当然だろう。たとえば環境倫理学者ユージーン・ハーグローブは宇宙環境倫理学の論文集『宇宙船地球号を超えて——環境倫理学と太陽系』（Hargrove 1986）を編集したが、その序文で宇宙船地球号という概念は宇宙探索によってインスパイアされたものであるにもかかわらず、地球上での環境問題に焦点を当て続けていると述べている[5]。

（1）宇宙関連技術と持続可能性

　とはいえ、まとまった数の人類が地球を離れることが可能とはなっていない現状においても、宇宙関連技術は、地球上での持続可能性の問題に重要な影響を及ぼしつつある。たとえば衛星画像によって地上の原生自然の変化を監視し、その情報を保護活動に役立てるという利用が行われている[6]。また気象衛星からの情報は農業などの分野において必要不可欠になっている。農業

4　この用語についてのより深い検討については Höhler（2015）などを参照のこと。
5　地球の地質年代上で、人間の活動の影響が地球の生態系を特徴づけるようになった時期をアントロポセン（Anthropocene）と名付けようという議論が近年なされている。人間とその科学技術がもたらした環境問題に対処しようとしてきた環境倫理学は、まさにアントロポセンを対象とする学問といえる。その意味で宇宙環境倫理学は、宇宙の歴史においてアントロポセンに対応する（来たるべき）時代のための倫理学といえるかもしれない。アントロポセンについては（Ellis 2018）などを参照のこと。
6　こうした議論は本文中で触れた論文集『宇宙船地球号を超えて』に含まれる論文でもすでに見ることができる（Uhlir & Bishop 1986：191-195）。

第6章　宇宙時代における環境倫理学　　115

においては、無人の農作業ロボットの航法システムに準天頂衛星システムからの信号を利用することも有効だとされる（野口 2017：796-797）。

さらに、現時点で実現されていないが検討はされている技術まで視野に入れるならば、地球上での持続可能性に影響する問題の範囲もさらに広がる。JAXAが取り組んでいる宇宙太陽光発電システムなどは、化石燃料に頼らない持続可能な社会を目指す技術の例といえるだろう[7・8]。

(2) 持続可能なシステムに対する外部からの脅威

こうした状況を考えれば、地球上での持続可能性を検討する際にも、宇宙という外部の視点が欠かせないということになる。しかしながら外部の視点を導入することは、持続可能性を努力の問題ではなく、究極的には運や運命の問題にしてしまうという副作用をもたらす。巨大な隕石が地球に衝突するかもしれないし[9]、超巨大な太陽フレアにより文明に致命的なダメージが与えられるかもしれない[10]。そもそも超長期的に言えば人類の地球上での持続可能な期間は太陽の寿命を超えないだろう。農業倫理学者ポール・B・トンプソンが述べているように、たとえ完璧に持続可能なシステムであったとしても「外部的な脅威によって破壊されるということは十分にあり」えるのであ

7　JAXAによる解説ページを参照のこと。http://www.kenkai.jaxa.jp/research/ssps/ssps-ssps.html（最終閲覧2017年6月8日）

8　なお、フラーは地球を開放系として考えており、化石燃料のような有限な資源を消費し続けるのではなく、太陽からのエネルギーなどで人類を維持していけるようにすべきだと主張していた。

9　たとえば、地球近傍天体が地球に衝突するリスクはトリノスケールによって表される。トリノスケールでは、地球文明の存続が危ぶまれるほどの衝突は、平均すれば「10万年に一度か、それ以下」の頻度とされている。次のページなどを参照のこと。https://cneos.jpl.nasa.gov/sentry/torino_scale.html（最終閲覧2017年8月17日）

10　とはいえ、小惑星の観測や宇宙天気予報など、これらのリスクを軽減させる努力も行われている。前者については日本スペースガード協会の小惑星観測プロジェクトのページ（http://www.spaceguard.or.jp/ja/topics/batters.html）、後者については宇宙天気情報センターのサイト（http://swc.nict.go.jp/contents/）などを参照のこと（いずれも最終閲覧2017年8月17日）。

る（トンプソン 2017：264）[11]。

　これと同様の指摘はウィリアム・K・ハートマン（Hartmann 1986）の議論にも見られる。ハートマンはまず宇宙開発の可能性によって地球を使い捨て可能な惑星とみなす心性が生まれるのではないかという問いを検討する[12]。その結果として、地球上での持続可能性への関心が弱まってしまうという悪い帰結がもたらされてしまうかもしれない。この問いに対するハートマンの立場は、地球以外の太陽系は地球ほど住む魅力がないので、地球を破壊してわざわざ他の惑星に移住する合理的な動機づけをわれわれは見出さないだろうというものである[13]。しかしながら、宇宙開発を行わないことは、前段落で述べたような理由などから、人類の生存の失敗を保証してしまうともいう。そこから、人類の生存のための万一の保険として、宇宙開発によって地球から独立して維持可能なスペースコロニーという選択肢が得られるかもしれないということが大事だと主張されることになる。

　またハートマンは人類の生存を脅かす要因として隕石などの宇宙環境災害だけでなく、核戦争などの政治的災害にも言及している（Hartmann 1986：134）。実際、戦争は広範な環境劣化をもたらす、持続可能性に対する現実的な脅威となっている。たとえば1992年に合意された環境と開発に関するリオ宣言でも、第24原則で「戦争は、元来、持続可能な開発を破壊する性格を有する」とされている[14]。つづく第25原則で述べられている通り、「平和、開発及び環境保全は、相互依存的であり、切り離すことはできない」のである。これは宇宙空間を舞台にした軍事活動についても当然あてはまる話であ

11　なおトンプソンがこの箇所で具体例として挙げているのは、外部資本により破壊の危機にさらされる小規模農家のシステムである。

12　ハートマンの議論は、第3節で論じる（宇宙）環境徳倫理学的な問題設定として理解することもできるだろう。

13　この際ハートマンは、地球をハワイに、地球以外の太陽系をシベリアにたとえた上で、われわれは美しいが不毛な自然環境を探検したいかもしれないが、住みたいとは思わないだろうと論じている。

14　ここでの日本語訳は環境省の環境基本問題懇談会の配布資料（環境省 2003）に基づいている。

る。宇宙の軍事利用については、本書の第10章の議論を参照してもらいたい。

(3) 本章で扱う話題と扱わない話題——宇宙環境倫理学

　以上のような持続可能性にかかわる話題は、広い意味での宇宙環境倫理学に含まれることになるだろうが、本章では宇宙環境倫理学に含まれるべき内容の全体を扱うことはできない。それらのうちのいくつかは他の章で論じられる。宇宙ゴミとも呼ばれるスペースデブリは現時点で最も現実的な宇宙環境問題であるが、この話題は本書の第7章のテーマである。また、地球以外の天体を対象とする資源問題は第11章で扱われる。環境問題の範囲を少し広げてビジネスの問題まで含めるとすると、第9章も宇宙環境倫理学に関連した章といえるかもしれない。もう少し遠い未来の可能性についての議論、たとえばテラフォーミングや人類の存続に関する問題については、第8章、第12章および第13章で論じられる。

　本章の残りでは地球上での持続可能性という現在の問題を、宇宙という別の環境の存在を視野に入れつつ検討し直してみたい。具体的には、ジオエンジニアリング（geoengineering）と宇宙時代における徳（virtue）という二つの問題を検討する。

2　気候変動問題の技術的解決策としての ジオエンジニアリング

　ニック・ボストロム（Bostrom 2002）は「有害な帰結が地球に起源を持つ知的生命を絶滅させる、あるいはそのポテンシャルを恒久的かつ根本的に減少させる」ようなリスクを、絶滅リスク（existential risk）と呼んでいる。この論文では「ひどくプログラムされた超知能」など、さまざまな絶滅リスクがリストアップされているが、その中にはすでに本章でも挙げた「隕石の衝

突」のほか、「急速に進む地球温暖化」も含まれている（なお「地球外文明によっ
て殺戮される」というものも含まれている）。

　地球温暖化問題、あるいは気候変動問題に関しては、2015年にパリ協定
が採択されるなど一定の成果が上がっている反面、温室効果ガスの削減によ
る対策では不十分ではないかという懸念も出されている。そのためIPCC（気
候変動に関する政府間パネル）の第5次評価報告書などでも、ジオエンジニア
リングへの言及がなされるようになっている。そこではジオエンジニアリン
グは「気候変動の影響を緩和するために気候システムを意図的に改変する幅
広い手法や技術」と定義され、「太陽放射管理」と「二酸化炭素除去」とい
う二つのカテゴリーに大別されている（気象庁 2015：33）。前者は、成層圏
にエーロゾルを注入するなどの手法によって「地球の反射率を高めることで
人為起源の温室効果ガスによる温暖化を相殺することを目指す」ものである。
後者のカテゴリーに含まれる手法としては、大気中から二酸化炭素を除去し
て、海洋中や地質中などの貯蔵庫に貯留する技術などがある。

(1) ジオエンジニアリングの倫理問題

　「提案されているジオエンジニアリング手法の全てにはリスクと副作用が
伴う」（気象庁 2015：33）だけでなく、その帰結には不確実性や無知の状況
が含まれていることがある[15]。そのため、（コストの低い技術も存在するにもか
かわらず）とりあえず試しにと気軽に行うわけにはいかず、予防的というの
に近い慎重な態度が要求されるべきだろう[16]。

　ボストロム（Bostrom 2002）も、気候変動を含む絶滅リスクの特徴の一つ

15　リスクと不確実性や無知との違いについては、予防原則についての欧州環境庁の予防原則につ
　　いての報告書（EEA 2002：192）を参照のこと。
16　ジオエンジニアリングの研究や開発のガバナンスのあり方については、オックスフォード原則、http://
　　www.geoengineering.ox.ac.uk/oxford-principles/principles/や、アシロマ科学組織委員会報告で示
　　されている原則、http://www.geoengineeringwatch.org/documents/AsilomarConferenceReport.
　　pdfなどが提案されている（いずれも最終閲覧2017年8月17日）。

としてトライアル・アンド・エラー方式によるアプローチが不可能である点を挙げている。失敗から学ぶチャンスが存在しないために、問題が起こってからの後手にまわった reactive 対応ではなく、先を考えたproactive対応をとらねばならない。そのためには、「断固とした防止的行動をとり、そのような行動の（倫理的および経済的）コストを負う、という自発的態度」が必要になるという。

　ここからわかるとおり気候変動や、その解決策としてのジオエンジニアリングの問題は、科学技術や認識論にかかわるだけでなく、倫理にかかわる側面も含んでいる。ジオエンジニアリングに関連する倫理問題には、地球以外の天体における同様の試みであるテラフォーミングと共通するものもあれば、異なっているものもある。先にも述べたようにテラフォーミングについての議論は本書の第8章で詳しく扱われているのでそちらを参照してもらいたいが、ジオエンジニアリングとの重大な条件の違いは、対象となる天体に人類がすでに居住しているかどうか、そこに文明や社会が存在するかどうかだろう。地球という天体の倫理上の特異性は、疑いの余地なく道徳的配慮の対象（moral patient）である生命がそこに存在していることを、われわれが「知っている」という点にある。

　杉山昌広（2011：24-25）は、「社会的側面」からジオエンジニアリングが批判される論点を七つ挙げている。ここでは特に倫理にかかわる問題のみを取り上げて、倫理学の観点から検討していこう。まず、こうした技術についての考えが広まると二酸化炭素排出削減などの緩和策（根本的な解決策）に取り組む動機づけが失われる「モラル・ハザード」が生じる恐れが挙げられている。壊しても後から直せる技術がある（あるいは、そのような技術が確立される可能性がある）なら好き勝手しても構わないという考え方が広まりかねないというこの懸念は、環境保全の分野でも修復生態学の知識や技術に関連して提出されることのある、よく知られたものである。また、先に触れたハートマンが宇宙開発について検討していたのも、同様のモラル・ハザードの問題と言えるだろう。とはいえこれまでの調査では、ジオエンジニアリン

グに関して市民の間でのこのようなモラル・ハザードの発生は平均的には見出されていないと杉山（2011：141）は論じている。

　また、地球環境を思い通りに技術的に改変しようとする態度そのものが、「神を演じるかのような」傲慢さとして倫理的に非難されるべきだという主張もある。「人間の傲慢さ」は、環境破壊をもたらした原因として倫理的批判の対象となってきた態度（環境徳倫理学[17]的にいえば悪徳の一つ）でもあり、環境倫理学の初期における非人間中心主義的な傾向（人間にとっての利益の追求を制限する傾向）を生み出したともいえる、環境倫理学にとって重要なキーワードであった。このタイプの批判がテラフォーミングに対しても向けられうるのは明らかだろう。

　しかしながら、こうしたタイプの批判には少なくとも次の二つの問題点がある。第一に、人間中心主義を批判するという消極的主張に留まっているうちはともかく、生態系中心主義などのかたちで積極的な主張を含む立場として非人間中心主義を主張しようとすれば、生態系などの（人間以外の自然物の）内在的価値を解明し、正当化するという哲学的難問にたちまち直面してしまう。環境倫理学はこの難問の解決を自らの主張な課題の一つとしてきたが、率直にいって成功してきたとは言い難い[18]。

　第二に、「人間の傲慢さ」と言われるが、環境破壊に対してすべての人間が等しく責任があるわけではない。むしろ、人間内部での立場の違い、たとえば加害者と被害者、あるいは搾取する側とされる側が存在する。この点は環境正義や気候正義の議論などにおいて繰り返し指摘されてきたものである。

　杉山（2011：24-25）もジオエンジニアリングに関連する問題として、国家間や地域間の公平性にかかわる問題を挙げている。一般に、発展途上国や小国ほど気候安全保障に脆弱性を抱えていると考えられるだろう。にもかかわ

17　環境徳倫理学については、神崎（2011）などを参照のこと。また本章の最終節でも論じる。
18　このような従来の環境倫理学に対する批判は、環境プラグマティズムと呼ばれる立場などからなされてきた。環境プラグマティズムによる批判と、それに対する反論については神崎（2009）などを参照のこと。

第6章　宇宙時代における環境倫理学　　121

らずジオエンジニアリングに関する主導権が先進国に集中するなら、その技術の使用が発展途上国や小国への影響緩和に直結しないかもしれない。また、達成目標となる「最適な気候」は地球上の地域ごとに異なっている。その場合、それを誰がどのようにして決めるのかという正統性の問題が生じるだろう。

　ジオエンジニアリングの目的や実施についての意思決定の正統性の問題は、ジオエンジニアリングにはコストが安い技術も含まれているという事情と結びついて、また別の問題を生じさせる可能性がある。それは、適切な意思決定の過程やガバナンスの手続きを無視して実施しようとする、何らかの主体が登場する恐れがあるというものである。ジオエンジニアリングは、コスト的には「ならず者国家」や、資産家個人でも十分に実行に移せる可能性があるとされる（杉山 2011：25、107）。適正なガバナンスをすり抜けかねない実行能力を備えた主体は、仮にそれが善意の存在であっても、人類とその持続可能性にとっての潜在的な危険となりうる[19]。

3　持続可能性のための倫理観
——宇宙時代における環境徳倫理学——

　イングマール・ペルソンとジュリアン・サヴレスキュ（Persson & Savulescu 2012：1-2）は、気候変動と環境破壊の問題を解決するために、将来世代と人間以外の動物の利害により注意を払うよう、人々の動機づけを操作する生物医学的な手段による道徳エンハンスメント（moral bioenhancement）を用いることに倫理的な反論は存在しないと示そうとしている。また彼らは、ジオエンジニアリングの支持者たちが気候変動問題の現状の深刻さによってその技術の研究開発が肯定されると考えているのと同様に、効果的な道徳エンハ

19　関連する問題として、環境改変技術の軍事利用というデュアルユース問題に含まれるものも指摘されている（杉山 2011：34-35）。なお1978年に環境改変技術敵対的使用禁止条約が発効している。

ンスメントの手段についての科学的研究を行うことも正当化される（それどころか必須とされる）とも考えている。さらに彼らの議論では、ジオエンジニアリングよりも道徳エンハンスメントが優先されるべきとされる（Persson & Savulescu 2012：132-133）。同類の議論は長沼毅（2012：6章）などにもみられる。

(1) 土地倫理は宇宙環境にも適用可能か

環境倫理学は同じような倫理観の変化を、生物医学的にではない仕方で人類に生じさせようとしてきたといってよいかもしれない。こうした目標を追求するために、多くの環境倫理学者がモデルとして依拠したのがアルド・レオポルドの土地倫理（land ethic）というアイディアだった（レオポルド 1997）[20]。その理由はいくつか考えられるが、重要なのは、①生態系を道徳的配慮の主要な対象にすえる生態系中心主義のための土台となる理論モデルを土地倫理が提供したこと、②レオポルドの議論では人間中心主義的な要素と非人間中心主義的な要素が混ざり合っているため、どちらの立場を採用する環境倫理学者もレオポルドを好意的に解釈し利用できた、という2点だろう。

さて、レオポルドの土地倫理は宇宙環境についても環境倫理学の範型となりうるだろうか。この検討はすでにいくつもの論文において行われている（たとえばByerly 1986：95、Miller 2001）が、総じて否定的な結論が出されている。

---

20 土地倫理について簡単に説明しておこう。まず、土地とはある空間に存在する「土壌、水、植物、動物（人間も含む）」の総体を指し（レオポルド 1997：318）、現在の言葉で言い直せば生態系に該当するといってよい。そして必要となる倫理観の変化とは、土地利用を検討する際に、単に経済的観点からだけでなく、倫理的、美的な観点から見ても妥当かどうか調べてみるようにすることだという。よく知られている箇所を引用すれば、「物事は、生物共同体［＝土地］の全体性、安定性、美観を保つものであれば妥当だし、そうでない場合はまちがっている」（レオポルド 1997：349、［ ］内は神崎による補足）という倫理観に移行しない限り、自然保護は達成されないとレオポルドは主張した。注意してもらいたいのは、レオポルドは資源としての持続可能な利用という人間にとっての利益の追求を決して否定しているわけではなく、むしろ生態系中心主義による保護とそのような利益とを不可分で両立可能なものとして論じているという点である。これは本文の続く箇所での理由②にあたる。

その主な理由は、レオポルドのいう土地には生物以外にも土壌や水なども構成要素として含められているが、ごく短期間の訪問者である少数の人間以外は無生物だけからなる空間も土地とみなされうるという解釈には無理があるからである。土地倫理とは生命が存在する場所で有効な倫理観なのであり、現時点では地球以外に生命の存在が確認された場所はない。実験用生物を搭載している国際宇宙ステーションはこの例外に当たるように思われるかもしれないが、宇宙ステーションにおいて実験用生物と人間が生態系を構成するような相互作用を行っているといえる段階に至るまでは、宇宙ステーションもレオポルドの意味での土地とはみなされないだろう。したがって、少なくとも現時点では、土地倫理とは地球上限定の倫理観というべきである。

(2) 他の理論的可能性——徳倫理学的アプローチ

土地倫理以外の、宇宙における環境倫理学の理論的基盤の有力な候補としては、徳倫理学的なアプローチも考えられる。徳倫理学とは、行為の対象の性質（たとえば、その惑星に生命が存在しているかどうか）ではなく、その行為に表れる行為者の態度（たとえば、自らの利益を追求するために他の惑星を改造しようとする「傲慢な」態度）に、倫理的評価の焦点を合わせる倫理学理論である。この特徴から、徳倫理学的アプローチを採用すれば、天体が内在的価値をもつかという本章第2節で指摘した環境倫理学にとっての難題を回避できるかもしれない。まだ調査が完了していない（その性質についての知識が十分ではない）惑星などを主な道徳的配慮の対象とする宇宙環境倫理学の議論がしやすくなる可能性があるのである[21]。

宇宙倫理学で最も頻繁に言及される徳は冒険心や好奇心だろう。人類文明の発展の原動力となってきたこれらの好ましい態度（＝徳）は、宇宙進出を正当

---

21 本書第8章で扱われているスパローは、まさにこの利点を求めて徳倫理学的なアプローチを採用している。

化する根拠として持ち出される。反対に非難に値する好ましくない態度として
の悪徳の例は、すでに挙げた傲慢や強欲だろう。これらと対をなす徳は節度で
ある。節度という徳は、人間にとっての利益の追求を肯定するとともに、その
過度の追求を抑制することを通じて、持続可能性という目標の下に人間中心主
義と非人間中心主義とを（土地倫理と同様に）共存させる。またそれと同時にこ
の徳は、人間間での資源配分の不平等を批判するようにも働くかもしれない。

　以上で例として挙げたものは宇宙での人間の活動にあてはめることができ
る態度であるが、むかしからある伝統的な徳や悪徳でもある。宇宙環境徳倫
理学が検討すべき論点の一つは、伝統的ではない、宇宙時代に特有の徳や悪
徳があるか、あるとすればどのようなものかだろう。

　この論点についての筆者の立場は、環境に関連する領域では、宇宙時代に
特有の徳というものを想定する必要性はこれまでのところ見出されていない
というものである。無分別な資源採掘が好ましくない態度に基づいた行いで
あるのは、地上であろうと宇宙であろうと変わりがないように思われる。

　この見立てが正しければ、他の天体の将来的な乱開発を悪徳として批判す
る者は、地球上での同種の行いも同様に批判しなければならなくなる。宇宙
資源が（世代内および世代間で）公平に分配されるよう制度づくりをすべき
だと主張する者は、地球資源の既存の不平等な分配についても是正を要求し
なければならない。宇宙環境が提示する新たな倫理問題と、地球上での持続
可能性という既存の問題とは、地球と宇宙がつながっているのと同じように、
シームレスなものなのである。

参考文献

環境省 環境基本問題懇談会（第2回）議事次第配布資料　2003「参考資料5-1環境
　　と開発に関するリオ宣言」http://www.env.go.jp/council/21kankyo-k/y210-02/
　　ref_05_1.pdf（最終閲覧2017年8月17日）。

神崎宣次　2009「ブライアン・ノートンの収束仮説および関連する思想の批判的検
　　討——環境倫理学における実践上の有効性、価値、動機という問題」『倫理学研
　　究』39、146-156頁。

神崎宣次　2011「環境徳倫理学——倫理学としての環境倫理学の新しい方向性」『倫
　　理学年報』60、173-185頁。

気象庁　2015「気候変動 2013――自然科学的根拠 よくある質問と回答」http://www.data.jma.go.jp/cpdinfo/ipcc/ar5/ipcc_ar5_wg1_faq_jpn.pdf IPCC（最終閲覧2017年8月17日）。

杉山昌広　2011『気候工学入門――新たな温暖化対策ジオエンジニアリング』日刊工業新聞社。

トンプソン、P　2017『〈土〉という精神――アメリカの環境倫理と農業』太田和彦訳、農林統計出版。

長沼毅　2012『私たちは進化できるのか――凶暴な遺伝子を超えて』廣済堂新書。

野口伸　2017「農業機械の自動化・ロボット化の現状と将来像」『情報処理』58（9）、794-797頁。

ハーディン、G　1975『地球に生きる倫理――宇宙船ビーグル号の旅から』松井巻之助訳、佑学社。

フラー、B　2000『宇宙船地球号操縦マニュアル』芹沢高志訳、ちくま学芸文庫。

レオポルド、A　1997『野生の歌が聞こえる』新島義昭訳、講談社学術文庫。

Bostrom, N. 2002. Existential Risks: Analyzing Human Extinction Scenarios and Related Hazards. *Journal of Evolution and Technology* 9(1). http://www.jetpress.org/volume9/risks.html（最終閲覧2017年8月18日）

Byerly Jr., R. 1986. The Commercial/Industrial Uses of Space. In E. Hargrove ed. 1986, pp. 66–103.

Callicott, J. B. 1986. Moral Considerability and Extraterrestrial Life. In E. Hargrove ed. 1986, pp. 227–259.

Ellis, E. C. 2018. *Anthropocene: A Very Short Introduction*. Oxford: Oxford University Press.

European Environment Agency (EEA) 2002. *Late lessons from early warnings: the precautionary principle 1896-2000*. https://www.eea.europa.eu/publications/environmental_issue_report_2001_22/Issue_Report_No_22.pdf（最終閲覧2017年8月17日）。なお、この報告書には邦訳がある。欧州環境庁　2005『レイト・レッスンズ――14の事例から学ぶ予防原則』松崎早苗・安間武・水野玲子・山室真澄訳、七つ森書館。

Hargrove E. C. ed. 1986. *Beyond Spaceship Earth: Environmental Ethics and the Solar System*. San Fransisco: Sierra Club Books.

Hartmann, W. K. 1986. Space Exploration and Environmental Issues. In E. Hargrove ed. 1986: 119–139. 初出は 1984年の*Environmental Ethics* 6(3): pp. 227–239.

Höhler, S. 2015. *Spaceship Earth in the Environmental Age, 1960-1990*. New York: Routledge.

Miller, R. W. 2001. Astroenvironmentalism: The Case for Space Exploration As An Environmental Issue. *Electronic Green Journal* 1(15): pp. 1–6. http://escholarship.org/uc/item/2d37b8cx（最終閲覧2017年8月17日）

Persson, I. & Savulescu, J. 2012. *Unfit For the Future: The Need for Moral Enhancement*. Oxford: Oxford University Press.

Uhlir, P. F. & Bishop, W. P. 1986. Wilderness and Space. In E. Hargrove ed. 1986: pp. 183–210.

第7章
宇宙に拡大する環境問題
──環境倫理問題としてのスペースデブリ──

伊勢田哲治

　スペースデブリ（以下、単に「デブリ」と書く場合もスペースデブリを指す）は現在の宇宙開発における大きな問題となっている。地球をとりまく衛星軌道周辺には現在多数のデブリが周回し、デブリとの衝突が人工衛星やISSにとって現実的な脅威となっている。2013年にはエクアドルが打ち上げた超小型衛星が旧ソ連のロケットの残骸と衝突して通信が途絶した。これはエクアドルの最初の人工衛星だったという[1]。いまだ人命にかかわるような被害は発生していないものの、デブリの増加とともに、今後より大きな事故につながっていく可能性は常にある。

　現在のデブリ対策は関係各国の自主性にたよっているのが現状であるが、その方法には限界がくることも十分予測される。今後デブリ対策をきちんとすすめていくには、一体、誰に、どういう理由で、何をする責任があるのかについてどこかで原理的な議論を行っておく必要があるだろう。こうした原理的な思考は倫理学が得意とするところであり、スペースデブリを本書で取り上げる理由はここにある。ただし、残念ながら、これはほぼ未開拓の分野であり、倫理学的見地からデブリ問題を論じた先行文献は数少ない[2]。本章で

1　この事故はさまざまなメディアでカバーされたが、BBCのURLを紹介する。http://www.bbc.com/news/world-latin-america-22635671（最終閲覧 2017年10月26日）
2　ウィリアムソン（Williamson 2006）は同じ著書の中でデブリ問題と宇宙倫理の両方を取り上げている例外的な先行研究であるが、デブリの倫理的側面については宇宙活動の倫理綱領を考察する中で宇宙環境問題の一つとして言及される程度（同上：190-191）で、あまり議論が深められているとはいえない。

は主に環境倫理学の観点からデブリ問題を既存の環境問題と比較して、その性格を明らかにしていく[3]。

1 スペースデブリの現状

倫理的な考察に入る前に、スペースデブリというものが置かれている現状についてまとめておこう（より詳しくは加藤〈2015〉参照）。

(1) スペースデブリとは何か

国際的なデブリ対策の中心的な役割を担っている機関間スペースデブリ調整委員会 (Inter-Agency Space Debris Coordination Committee：IADC) はスペースデブリを以下のように定義している。

「スペースデブリ——軌道デブリ (orbital debris) とも呼ばれる——は、地球周回軌道の、ないし大気圏へ再突入しつつある人工の物体——破片や部品も含む——であって、機能していないものすべてを指す」[4]。

他の国際機関による定義も大同小異である。この定義からわかるようにデブリは多種多様である。多くのデブリは破砕した衛星や打ち上げ機の破片である。定義からもわかるように、機能を失って使われなくなった衛星もデブリに含まれる。

3　狭い意味での環境倫理に属さない（しかも重要度の高い）問題としては、たとえばデブリそのものやデブリによって生じる事故についての製造物責任の問題がある。

4　IADC02-01、revision 1、IADC 13-02ほか。これらだけでなく以下に引用する文書も含め、IADCの公式文書は以下のURLで公開されている。http://www.iadc-online.org/index. cgi?item=docs_pub（最終閲覧2017年10月26日）

(2) 衛星軌道の区分

　デブリの倫理問題を考えるうえでは衛星軌道の基本的な区分も理解してお
く必要がある。大きくわけて、問題となる領域は次の二つである[5]。

　①低軌道（low earth orbit：LEO）高度2,000km以下の軌道。

　②静止軌道（geostationary orbit：GEO）赤道上高度約36,000kmの軌道。

　　　地球の自転と同期するため利用価値が高い。同高度でも軌道が赤道に

　　　たいして傾いている軌道は同期軌道（geosynchlonic orbit）と呼ばれる。

　低軌道は衛星の数も多く、ISS（高度約400km）をはじめとする有人宇宙活
動も低軌道に集中している。これに対し、静止軌道上のスロットは一種の希
少資源であり、配置できる衛星の数も限られている。現在は国際電気通信連
合（ITU）がデータベース化して管理している[6]。

　IADCのガイドラインでは、低軌道と静止軌道周辺のドーナツ型の領域の
二つが保護領域（protected regions）として特に配慮の必要な領域として明
示されている。本章の主な関心領域もこの領域ということになる（以下、「保
護領域」といえばこのガイドラインにおける保護領域を指す）。

(3) デブリの数

　現在、地上から観測できる10cm以上の大きさの物体はNASAによって
およそ17,000個がカタログ化されている（これには機能している衛星も含まれ
る）[7]。IADCによればカタログ化されたデブリのうち75%が低軌道、とりわけ

5　この他にもGPS衛星に使われている高度20,000km付近の準同期軌道（12時間で地球を一周する
　軌道）、ロシアで利用されるモルニア軌道（ロシア上空に長時間とどまるように設計された楕円軌
　道）など、低軌道にも同期軌道にも属さない軌道の衛星も存在するが、そうした軌道は少数派で
　あるとともにあまりデブリの問題も生じていないため、ここでは低軌道と静止軌道に話をしぼる。

6　総務省「国別静止衛星軌道位置数一覧」。http://www.tele.soumu.go.jp/j/adm/freq/orbit/
　country.htm（最終閲覧2017年10月26日）

7　USA Space Debris Environment, Operations, and Research Updates, Feb. 2016. https://ntrs.

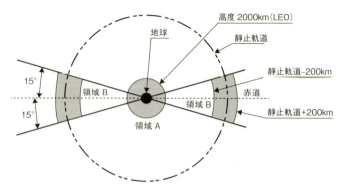

図7-1　IADCのガイドラインにおける保護領域
出典）IADC 20-01。

高度700〜1,000kmあたりに集中している[8]。カタログ化されたデブリの数は最近まで10,000個程度だったが、2007年に中国が行った衛星の破壊実験と、2009年に生じた米ロの衛星の衝突事故などで急増した。ただし、これは発生源が特定できるものや機密上問題のないものに限られるとのことで、この他に6,000個ほどの発生源の特定できない10cm以上のデブリが存在するとのことである（加藤 2015：16）。欧州宇宙機関（ESA）は10cm以上のデブリの数として27,000個という概算を挙げている[9]。

　以上はほぼ低軌道についての話である。静止軌道については地上から観測できるのは1m以上で、1,100個以上がカタログ化されている。10cm以上のデブリはおそらく3,000個程度ではないかという[10]。デブリの数においても、把握の状況においても、低軌道と静止軌道には大きな差がある。

---

nasa.gov/archive/nasa/casi.ntrs.nasa.gov/20160001744.pdf（最終閲覧2017年10月26日）
8　IADC 12-6。
9　当然ながら、10cm以下のサイズのデブリはさらに数が多いと思われ、欧州宇宙機関の見積もりでは1cmから10cmまでのサイズのものが67万個、1mm以上の大きさのものが1億7,000万個はあるとされている。http://www.esa.int/Our_Activities/Operations/Space_Debris/FAQ_Frequently_asked_questions（最終閲覧2017年10月26日）。
10　IADC 12-6。

(4) デブリの影響

　低軌道ではデブリは非常な高速で移動しており、衛星等への衝突は非常に大きな被害をもたらしうる。IADCの見積もりでは、1cm以上のデブリが衝突した場合、デブリが衝突した部分が構造的に破壊され、あらゆる遮蔽が貫通される。10cm以上のデブリが衝突した場合、衛星が完全に破壊される[11]。

　微細なデブリの衝突は頻繁に生じており、スペースシャトルの1回のフライトで3,000個ほどの衝突痕があったという（加藤 2015：91）。大きなデブリが実際に衝突した事例は、加藤によればこれまで5例知られており、その他にもデブリ衝突によると思われる事例が5例あるという（同上：89-90）。衛星やISSにデブリの衝突が予測される場合には軌道を変化させるなどして回避行動がとられることがある。

　デブリが地球の重力に引かれて大気圏に再突入した場合、多くは上空で燃えつきる。しかし、1mを超すような大きなデブリについては地上まで到達することがあり、場合によっては地上に被害を生む可能性もある。今のところは、大きな落下物は落下場所をコントロールするなどの対策がとられており、衛星軌道からの落下物が大きな被害を産んだことはないとされている（加藤 2015：116-117）。また、デブリの数が今後増えてきた場合には、個別の衝突だけでなく、衝突の連鎖も心配する必要がある（これは、1978年に最初にこの問題を指摘したNASAの研究者ドナルド・ケスラーの名前をとって「ケスラーシンドローム」と呼ばれる）。

　以上はすべて低軌道の話である。静止軌道では様相がかなり異なる（ITU-R 2010）。静止衛星は赤道上のある地点の上空にとどまるため、衛星間の相対的速度も小さい（毎秒500m程度）。それでも仮に衝突が生じた場合には大きな影響を引き起こしうる。静止軌道上のスロットは限られているため、機能停止した衛星がいつまでもそこに居座っていたなら、新たな衛星をその近傍に配置す

---

11 IADC 08-03, ver 2.1。

ることができなくなってしまう。したがって、静止軌道でのデブリの問題は、衛星を配置したい空域からどれだけデブリを遠ざけるかという問題になる。

(5) デブリ対策の種類

デブリへの対策も低軌道と静止軌道で分けて考える必要がある。

低軌道のとりわけ大気圏に近い側では、大気圏に再突入させ、燃えつきさせるという形でのデブリの処理が可能である。ただし、デブリの自然落下による消滅のペースは非常に遅く、大気圏への落下でデブリ低減を目指すなら人為的な介入が必要である。そのための方策はさまざまなものが現在検討されている。

静止軌道にあるデブリを再突入させるのは静止軌道と地球の距離が大きいことを考えると全く現実的ではない。そこで、静止軌道デブリへの対策は、静止軌道より遠くにデブリを動かすのが基本となる。この軌道は墓場軌道（graveyard orbit）と呼ばれることもある。

以上はすでに存在するデブリを減らしたり無害化したりするための方法であるが、もう一つ大事な対策として現在強調されているのが、今後デブリを増やさないためのさまざまな予防策である。後述の国連宇宙空間平和利用委員会（COPUOS）のガイドラインにそって紹介すると、デブリ低減対策は以下の7項目にまとめられる[12]。

①通常の運用中のデブリの排出の制限

②運用中の破砕の可能性の最小化

③軌道上での偶発的衝突の確率の制限

④意図的な破壊やその他の有害な活動の回避

⑤残留エネルギーによってミッション終了後に破砕する可能性の最小化

---

12 "Space Debris Mitigation Guidelines of the United Nations Committee on the Peaceful Uses of Outer Space". http://www.unoosa.org/documents/pdf/spacelaw/sd/COPUOS-GuidelinesE.pdf （最終閲覧2017年10月26日）

⑥宇宙機や軌道投入段階のロケットがミッション終了後に低軌道に長期
　間残留することの制限

⑦宇宙機や軌道投入段階のロケットがミッション終了後に同期軌道に長
　期的に干渉することの制限

　これらの項目の個々について詳しく説明するスペースはないが、①や②は
主に衛星やロケットの設計段階での配慮、③、④は衛星の運用中の配慮、⑤、
⑥、⑦は運用終了後についての配慮で、上記のデブリ除去の方法も⑥や⑦に
含まれる。しかしそれだけでなく、運用終了時にこうした対策をとるために
設計段階から配慮を行うこともまた⑥や⑦の重要な要素となる。

(6) デブリ対策の現状

　すでに何度か名前が上がったようにデブリ対策の国際的な枠組みとしては
機関間スペースデブリ調整委員会（IADC）やCOPUOSでの議論や提言が存
在する。前者は米、日、欧、ロの宇宙開発に実際にたずさわる宇宙開発担当
の機関が構成メンバーとなって、デブリ対策に関する調整の場として1993
年に発足し、その後欧州の国内宇宙開発機関や中国、インド、韓国などが参
加し、現在は13カ国となっている。後者はスプートニク打ち上げ後の1958
年に発足し、宇宙条約等、宇宙に関する国際的な条約を管理している[13]。

　デブリ対策の大きな動きとしては、IADCの協力をえながらCOPUOSが
1999年にまとめた「スペースデブリについての技術的報告」（COPUOS 1999）
がある。その後IADCは2002年に加盟機関むけのガイドラインをまとめ、
それをうける形で2007年にCOPUOSでもデブリ低減ガイドラインがまとめ
られた。二つのガイドラインはデブリ低減対策についておおむね同様の項目
を挙げており、COPUOSガイドラインの7項目はすでに紹介したとおりであ

13　外務省「国連宇宙空間平和利用委員会（COPUOS）」のページ。http://www.mofa.go.jp/mofaj/
　gaiko/technology/universe/copuos.html（最終閲覧2017年10月26日）

第7章　宇宙に拡大する環境問題　　133

る。国際標準化機構（ISO）でも「スペースデブリ低減要求」（ISO 24113）が設定されている。

これらのガイドラインの性格について、倫理学的な考察という観点から注意すべきなのは、これらの施行が構成員である各国の自発性にまかされているという点である[14]。実際問題としては宇宙開発を行う多くの国家や国際機関がこれらのガイドラインに基づいて独自にデブリ低減の指針を定めている（加藤 2015：24-25）が、そうしなかった場合の罰則等があるわけではない。

2　スペースデブリにまつわる倫理的諸問題

(1) 環境問題としてのデブリ

デブリの問題はしばしば宇宙の環境問題という言われ方をする。たとえばUNESCOが2000年に公表した「宇宙政策の倫理」（UNESCO 2000）では「環地球環境」（circum terrestrial environment）、つまり地球をとりまく空間の環境にダメージを与えるものとしてデブリを挙げている。そこからは自然にデブリも地上の環境汚染と同じ枠組みで考えられるのではないかという推測が成り立つ。

以下に試みるのは、このアナロジーがどの程度成立しているかの比較検討である。本章では、今後の検討の手掛かりとして、環境価値論、世代間倫理、環境正義、ライフサイクルアセスメントの四つの視点からそうした比較検討を行う。

14　IADCガイドラインのapplicationの項では「組織はこのガイドラインを使うよう奨励される（are encouraged to use）」という表現が用いられているし、COPUOSガイドラインの同様の項では「構成国と国際組織はこれらのガイドラインが確実に施行されるよう、自発的に手段を講じなくてはならない（should voluntarily take measures）」という表現が用いられる。

(2) スペースデブリと環境価値論

　環境倫理学では、環境を守る根拠としていくつかの価値論が検討され、ど
の価値論がもっとも説得力があるかについて論争が戦わされてきた。以下で
はこれを環境価値論と呼ぶことにする。環境価値論の代表的な選択肢として
人間中心主義と非人間中心主義があり、非人間中心主義には有感主義、生命
中心主義、生態系中心主義、などがある（本書第6章参照、加藤編 2005：第2章）。
有感主義、生命中心主義、生態系中心主義は、それぞれ人間と同様の感覚を
もち幸福や苦痛を感じると考えられる生物（脊椎動物など）の利益と考える
立場、有感か否かにかかわらずあらゆる生命の利益を平等に考慮する立場、
個々の生物ではなく「生態系」というシステムに価値があると考える立場で
ある。このうち、生命中心主義はさまざまな理論的困難があり環境倫理学の
中では支持者は多くはないが、その他の立場は一定の支持を得て、活発な論
争が行われてきた。ただし、あとで見るように、われわれが価値を認めるも
のはこのリストにつきるものではない。
　こうした価値論上の論争は根本的すぎ、議論でどれかが勝つということが
ほとんどないのだが、実際問題としては環境に何らかの固有の価値を認める
という立場が国際的な環境保護のとりくみの前提となっている。リオ宣言な
どでうたわれている「生物多様性」の保護もこうした価値論の系譜につらな
る。生物多様性が固有の価値を持つと考えるなら、人間の都合で生物多様性
に深刻なダメージを与えることは制限されることになる（どのくらい厳しく
制限されるかは、生物多様性の固有の価値をどのくらい重く位置づけるかによる）。
　デブリの問題にあてはめた場合、環境価値論の問題は以下のような問いに
なる。低軌道や静止軌道の保護領域をデブリのない（少ない）状態に保つこ
とは、それ自体で固有の価値をもつだろうか、それともあくまで人間にとっ
ての利便性に基づく価値しかもたないだろうか[15]。前者ならば人間の都合だ

15　有感主義は本章では選択肢としては考えない。地上の生態系はさまざまな有感生物が利用する

第7章　宇宙に拡大する環境問題　　135

けでデブリを増やすことは許されず、後者ならば人間の便宜によってデブリを増やしてよいことになるだろう。

　環境価値論ではわれわれがあるものに単なる道具としての価値を超えた固有の価値を認めるかどうかを判断するために、しばしば「最後の人間」の思考実験を利用してきた[16]。デブリ問題にあてはめた形で述べると、「最後の人間」とは以下のような思考実験である。「仮に人類が滅亡の瀬戸際にあり、最後の一人がもうすぐ死ぬ間際だとしよう。この人物の目の前に一つのスイッチがあり、このスイッチを押すと保護領域は無数のデブリで満たされるが、押さなければその領域はデブリのない状態に保たれる。さて、この人物が死ぬ前にこのスイッチを押すべきではない理由はなにかあるだろうか」。この問いに対して、誰もが「どちらでもかまわない」と答えるなら保護領域をデブリのない状態に保つことにわれわれは固有の価値を認めていないことになるが、誰もが「押すべきではない」と答えるなら、われわれがそれに何らかの固有の価値を（強さはともかく）認めているということを意味する。

　多くの自然生態系について、「最後の人間」の思考実験（この場合はスイッチを押すとその自然生態系が破壊される）をした人は、「押すべきではない」という答えを直観的に選ぶだろう。これが生態系中心主義への支持となる。それに対し、上記の衛星軌道の保護領域については、同種の直観が働く保証はない。デブリで満たされていないとき、保護領域はただの宇宙空間であり、それ自体としてはその周辺の宇宙空間とは異なるところがない。ただ、この領域が他と区別されるのは、衛星の軌道として人間にとって有用だという、まさに人間の都合による点であり、デブリがあって困るのもその人間の都合とのかかわりにおいてである。だれも利用する者がいないなら、その領域を

　が、衛星軌道を利用するのはとりあえず人間だけであり、現状では有感主義を採用しても人間中心主義と大差ないだろう。

16　「最後の人間」の思考実験はリチャード・ラウトリー（その後リチャード・シルヴァンと改名）により1973年に提起された（Routley 1973）。オリジナルのバージョンでは死の床にある最後の人間がすべての生命を殺しつくす技術を発動することが正当化されるかどうかが問われる。

デブリが満たしていようと特に気にする必要はなさそうである。

　ただし、こうした思考実験の常として、実際にいろいろな人にやってもらうことで意外な価値観が発見されることもある。たとえばわれわれは機能を失った人工物がただよっているという状態を純粋に美的な観点からよしとしないかもしれない。

　いずれにせよ、地上の環境問題を扱うときに、われわれが意識的・無意識的に生態系や生物多様性の固有の価値に訴えていたとしたら、そうやって得られた結論を安易に宇宙空間にもあてはめると全く的はずれな結論が出てしまうことになる。

(3) デブリの世代間倫理

　デブリ問題を人間中心主義的な環境倫理問題としてとらえるにしても、いくつかの視点からの分析が可能である。その一つが世代間倫理や持続可能性の観点からの分析である（加藤編 2005：第3章）。世代間倫理とは現在世代の将来世代に対する責任を指す。基本となる考えは、単に先に生まれたというだけで、現在世代が一方的に得をして負担を将来世代に押し付けるような選択は不正ではないか、という疑いである。この世代間倫理に最大限配慮した資源利用のあり方が「持続可能」と呼ばれる。

　持続可能な資源利用の基本理念としてしばしば引用されるのがハーマン・デイリーの定常状態の経済の三条件である（加藤編 2005：48-49）。

　　①再生可能な資源は再生速度を超えて使用しない
　　②枯渇性資源は再生可能な資源で代用できるペースを超えて使用しない
　　③廃棄物は環境による浄化能力を超えるペースで排出しない

　これは果たしてリーズナブルな理念なのかどうか、環境倫理学の領域でも論争がある。というのも、この原則を石油などの現実の枯渇性資源などの利用にあてはめるなら、ほぼ使用禁止に近い厳しい制限となるからである。とはいえ、現在世代と未来世代の間の不公平をなくすという原則の観点からは

確かにデイリーの三条件にも一理ある。

　デイリーの条件をデブリ問題にあてはめる方法としては、すぐに思いつくのはデブリを廃棄物・排出物の一種ととらえることだろう[17]。すると「環境による浄化能力」にあたるのは、人間が介入せずに再突入等によってデブリが消滅することに対応するだろう。そうした再突入はデブリの排出量に比べて非常にゆっくりとしたプロセスである。つまり、排出してそのままにしていいデブリなどない、というのがデイリーの条件を適用した際の素直な結論である。

　地上の廃棄物と軌道上のデブリをどの程度アナロジーで扱ってよいのかについてはなお慎重な検討が必要である。地上生態系と宇宙空間は当然ながら多くの点で異なっており、その差が重要な影響を与える可能性もある。しかし、現状のように各国の自主規制にまかせておけばよいというのではおよそ世代間倫理を尊重しているとはいえないだろう。

(4) デブリの環境正義

　もう一つ、環境倫理学で重視されるのが環境正義の視点である。これは、同時代における社会的強者と弱者、先進国と発展途上国の受益と負担の不公平な分配についての問題である（加藤編 2005：第5章）。同じ国内で汚染源となりうる迷惑施設（化学工場やごみ処理施設など）がマイノリティの住む地域に設置される問題、先進国が先に環境を汚染しながら経済成長をしておきながら、発展途上国にはきびしい環境規制を押し付けることの不公平さの問題などがこの環境正義の代表的な問題である。

　デブリ問題においても先進国と発展途上国の受益と負担の不公平さは問題となりうる。確かに現在デブリを出しているのもそれによって困っている

17　もう一つ、衛星軌道を資源としてとらえる見方も可能なように思える。ただ、デイリーの想定する資源が利用すればなくなるものであるのに対し、資源としての衛星軌道は衛星を移動させればまた利用できる点で基本的に異なる。

138

のも宇宙開発先進国[18]であるが、これから宇宙開発に参加しようとする国にとっては、もしデブリ問題を宇宙開発先進国が自ら解決しないなら、発展途上国は最初からデブリによるリスクをかかえた状態で宇宙開発を始めなくてはならなくなる。

　既存の国際的な環境正義の視点を取り入れることで、デブリ問題について現状で問題となっていない論点が今後論点となってくる可能性も見えてくる。たとえば、温暖化対策との比較で考えるなら、デブリ対策技術の発展途上国への技術移転が今後求めることも考えられる。温暖化の場合、途上国側は排出規制に煩わされずに温暖化ガスを排出しながら経済発展する権利があると主張してきたが、それを単に認めるわけにもいかないので、温暖化ガス削減の技術を途上国に移転して、経済成長と温暖化ガス削減を両立させるという妥協案が考えられてきた。京都議定書やパリ協定でも技術移転の重要性が強調されている。デブリ規制を強化する場合にも、同じ筋道で途上国への技術移転が喫緊の課題となっていくことはありうる。

　ここでもまた、地上の環境正義の問題と衛星軌道やデブリをめぐっての正義の問題にある種のアナロジーは確かに成立しているように思われる。それがどの程度であるかは今後の慎重な検討が必要だが、少なくとも宇宙開発先進国が自分たちの都合だけを考えてデブリ対策を行っていくならば正義にもとる可能性が高い。

(5) デブリのライフサイクルアセスメント

　環境倫理問題としてスペースデブリを見るなら、より具体的な環境対策に使われる概念のデブリへの適用の可能性も見えてくる。たとえば、ライフサイクルアセスメント（life cycle assessment：LCA）の概念はデブリへも適用

18　宇宙開発先進国は当然ながらいわゆる先進国（G7諸国やOECD加盟国）とは重なりながらも同じではない。大きな違いは中国が宇宙開発については（破壊実験によるデブリの発生という不名誉な点も含めて）すでに先進国と言ってよい立場を占めていることだろう。

可能であるように思われる。

LCAとは、本当の意味で「環境にやさしい」製品を作るための考え方である。たとえば燃費のよいエンジンを作っても、そのために製造工程に膨大なエネルギーを消費したりリサイクルが難しい構造にしてしまったりしては、総体としては環境への負荷を増やす可能性もある。そこで、製造から輸送、販売、使用、使用後の廃棄・リサイクルまで含め、総体としてのエネルギー消費や排出物などの環境への影響を見積もるのがLCAである。LCAは標準化機構（ISO）によってISO14040番台として標準化され、国内外で研究が進められている。

現在、デブリ対策技術の研究において、LCA的な視点はあまり重視されていないように思われる。まだデブリ対策の研究が始まったばかりであり、そこまで議論が熟していないといっていいだろう。しかし、今後、すべての宇宙機に一定以上のデブリ対策が求められ、デブリ除去作業が大規模化していくならば、デブリ対策型宇宙機と非対策型宇宙機の製造過程における環境負荷の差や、デブリ除去装置の製造、運搬、利用過程における環境負荷などの計算が求められるだろう。

そうした計算において、われわれは、衛星軌道を清浄に保つことの価値を、デブリ対策が地球環境に与える負荷などの他の価値とくらべてどのくらい重視するか、という比較衡量の問いに直面する。LCAの研究においては、コンジョイント分析などの手法を使って、われわれが何にどの程度価値を見出すのかを定量的に調べるやり方が検討されている。デブリ対策が本格化していくならば、宇宙環境も同じような比較の枠組みに組み込んでいくことが求められるようになるだろう。

3 デブリ対策7項目を環境倫理の観点から見直す

　本章で行ってきたような考察を踏まえたとき、COPUOSのデブリ対策の7項目はどのように評価されるだろうか。すぐに気づくのは、7項目がすべてデブリ対策の工学的な面に集中しているということである。デブリ対策は単純によいことであり、あとはそれをどうやって達成するかだ、という場合、工学的な面だけを考えることは十分正当化されるだろう。しかし、より広い視野で環境倫理的な考察の対象としてデブリ問題を考えたとき、デブリが存在することはどのくらい問題なのか、たとえばデイリーの基準が適用されるような問題なのか、発展途上国の宇宙進出の権利を保証することや地球温暖化対策をすることと比べてどの程度の重要性をもつのか、などの考察を踏まえて、適切な対策を考えなくてはならない。将来のデブリ低減ガイドラインには、技術移転を容易にするような配慮やデブリ低減設計の際にトータルの環境負荷が増えないように配慮することなども注意事項として付け加える必要があるかもしれない。

　本章では環境倫理学の代表的な考え方の枠組みをデブリの問題にあてはめてみた。デブリの問題は、確かに既存の環境問題と似ている面もあれば異なる面もある。単純に既存の環境倫理学での結論を拡張するのではなく、かといって全く無視するのでもなく、地球上の環境と衛星軌道の違いを踏まえながら応用できる部分を応用する態度が必要だろう。そうした慎重な態度の下で応用を行うならば、環境倫理学の既存の議論はデブリ対策の今後についても多くの示唆を与えるものと思われる。

参考文献

加藤明　2015『スペースデブリ──宇宙活動の持続的発展をめざして』地人書館。

加藤尚武編　2005『新版 環境と倫理──自然と人間の共生を求めて』有斐閣アルマ。

COPUOS 1999. *Technical Report on Space Debris*. https://www.orbitaldebris.jsc.
　　nasa.gov/library/un_report_on_space_debris99.pdf（最終閲覧2017年10月26日）

ITU-R 2010. Environmental Protection of the Geostationary-satellite Orbit. https://
　　www.itu.int/rec/R-REC-S.1003/（最終閲覧2017年10月26日）

UNESCO 2000. *The Ethics of Space Policy*. http://unesdoc.unesco.org/
　　images/0012/001206/120681e.pdf（最終閲覧2017年10月26日）

Routley, R. 1973. Is There a Need for a New, an Environmental, Ethic? *Proceedings
　　of the XVth World Congress of Philosophy* 1: pp. 205–210.

Williamson, M. 2006. *Space: The Fragile Frontier*. Virginia: American Institute of
　　Aeronautics and Astronautics, Inc.

第 *8* 章

惑星改造の許容可能性
——火星のテラフォーミングを推進すべきか——

岡本慎平

1 はじめに——居住可能な地球外の天体

　スペースオペラの物語を好む人であれば、誰もが一度は地球外の天体に居住する夢を見たことがあるだろう。宇宙には文字通り天文学的な数の天体が存在する。その中に人間が居住できる天体があったとしても不思議はない。

　しかし、少なくとも現在の人類の科学で到達可能な範囲にはそんな天体は存在しない。太陽系を離れてもっと遠くには存在するかもしれないが、たとえその天体に人類が到達する日がくるとしても、そこがわれわれにとって、そのまま生身で生活できる環境である可能性はほとんどない。地球環境と限りなく似ている惑星であっても、大気の組成や温度が少しでも違えば、われわれには活動できない環境となるからだ。そのため、地球以外の天体に人間が地球上と同じように生活できる「自然環境」が見つかる可能性は、おそらく皆無だろう。

　とはいえ、たとえ「自然環境」が見つからないとしても諦める必要はない。「必要は発明の母」という古い諺の言うとおり、自然にないなら作ればいいだけである。たとえば、居住可能な人工天体などを建造したり、比較的地球に似ている天体に手を加えて人間が居住できるように作り変えたりすればよい。前者はスペースコロニー、後者はテラフォーミングと呼ばれる手法である。映画や小説でこれらの言葉を耳にしたことのある人も少なくないだろう。

143

本章で扱うのは、このうち後者のテラフォーミングに伴う倫理問題である。

テラフォーミングはさまざまなフィクションで描写されてきたものの、その実現についてはさまざまな問題点が指摘されている。これまでさまざまな論者が、さまざまな理由から、テラフォーミングは技術的・経済的に実現困難なばかりではなく、「倫理的に」許されないのではないかという疑義を挟んできた。もしそうであれば、たとえそれを実行に移す目処が立ったとしても、実際に行うべきではないことになる。一方でそうした疑義に反して、むしろテラフォーミングや地球外植民は倫理的に望ましい選択肢だと考える論者もいる。本章の課題は、火星のテラフォーミングに際してこれまで指摘されてきた倫理問題を概観し、そして火星のテラフォーミングを実行に移す目処が立ったとき、われわれはそれを行うための十分な理由をもっているのかを検討することである。

2　テラフォーミング小史

テラフォーミングとは、ラテン語で「土地」や「地球」を意味する「テラ（terra）」と、英語の「形成する（forming）」を組み合わせた言葉で、「現存する天体の環境を、人間の居住を支えることができるように改変する惑星工学のプロセス」（Schwartz 2012：1）を意味する。この概念は、もともとSF小説のガジェットにすぎなかったが、現在ではさまざまな科学者によって計画案が出されている。

まずはテラフォーミングという概念の歴史を簡単に見ておこう。地球上の土地の大半が探検しつくされた20世紀初頭、冒険小説の書き手たちは新たなフロンティアを地球外に求めた。たとえばエドガー・ライス・バローズの『火星のプリンセス』（1917年）のような、火星や金星を舞台にした冒険小説はその一例である。もちろん当時でも、火星や金星が地球の環境と全く異なることは知られていた。そのため意欲的な作品の中には、地球外惑星が人間の居

住に適していない点を踏まえつつ、そこを人間の居住可能な環境に改変しようとするアイディアを提示した物語もあった[1]。このような惑星改造計画に「テラフォーミング」という名が付けられたのは1942年、SF作家ジャック・ウィリアムスンの短編小説「コリジョン・オービット」が初出だとされる[2]。

1960年代に入ると、SF作家ばかりでなく、科学者もテラフォーミングの可能性を真剣に検討し始めた。その嚆矢となったのは、惑星科学者カール・セーガンによる論文「惑星金星」(Sagan 1961) である。この論文とそれに続く一連の研究でセーガンらは、金星の大気にある種の藍藻を散布すれば、それが増殖して人間の呼吸が可能な大気が作られるのではないかと考察した。

ところが金星の環境に対する調査が進展するにつれ、金星は彼らが想像していたよりもいっそう過酷な環境であり、上述の方法を実行することはできないと判明した。そこで金星の次に科学者が考察したのは火星である。1960年代に火星の探査が行われた結果、こちらの方が金星よりいっそう地球に似ており、人類の居住できる可能性も高いことが判明したからである。とはいえ、金星とは逆に、火星は地球よりもはるかに重力が軽いため大気が希薄であり、地球より太陽から離れているため非常に寒冷である。

ここでも研究の先鞭をつけたのはセーガンである。1971年、彼は「火星生物学の長い冬モデル」(Sagan 1971) という論文を提出し、火星のテラフォーミングの可能性を検討した。現在の火星の気候が「長い冬」のようなものだと考えたセーガンは、火星の極地に広がるドライアイスの氷を何らかの方法で溶かして気体にすることができれば、火星にも二酸化炭素の厚い大気を作ることができ、そうすれば温室効果によって火星の気温が上昇し地球の生物でも住める環境が整えられるというアイディアを提出した。

---

1 代表的なものは、イギリスのSF作家で哲学者でもあったステープルドンの『最後にして最初の人類』(1930年) だろう。すでに同作では、金星を改造して人間の居住可能な土地に変貌させるという惑星改造が描かれている (ステープルドン 2004：281-2)。

2 ただし、そこではterraformは動詞として使われており、名詞としてのterraformingが登場するのはそれよりもう少し後だとされる。

当時NASAのエンジニアだったジェイムズ・オバーグは、「赤い岩が緑に覆われ、赤い空が美しい紺色に変化なれば、いまは不毛な土地でも、植物と動物生命が広がるようになる。液体の水は再び地表を流れ、何万年も渇いていた海峡と峡谷は新たな雨で湿るようになる」(Oberg 1984：193) と、テラフォームされた火星の姿を叙情的に描いている。オバーグが抱いたこの夢が実現した暁には、火星は人類にとって新たなフロンティアとなる。

　それでは、赤き不毛な大地の氷を溶かし、火星を緑と水のあふれる姿に変えるには、どのような方法をとればよいだろうか。サイエンスライターの矢沢潔の整理にそって、それぞれ概観していこう[3]。

　第一の方法は、クリストファー・マッケイらの提案する「生態系の復元 (restoration of ecology)」である (McKay 2009)。よく知られているように、かつての火星は気温がもっと高く、大気も厚く、よりいっそう地球に似ていた惑星だった。どのような原因で今のような姿になったのかはわからないものの、火星が辿ったプロセスを逆回りさせることができれば、火星はかつての生物が居住可能な環境へと「復元」されるはずである。たとえば、現在の火星の環境に耐えうるように遺伝子操作した植物を火星の地表に植えることができれば、その植物は自ら繁殖し、呼吸作用によって大気中の二酸化炭素を酸素に変えるかもしれない。

　第二の方法は、ポール・バーチらの提案する「火星急速テラフォーミング (terraforming Mars quickly)」である (Birch 1992)。これは、宇宙空間に巨大な反射ミラー「ソレッタ」を設置し、その反射によって火星への太陽エネルギー入射量を増大させ、気温を上昇させようとするものである。もちろん、それだけでは長大な時間がかかるため、さらに人工的に隕石や小惑星を衝突させたり、核爆薬を用いたりして、極地の氷を気化させる等のプランを並行

3　矢沢は、以下に挙げる三つの方法に加えて第四の方法として「パラテラフォーミング（擬似テラフォーミング）」を紹介している（竹内 2014）。これは、火星に「ワールドハウス」と呼ばれる巨大な天蓋を築いて地表を覆い、その中で生態系を構築しようとするものである。しかしこの方法は、厳密に言えば「テラフォーミング」そのものではないため、本章では除外した。

して行う。こうして暴力的とも言えるプロセスを実施すれば、火星はわずか50年ほどで人間の呼吸可能な惑星へと変貌しうるというのがバーチの計画である。

第三の方法は、第一の方法と第二の方法を併用するものである。この立場は、核爆発や小惑星の衝突によって地下の二酸化炭素を大気中に解放する方法を否定しないものの、同時に火星に生態系を作り出す第一歩としては植物に依拠する方針が望ましいと考える。

まとめると、火星の大気を人間の呼吸に適したものに変え、人間の居住を可能にするためには、火星の地表に対して、何らかの仕方で大規模な改造を施すことになる。要するに、①遺伝子改造した植物などを植えることで生態系を作り出すか、②反射ミラーや核爆発や小惑星の衝突により極地の氷を気化させて大気を作り出すか、③その両方を併用するか、のいずれかの方法を実行に移す必要がある。

3 火星のテラフォーミングへの倫理的批判

以上のような方法にはそれぞれ技術的難点が含まれるが、それも解決したと仮定しよう。ところが「できる」ということは「するべきだ」を含意しない。たとえ火星のテラフォーミングが可能になったとしても、それが望ましい行動かどうかは別の事柄である。実際、1980年代以降、何人かの哲学者によって火星のテラフォーミングに対する倫理的な批判が提出された。ここでは、そのうち三つの論点について検討する。第一に、ホームズ・ロルストンが行った、宇宙探査を行うにあたり尊重すべき六つの規則に基づく議論。第二に、キーコック・リーの包括的環境倫理学に向けた「三つのテーゼ」に基づく議論。そして第三に、ロバート・スパローの「行為者基底的徳倫理」に基づく議論である。

第8章 惑星改造の許容可能性　147

(1) 自然の計画的統合性

　まず、ロルストンの議論から見ていこう。ロルストンは、「太陽系における自然の価値の保護」（Rolston 1986）という論文で、地球外の天体にもそれぞれ固有の「内在的価値」があり、宇宙開発の際にはそうした価値にきちんと配慮すべきだと主張した。それでは、天体の内在的価値とは何だろう。彼の主張によれば、地球上のさまざまな自然物、たとえば「水晶、火山、間欠泉、岬、川、水源、圏谷、数珠湖、ビュット、渓谷」（Rolston 1986：156）などは、われわれが道徳的に配慮すべきものだと考えがちな特徴——たとえば意志や利害関心——をもっていない。しかし、だからといってそうした事物に内在的価値がないとは言い切れない。というのも、生命を含め、この世のあらゆる価値あるものは、例外なく自然物の複合的な作用が創発したものだからである。ロルストンは、価値を生み出しうる自然の特徴を「計画的自然（projective nature）」と呼び、そのような自然のシステム自体にも固有の内在的価値があると主張する。なぜなら、「自然の計画は、その計画により生み出された「対象」であれ、それを生み出す側の「主体」であれ、いずれも正当に価値がある」（Rolston 1986：154）と認めるべきだからである。こうした前提に基づき、ロルストンは、地球外のさまざまな天体もまた地球と同様の「計画的統合性（projective integrity）」をもつと主張する。

　さて、この論文でロルストンが論じようとしたのは、地球外の天体を探査し資源を採掘したりする場合であっても、一定の敬意をもってそれを行うべきだということだった。そうした敬意を表現するためにロルストンが提示した「宇宙探査の倫理に向けたルール」は、①固有名を自発的に付けられるに値する自然の場所への敬意、②自然の計画における極端にエキゾチックな場所（exotic extreme）への敬意、③歴史的価値を有する場所への敬意、④活動的創造性と潜在的創造性を有する場所への敬意、⑤美的価値を有する場所への敬意、⑥変容的価値を有する場所への敬意、の六つである（Rolston 1986：172-178）。

148

第二の規則と第六の規則は若干わかりにくいので敷衍する必要があるだろう。まず第二の規則は、われわれは宇宙においても「奇抜さ（strangeness）を保存すべき」（Rolston 1986：174）だとする規則である。われわれは地球上において、他に類例がないような珍しい自然風景や、そうした自然の多様性を価値付けている。それと同じように、太陽系の他天体においても自然の豊かな多様性を認め、他の土地や天体に見られない奇抜な光景を価値付けるべきだとロルストンは主張する。なぜならそうした奇抜な光景は、計画的自然の「卓越（excellence）」や「繁茂（exuberance）」を示す証拠となるからである。

　第六の規則における「変容的（transformative）」という言葉は、環境倫理学者のブライアン・ノートンの用いた概念を援用したものである。変容的価値とはもともと、たとえば不毛の荒野のような一見すると何の価値もなさそうな場所であっても、そこに訪れた人の価値観や世界観を劇的に変化させる効果があり、そのような効果をもつ場所には価値がある、という意味の概念だった。ロルストンは「遅かれ早かれ人類は、これらの場所〔地球外の天体〕が高い変容的価値を有することを認めるだろう」（Rolston 1986：178）と述べ、われわれ人類はそうした場所に赴くことによって人生観を変えることもあると主張する。

　ロルストンの基準から考えた場合、火星のテラフォーミングは、おそらく道徳的に許容できないことになる。火星のさまざまな地域には、人類がこれまでの歴史の中で名前を付けて尊重してきた場所や地域がある。無人の荒野も見方を変えれば雄大な大自然であり、人類との関係だけで見ても、火星には長い歴史がある。かつて生命が存在した痕跡が認められるということは創造性を有している証拠だろうし、美的価値・変容的価値についても同様である。もし、ロルストンの主張が正当なものであれば、火星のテラフォーミングは、火星が有する上記のさまざまな価値を台無しにしてしまう。それゆえ、それを上回る理由がない限り、火星のテラフォーミングを控えるべきだということになる。

(2) 包括的な環境倫理学

　第二の批判に移ろう。環境倫理学の議論の多くは、内在的価値を有機的生命（organic life）が有しているものに限定しがちである。地球上には価値ある幾多の有機的生命が存在し、それゆえそれを消費しつくすことは不正となる。先述のロルストンの議論も、その亜種として考えることができるだろう。しかしながら、リー（Lee 1994）はそのような立場にコミットしない。むしろ、火星を人間の目的のために勝手に破壊することは、たとえ火星が生命を生み出さないとしても依然として不正だと主張する。

　リーは、環境倫理学はその対象を地球だけに向けるのではなく、もっと包括的に、地球外の他の天体に対しても適用しうる議論にするべきだと論じた。そして「包括的な環境倫理学」を支えるテーゼとして彼女が提示したものが、人間と自然環境の関係についての規範を要約した三つのテーゼである。順に見ていこう。一つ目のテーゼは、自然環境は人間にとっての道具的価値をもっているが、自然が人間のために作られたわけではないという「非目的論テーゼ（no-teleology thesis）」である。どれだけ自然が人間にとって有益なものだったとしても、自然はそれを目的にして存在しているわけではない。第二のテーゼは、自然環境は人間の活動とは独立に進んでいくものだとする「自律性テーゼ（autonomy thesis）」である。人間の手が加わらなくても、自然環境はそのままさまざまに変化し、生態系を維持していることを疑う人はいないだろう。第三のテーゼは、自然環境は人間とは独立に存在しうるが、逆に人間は自然環境に依拠しなければ存在しえないという「非対称性テーゼ（asymmetry thesis）」である。

　この三つの前提を認めるならば、人間は地球外の天体も含めて、その自然に対して畏敬の念と謙虚さ（awe and humility）を抱くべきだとリーは主張する。というのも、上述の三つのテーゼを認めることは、人間が自然環境に優越しているどころではなく、事実はその正反対であり、自然環境がいかに驚異なのかを示すからである。いかなる者も、それなしでは自分が存在しえ

ないような対象に対して優越感（superiority）をもつべきではない。

そしてリーによれば、自然環境に対する畏敬の念と謙虚さという二つの感情は、次のような規範的主張に結びつく。

> 畏敬の念と謙虚さは、我々に自然から敬意ある距離感を保つべきだと指令する。我々は、自然に対してあらゆる種類の過剰要求を控えるように気をつけるべきだ。このことは、消費が増加しないように維持するだけでなく、自然に対する我々の「愛」を表現することにもなる。（Lee 1994：94-95）

言い換えると、われわれは自然環境に対して畏敬の念と謙虚さをもつべきであり、それゆえ自然環境を消費しつくさないように配慮すべきだとなる。また、地球外の天体にかかわる環境倫理的問題として彼女が挙げた課題こそ、火星のテラフォーミングである。以上の議論を火星のテラフォーミングに当てはめた場合、人類の生活拠点を増やすという理由によって火星を改造することは、自然への過剰要求としか言えないものである。なぜなら、火星は人間のために作られたものではなく、火星は人間が存在しようがするまいがそこに存在し、火星はたとえ人間がいなくても存在するが、もし太陽系から火星が消滅すれば地球の環境が大きく変動してしまうという意味では、人類の生存は火星に依拠しているからである。

(3) テラフォーミングの悪徳

ロルストンとリーの批判は、それぞれ別の仕方で、火星の自然環境自体に内在的価値を認めるべきだと主張する——ゆえに火星のテラフォーミングはその価値を破壊してしまうために道徳的に許容できないとする——議論になっている。それに対してスパローは、火星自体に価値があるのかどうかは問題でなく、むしろテラフォーミングという活動そのものが「悪徳」を示しているのだとして、徳倫理の立場から検討を行っている（Sparrow 1999, 2015）。

第 8 章　惑星改造の許容可能性　　151

一言で徳倫理と言ってもさまざまな種類の立場がある。その中でもスパローが議論の軸に置くのは「行為者基底的徳倫理（agent-based virtue ethics）」である。これは、望ましい性格特性としての「徳」を他の道徳的基準に照らし合わせて評価するのではなく、徳を有すること自体に価値を置く立場である。行為者基底的徳倫理の立場では、何らかの行為が行われたとき、その行為は、それを行った行為者の性格を証明する（demonstrate）ものとなる。たとえば、誰かが自分の目的のために他人に嘘をつき騙したとしよう。そのような嘘は一般的に不正である。なぜ不正なのかというと、「嘘をつく」という行為そのものが「不正直」という悪徳を証明してしまっているからである。つまり、行為の正不正は、その行為を行った行為者自身の性格や動機によって説明されることになる。

　スパローの主張では、行為者基底的徳倫理を念頭に置いて火星のテラフォーミングを考察した場合、テラフォーミングは二つの重大な悪徳を示しており、不正な行為となる。一つ目の悪徳は、「美的無神経（aesthetic insensitivity）」である。自然のもつ美しさを理解せずに単なる道具として利用することは、利用後に再生する場合や、一切傷つけない場合であっても、その美に対する「無神経さ」という悪徳を示している。テラフォーミングという計画は、見方を変えれば大規模な自然破壊である。核爆薬で極地を破壊するにしても、熱光線で地表を焼くにしても、火星の土地が徹底的に破壊されることに変わりはない。たとえテラフォーミング後に美しい風景が広がるとしても、依然として「己の目的のために自然を破壊した」という無神経な行動が帳消しになるわけではない。

　もう一つの悪徳は、「傲慢さ（hubris）」である。スパローは、テラフォーミングが傲慢さを示す行為だと主張するための議論を二つ用意している。一つは、多くの人々がテラフォーミングに注目するのは、それが人類の科学の力を示す絶好の機会だと感じている点にある。テラフォーミングは一つの惑星の気候全体を操作しようとする巨大な計画であり、そのような人類のテクノロジーの総力を挙げなければ達成できない計画に熱中することは、己の力を

過信している証となる。もう一つの議論は、テラフォーミングはわれわれの
力の限界を超えた計画になっているのではないかというものである。計画を
一歩でも間違えれば、火星は居住可能な惑星どころではなく、人類が近寄る
こともできない死の惑星になってしまう可能性すらある。災害のリスクや失
敗の可能性を織り込んで計画を立てたとしても、火星のテラフォーミングが
必要に迫られたものではなく、われわれが選択する余地のある行為である以
上、リスクを知りつつそうした選択をとるなら、人間の身でありながら全能
の神を演じるかのような傲慢さが発露したことになるだろう。

　以上のことから、火星のテラフォーミングは、美的無神経と傲慢さという
二つの悪徳を示しており、悪徳を示す行為は不正である。したがってスパロー
の主張では、テラフォーミングを計画し実行しようとすること自体が——た
とえ結果としてどれほど良い世界が作られようとも——計画者や行為者の性
格特性に道徳的な欠陥があることの証明となるのである。

4　各批判への反論

　とはいえ、上述の三つの批判が本当に火星のテラフォーミングを拒絶でき
る議論になっているかどうかは疑問の余地がある。たとえばシュワルツは、
ロルストンとリーとスパローの主張を、いずれもうまくいっていないと批判
している[4]。シュワルツによる再反論を中心に見ながら、彼らの議論の成否を
検討したい。

　まずは、ロルストンの主張をもう一度確認しよう。ロルストンは、「計画
的自然」という概念に依拠して、地球外の環境を改変しうる活動を行う際に
遵守すべき六つの基準を提案した。この六つの基準に照らし合わせたとき、

4　シュワルツの論文では、この三者の議論に加えて、もう一人アラン・マーシャルの議論も検討
　の俎上に載せられているが、本章では紹介を割愛した。

第 8 章　惑星改造の許容可能性　　153

火星が①固有名を伴った場所や、②たとえ固有名をもたなくとも周囲に類似したものがない地形を含み、③その地表は人類到達以前から長い歴史をもっているだけでなく、④かつて生命を生み出したこともあるため創造性も有している。⑤美的価値と⑥変容的価値についても、火星にそれを認める人々は大勢いるだろう。

　こうして、確かに火星もロルストンの基準を満たしているように見える。ただし、その詳細を見ていくと個々の基準には疑問の余地がある。たとえばシュワルツは各項目を次のように批判する。①確かに火星や火星地表の各地域には名前が付けられている。しかし、地球はもとより太陽系内の小惑星ですら、たいていの場所には識別のために名前が付けられている。そのため、名前があるというだけではそれを改変すべきでないという理由にはならない。②確かに火星の各地域は周囲に例のない珍しい場所かもしれない。しかし、その「周囲」を太陽系外にまで拡張すれば、その風景は決して珍しいものではない。③見方を変えれば、テラフォーミングはこれまでの火星の歴史を断絶することではなく、むしろ火星の歴史に「新たな一章」を書き加えることだと解釈できる。④テラフォーミングは創造的な「生態系」を生み出すことを目的としており、⑤改造後の火星は現在の火星に劣らず美的価値をもつ可能性は高く、⑥そこを訪れた人類が人生観を変えることもあるだろう（Schwartz 2012：13-14）。こうしてシュワルツの批判を考えると、いずれの基準も、そのまま火星の改造を禁止するような規範へと結びつくとは言い切れないだろう。

　つぎに、リーの議論に移ろう。リーの主張の要点は、われわれ人類は生存のために自然環境に一方的に依拠せざるをえないため、自然環境はそれだけで敬意を払うべき対象となる、という点にある。たとえば、地球上の環境が大きく変われば人間は生存できないし、太陽が変質してしまえばわれわれの生活は大打撃を受ける。そういった意味では、これらの天体は彼女のいう「非対称性テーゼ」を満たしている。一見すると、火星が存在しなくなれば人類は生存できなくなるという意味では、火星もこの条件を満たしているように

見えるかもしれない。だが、おそらくそうではないだろう。なぜなら、われわれ地球に居住する人類の生存は、「現在の火星の位置に何らかの惑星が存在すること」に左右されることはあっても、「火星の大気や地表の状態」には左右されないからである。たとえ火星の極地が破壊され、火星の地表に植物が生い茂ったところで、われわれの生活が何か脅かされることはなさそうに思われる。つまり、リーが主張するような意味では、われわれと火星の大地との間には非対称性は存在しない。

シュワルツによれば、仮に非対称性テーゼを認めたとしても、そこから導かれる「畏敬の念と謙虚さ」はテラフォーミングの禁止にはつながらない。なぜなら、畏敬の念を抱かせること（awe-inspiring）と、その対象に介入してはいけないかどうかは別の問題だからである。シュワルツは、生態系と市場経済の類似性を挙げてこれを説明している（Schwartz 2012:20）。今やグローバルな規模となった市場経済は、生態系と同様に、世界中の企業や消費者の複雑な相互依存によって成立している。そしてこの驚異的な特徴は畏敬の念を抱かせるに十分なものである。しかし、だからといって市場経済に介入してはならないとか、規制は必要ないという主張にはならない。もし介入や規制が不必要だというのなら、もっと別の前提によるものだろう。火星のテラフォーミングに対しても同じことが言える。仮に火星が畏敬の念を抱かせる対象だったとしても、その条件だけからは「その対象を管理・支配すべきではない」という規範は導かれない。したがって火星の改造を禁じるには、彼女の議論だけでは不十分だろう。

スパローは、テラフォーミングという計画そのものが、「美的無神経」と「傲慢さ」という悪徳を示す行為になっていると主張した。まずは「美的無神経」の方から考えよう。もしテラフォーミングが美的に無神経な行動なのだとすれば、当然、現在の火星の地表は何らかの意味で重大な美的価値を有する場所だということになるはずである。だがシュワルツによれば、この方針は非常に不味いことになる（Schwartz 2012：23-24）。なぜならそうすると、火星の道徳的価値を証明しようとしたロルストンやリーと同じように、「火星が

美的価値を有するとはどのような意味でのことなのか」を検討せざるをえなくなるからである。おそらく、美的価値の証明は、少なくとも道徳的な内在的価値の証明と同程度には骨の折れる仕事である。スパローの議論の強みは、火星のもつ性質に左右されずに、行為者の性格特性という観点のみからテラフォーミングの是非を検討できる点にあったはずだ。にもかかわらず、結局「美的価値」の迷路に迷い込まざるをえないのであれば、彼の議論は単なる空手形に終わってしまうだろう。

　また、「傲慢さ」についても、本当にテラフォーミングが傲慢な企てになるかどうかはその詳細に左右される。確かに、はじめから失敗を想定しない完璧な計画を打ち立てようとするのであれば、傲慢さの誹りを免れないかもしれない。だが、もし実際にテラフォーミング計画が実行に移されるとすれば、その各フェイズで失敗や過誤が起きないように、またたとえ起こったとしても、それをカバーできるように、さまざまな対策が検討されるだろう。スパローの議論では、「もしテラフォーミングを実行するなら注意深く慎重に行え」という主張は導かれても、「そもそも倫理的に許容できない」という主張にまではたどり着かない。

5　おわりに──賛成すべき理由はあるか

　以上のことから、少なくともテラフォーミングが道徳的に不正とまでは言えず、許容可能であるとは言えるだろう。しかしそれだけでは、「テラフォーミングが望ましい選択肢である」とまで主張する根拠にはならない。最後に、火星のテラフォーミングを積極的に試みる理由があるのかどうかを考えて、本章を締めくくりたい。

　さて、実際に火星を改造しようとするなら、莫大な資源と予算が費やされることになるだろう。だが、そのような予算は地球上で暮らす人々の福利のために使うべきであり、成果が出るかどうかも確実ではなく、たとえ成功す

るとしても成果が出るまで最低でも数十年かかる事業に用いるのは、浪費に
も程があると考える者も多いだろう。もしテラフォーミングが人類にとって
必須の選択肢というわけではなく、正しくも不正でもないのであれば、あえ
てそんな無駄遣いをすべきではないことになる。つまり、たとえテラフォー
ミング自体が不正でなくとも、それが資源の浪費にすぎないのだとすれば、
そのような事業の実行は以上の意味では一種の不正だと言えるかもしれない
のである。

　これに対し、ボストロムの「天文学的浪費――技術発展の遅延に伴う機会
損失」（Bostrom 2003）という論文がある程度の示唆を与えてくれる。ボス
トロムによれば、将来的にわれわれ人類には、地球外へと飛び出さなければ
ならない日が訪れる。ところが地球外への植民が遅れれば遅れるほど、将来
地球外で生活するはずだった人々の「潜在的な人命」の損失は増加し、天文
学的な数字になる。もし将来的な地球外植民の可能性を認め、そうした巨大
な機会損失がありうると真剣に考えるのであれば、われわれは宇宙の植民地
化を実現するための技術開発を一刻も早く急ぐべき理由があるといえそうに
見える。

　ボストロムの主張を認めるなら、火星のテラフォーミングは遠い深宇宙へ
の植民を行うための第一歩にしてテストケースである。火星すらテラフォー
ミングできないようであれば、遠く他の星系の天体への植民などとうてい不
可能である。そのため、われわれは火星のテラフォーミングが成功するよう
に、技術の開発を急ぐべきだろう。このような長期的な時間スパンでの功利
主義的な考察に基づけば、火星のテラフォーミングには実行すべき積極的な
理由があると言ってもいいかもしれない[5]。

　以上のことから、火星のテラフォーミングに対する道徳的批判は回避され
うるものであり、積極的に推進する理由もあると言える。ただし、これは今

5　このような、人類存続を根拠とした宇宙開発正当化の是非に関する詳細な議論については、本
　書第13章を参照せよ。

第 8 章　惑星改造の許容可能性　　157

すぐにでも火星をテラフォーミングせよ、という話ではない。現状の技術を過信して火星の大地を台無しにするようなことになれば、それこそどの立場でも道徳的な非難に値するだろう。われわれがすべきことは、将来のリスクを減らし、やがて火星をテラフォーミングする機が熟したときのために、惑星工学の発展を支援することにつきるのだ。

参考文献

ステープルドン、O　2004『最後にして最初の人類』浜口稔訳、国書刊行会。

竹内薫　2014『2035年——火星地球化計画』角川学芸出版。

Birch, P. 1992. Terraforming Mars Quickly. *Journal of the British Interplanetary Society* 45: pp. 331–340.

Bostrom, N. 2003. Astronomical Waste: The Opportunity Cost of Delayed Technological Development. *Utilitas* 15 (3): pp. 308–314.

Lee, K. 1994. Awe and Humility: Intrinsic Value in Nature. Beyond an Earthbound Environmental Ethics. *Royal Institute of Philosophy Supplement* 36: pp. 89–101.

McKay, C. P. 2009. Planetary Ecosynthesis on Mars: Restoration Ecology and Environmental Ethics. In C. M. Bertka (ed.), *Exploring the Origin, Extent, and Future of Life Philosophical, Ethical and Theological Perspectives*. New York: Cambridge University Press, pp. 245–260.

Oberg, J. E. 1984 (2017). *Mission to Mars: Plans and Concepts for the First Manned Landing*. London: Stackpole Books.

Rolston III, H. 1986. The Preservation of Natural Value in the Solar System. In E. Hargrove (ed.), *Beyond Spaceship Earth: Environmental Ethics and the Solar System*. San Francisco: Sierra Club Books.

Sagan, K. 1961. The Planet Venus. *Science* 133 (3456): pp. 849–858.

—— 1971. The Long Winter Model of Martian Biology: A Speculation. *Icarus* 15: pp. 511–514.

Schwartz, J. 2012. On the Moral Permissibility of Terraforming. *Ethics and the Environment* 18 (2): pp. 1–31

Sparrow, R. 1999. The Ethics of Terraforming. *Environmental Ethics* 21 (3): pp. 227–245.

—— 2015. Terraforming, Vandalism and Virtue Ethics. In J. Galliott (ed.), *Commercial Space Exploration: Ethics, Policy and Governance*. Surrey: Ashgate, pp. 161–178.

コラムE │ 宇宙災害と対策

玉澤春史

　「ディープ・インパクト」など宇宙からの危機に立ち向かう人類は映画でも格好の題材である。では、現実世界での宇宙からの危機はどのようなものだろうか。本コラムでは、地震のように低頻度だが甚大な被害をもたらしうるものの中で、原因が地球外の環境要因によるものを「宇宙災害」とし、具体的な脅威の内容とその対策における留意点を挙げる。ここでは近年実際に被害があった、天体の衝突と太陽フレアを取り上げる。

　彗星や小惑星、流星体などのうち、地球に接近しうる天体のことを地球近傍天体（NEO）という。一定サイズ以上のNEOが現代の都市に衝突すれば被害は甚大になる。2013年2月15日にロシア連邦ウラル連邦管区のチェリャビンスク州付近で発生した隕石落下事象では、17mと推定される隕石が分解し、その破片に直接人間が当たって負傷したほか、衝撃波により割れたガラスの破片による負傷など被害が広範囲に及んだ。被害額は約30億円とされているが、これが人口密集地への落下だった場合はさらに大規模になったであろう。ロシアでは1908年のツングースカ爆発が隕石由来として知られており、推定される隕石のサイズが60m程度と、さらに巨大である。アメリカ空軍が出したレポートから、チェリャビンスクと同程度の隕石衝突頻度は100年に1回程度と推定される。地質学的調査などからさらに巨大なクレーターは地上でも発見されているが、甚大な被害を起こす衝突が実際どの程度の頻度になるかの検証は難しい。NEOの地球衝突とその影響に関する指標であるトリノスケールによれば、現状見つかっているものの中で甚大な影響をもたらす可能性があるとされているものはないか、現状の観測体制では見つかっていないというだけである。

　太陽表面でフレアと呼ばれる爆発現象が起こり、プラズマや放射線が放出される。これが地球方向に飛んできた場合、深刻な被害を及ぼすことがある。1989年3

月13日に太陽フレアが原因で磁気嵐が起こり、カナダのケベック州において大規模停電が発生した。より大規模なものになると、強烈な電磁波により人工衛星との通信障害も発生し、GPSの障害による影響は航空管制などにも及ぶ。またフレアにともなう放射線によって、人工衛星の故障が生じ、また船外活動中の宇宙飛行士や航空機の乗客が一度にして国際放射線防護委員会の定める年間許容量（コラムCを参照）すらも超える被曝をこうむる可能性もある。太陽フレアは過去の発生についての検証がしにくく頻度を図ることが難しい。1989年のイベントも規模としては10年に1回程度である。太陽フレアの最初かつ執筆時点で最大と推測されている1859年の太陽フレアおよびその影響による巨大磁気嵐が現代に発生した場合の被害想定額は2兆ドルである。これを超える規模の太陽フレアがどの程度の頻度で発生するのか、いまだ研究途上である。これまで観測されている規模よりも1000倍ものエネルギーをもつフレアが太陽でも起こりうると主張している研究もある。

　地上の災害に対してと同様に、宇宙災害に対しても防災研究がある。NEOの監視については「スペースガード」、近年では「惑星防衛（Planetary Defense）」、太陽フレアの予測については「宇宙天気予報」の用語が充てられている。米国ではNASAに惑星防衛調整局（PDCO）、また国立気象局に宇宙天気予報センター（SWPC）を設置するなど、専門の研究部門が存在する。日本では日本スペースガード協会と情報通信研究機構の宇宙天気情報センターがそれぞれ情報を発信している。

　地上の低頻度災害同様、対策費用の規模や被害を受ける機器の強度設定などが宇宙災害対策に対して考慮すべき点となる。NEO衝突については原理上、地球遠方で見つかった場合は比較的低いエネルギーコストで軌道を変更し衝突を回避することができるかもしれないが、宇宙空間への輸送、作業が必要となり相応のコストになる。場合によっては核を搭載したロケットの発射などが検討される。この場合、日本からの打ち上げは難しいだろう。太陽フレアは原因が太陽にあるため発生回避は不可能で、予測体制と発生後の速やかな対応の構築が必要だが、地震や気象の予測と同様に、予報をどの程度まで信用に足りうるものとして扱うかという問題がある。現段階で予測を行うのは行政官ではない研究者である可能性があるが、この場合、予報に対する責任はどのようにすべきか。2009年イタリア

中部地震に対する予知ができなかったとして研究者が裁判にかけられた例がある
が（裁判では無罪が確定）、同様のことが宇宙災害の場合地球全体で行われる可能性
がある。

　両者とも被害は地球全体に及びうるが、観測体制の構築や対応にかかる費用を
誰がどのように負担すべきか。同じ巨大災害である気候変動リスクに関して、サ
ンスティーン（2012）は、京都議定書とモントリオール議定書の二者に対しアメリ
カが異なる対応をとったのは議定書批准の結果がアメリカに好ましい影響を与え
るか否かが判断基準だったとしている。同様に宇宙開発先進国が自国の利益を理
由に宇宙災害対策の拠出を渋った場合、開発後進国との拠出負担の公平性の問題
が発生する。

　また、宇宙天気と惑星防衛はいずれも、安全保障と関係の深い「宇宙状況把握
（Space Situation Awareness：SSA）」の対象である。両者とも、観測技術や観測体
制の構築に対する研究が安全保障技術研究の範疇に入る可能性があり、自然科学
研究と安全保障の関係に関するデュアルユース問題を生じさせうる（宇宙安全保障
については第10章、デュアルユースについてはコラムGを参照せよ）。

参考文献
サンスティーン、C　2012『最悪のシナリオ——巨大災害にどこまで備えるのか』田沢恭子訳、
　みすず書房。

第Ⅳ部

新たな活動圏としての宇宙

第9章

宇宙ビジネスにおける社会的責任
──社会貢献と営利活動をどう両立させるか──

杉本俊介

　本章では、宇宙ビジネスの倫理について論じてゆく。宇宙ビジネスの倫理
に関する先行研究は少ない[1]。本章では、まず宇宙ビジネスの現状と課題を紹
介する。次いで、ビジネスにおける倫理のあり方としてCSR（企業の社会的
責任）に注目し、宇宙ビジネスの特徴を生かしたCSRの可能性を検討する[2]。
CSR活動の展開において宇宙ビジネスは他のビジネスにない特徴をもって
いることを示したい。最後に、宇宙旅行ビジネスとオランダのNPOマーズ
ワンの問題を取り上げる。

1　宇宙ビジネスの現状と課題

(1) さまざまな宇宙ビジネス

　現在、世界の宇宙ビジネスは急速に拡大している。日本でも、宇宙産業の
総売上はおおむね8.4兆円（2015年度）である[3]。日本航空宇宙工業会による区

1　コラム J「宇宙コロニーでの労働者の権利」も参照されたい。ほかに、倫理憲章の提案（Livingston
　　2003）、月・惑星・小惑星といった地球外不動産の私的所有を認めるべきか（Milligan 2015）、
　　惑星間・恒星間貿易の問題（Hickman 2008）がある。
2　後述するように、日本の多くのCSR活動は社会貢献活動とは区別されて展開されているので注
　　意したい。
3　小塚・佐藤（2018：283）。

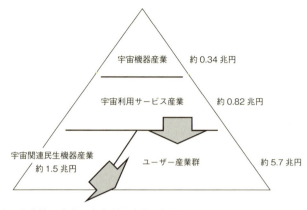

図9-1　日本の宇宙機器産業と宇宙利用産業の規模
出典）小塚・佐藤（2018：283）。

分によれば、宇宙ビジネスは、宇宙機器産業と宇宙利用産業に大別される。後者の宇宙利用産業はさらに、宇宙利用サービス産業、宇宙関連民生機器産業、ユーザー産業群の三つに区別される（売上の内訳は図9-1）。以下、この順に紹介してゆく[4]。

　宇宙機器産業とは、人工衛星やロケットの本体や部品を製造する産業である。国の安全保障ともかかわり、政治的リスクを負うため、従来は防衛産業と同様に大手メーカーが担ってきたが、最近ではベンチャー企業も立ち上げられている。代表的な企業として、米国のベンチャー企業・スペースXや欧州12カ国53社で共同成立したアリアンスペースが挙げられる。日本では、H2AロケットをJAXAと共同開発した三菱重工業やその部品を製造した川崎重工業や住友精密工業、小型人工衛星打ち上げ用ロケット「イプシロン」をJAXAと共同開発したIHIエアロスペース、人工衛星を開発している三菱電機やNEC、ロケット推進薬である過塩素酸アンモニウムを製造するカー

---

[4]　以下、的川監修（2011）、小塚・佐藤（2018）のほか、会社四季報業界地図編集部（2016）の「宇宙開発」業界を参考にした。

リットホールディングスがある。

　事業を取りまとめる企業は主契約者として、JAXAなどの発注側の提案依頼書をもとにシステム概要や調達条件を確認し、契約を交わすことになる。そこから、さらにサブシステムやコンポーネントの技術をもつメーカー（サブ契約者）へ発注される。事業規模が大きれければ、構成部品ごとに企業は主契約者となる。たとえば、ISS日本実験棟「きぼう」の開発では、システム与圧部は三菱重工業、暴露部はIHI、補給部はIHIエアロスペース、マニュピレーターはNECが主契約者となった（的川監修 2011：118-119）。

　他方で、宇宙利用産業とは、宇宙インフラを利用する産業である。まず宇宙利用サービス産業とは、衛星通信・放送等の宇宙インフラを利用したサービスを提供する産業であり、日本では外国製の衛星に依存する割合が大きいため、産業規模はそれほど大きくない。気象情報サービスを提供するウェザーニューズや衛星放送のスカパーJSATなどがある。

　宇宙関連民生機器産業とは、GPS関連や衛星携帯電話などのハードウェアを開発・製造する産業である。日本では、準天頂衛星対応のGPS受信用モジュールを開発したソニーやGPSカーナビを開発したパイオニアなどがある。

　ユーザー産業群とは、宇宙利用サービス産業からのサービスを利用したり、宇宙関連民生機器産業からの民生機器を購入したりする事業を指す。大小含め、膨大な数の企業が存在する。日本では、衛星の観測データを利用し環境・資源関連調査を行っているアジア航測や観測画像を利用し教材用に地球儀ペーパークラフトを製作している秀英などが挙げられる。

　宇宙ビジネスというと、人工衛星やロケットの製造・利用の印象が強いが、さまざまなビジネスが展開されている。以下は、その一部である（小塚・佐藤 2018：294-302）。

　　　・宇宙旅行ビジネス・ロケットベンチャー：実用機の開発と運航（アンサリ・
　　　　Xプライズ、PDエアロスペース、インターステラテクノロジズ）、宇宙専門
　　　　旅行代理店（クラブツーリズム・スペースツアーズ）
　　　・映像・コンテンツビジネス：宇宙CM専門の広告代理店（SPACE FILMS）

・宇宙ブランド商品：COSMODE認定の宇宙下着（ゴールドウィン、東レ）

・冠婚葬祭ビジネス：宇宙ウェディング（エリ松居JAPAN）、宇宙葬ビジネス（オービタル・サイエンシズ）[5]

(2) 民間参入の伸び悩み

日本では、宇宙機器産業の売上は0.3兆円強のまま伸び悩んでいる[6]。その原因の一つは、日本の宇宙機器産業の極端な官需依存にある（2012年度の売上における官需の割合は、欧州の60.0％に比べ、日本は88.6％と多い[7]）。

そのため、どの企業の宇宙事業もおおむね赤字不採算事業として位置づけられている。現状で宇宙事業は、「国との総合的な関係性維持、あるいは宇宙という前向きなイメージで企業ブランドやリクルーティング面でメリットを見出し、かろうじて維持している」と言われる（小塚・佐藤 2018：283）。実際、ロケットエンジン部パネルの組み立てを担当している東明工業では、同社の売上のうち宇宙分野が占める割合は3％未満だという。同社の二ノ宮啓社長はそれでも宇宙分野から手を引かず、「宇宙を手がけていることで得られる社員の士気高揚、技術レベルの向上、顧客や社会から得られる信頼感、企業ステータス。こうしたものは何にも替え難い」と述べている（宇宙航空研究開発機構 2012：71）。

宇宙機器産業の縮小のなか、最近では宇宙利用産業への注目が高まっている。2016年閣議決定された宇宙基本計画において、政府は、宇宙関係予算（毎年約3,000億円）を増やすことが困難であるため、宇宙の利用方法のほうを拡

5　このほかに、コンサルティング・シンクタンク、教育ビジネス、地方創生・ソーシャルベンチャーが挙げられている（小塚・佐藤 2018：302–306）。

6　日本航空宇宙工業会「航空宇宙産業データベース（平成29年7月）」http://www.sjac.or.jp/common/pdf/toukei/7_database_H29.7.pdf（最終閲覧2018年5月12日）。

7　宇宙政策委員会宇宙産業振興小委員会第1回会合（平成28年6月21日）資料3「宇宙産業の現状と課題」http://www8.cao.go.jp/space/comittee/27-sangyou/sangyou-dai1/gijisidai.html（最終閲覧2018年5月12日）。

げ（宇宙利用の拡大）、産業基盤を維持し強化することで、日本の宇宙活動を自律的に展開する（自律性の確保）方針を出している。そのために現在注目されているのが、測位衛星、リモートセンシング衛星、通信・放送衛星、宇宙輸送システム、の四分野である。たとえば、防災分野における複合利用（ハザードマップの作成、早期警戒システム、避難メッセージの配信）などが進められている[8]。

　それに合わせて同年、民間参入を後押しする宇宙活動法が成立した（商業衛星による画像の利用や管理を規制する衛星リモートセンシング法も同時に成立した）。日本はこれまで主力ロケットH2AやH2Bの打ち上げを三菱重工業に委託し、他の企業の打ち上げを認めてこなかった。この法律は民間企業による打ち上げを許可制のもとで認めるとともに、打ち上げ失敗時に備えた企業の損害保険の加入義務や国による保障を定めている。

　2017年5月に政府の宇宙政策委員会が表した「宇宙産業ビジョン2030」によれば、2030年代初めまでに市場規模を現在の約1.2兆円の2倍に増やす目標が掲げられている。そのため、宇宙利用産業では、衛星データの継続性の確保、民間コンステレーション（多数の小型衛星を一体的に運用する「衛星コンステレーション」を活用したビジネス）の促進、政府衛星データのオープン＆フリー化が、宇宙機器産業では、衛星のシリーズ化、民生部品を用いた安価な小型ロケットの開発支援、部品・コンポーネントの国産化が図られている。さらに、新興国を中心に拡大する海外市場を取り込むため、相手国のニーズに合わせた機器、サービス、人材のパッケージ化や、ベンチャー企業が新規参入しやすくなるようリスクマネーの供給や法規制の整備が計画されている[9]。

8　宇宙政策委員会宇宙産業部会第3回会合（平成25年5月17日）宇宙航空研究開発機構資料「JAXAの取組み——宇宙産業発展への貢献」http://www8.cao.go.jp/space/comittee/sangyou-dai3/siryou2-7.pdf（最終閲覧2018年5月12日）。

9　呉羽ほか（2018：第7章第5節）ではこうした宇宙ビジネスの現状のなか、今後数十年のあいだにどのような倫理的・法的・社会的諸課題が生じうるかが検討されている。

第9章　宇宙ビジネスにおける社会的責任　　169

2 宇宙ビジネスのCSR（企業の社会的責任）

(1) CSRとは何か

　こうした宇宙ビジネスはどうあるべきか。近年、ビジネスにおける倫理のあり方としてCSR（Corporate Social Responsibility、企業の社会的責任）が注目されている。CSRとは「企業活動のプロセスに社会的公平性や倫理性、環境や人権への配慮を組み込み、ステイクホルダーに対してアカウンタビリティを果たしていくこと」などと定義される（谷本 2006：59）[10]。「ステイクホルダー」とは企業の利害関係者のことであり、株主をはじめ顧客、従業員、取引先、地域社会などを指す（以下、日本のビジネスでよく使われる「ステークホルダー」という表記を採用する）。似たような考えは江戸時代の商家の家訓にまでさかのぼることができるという指摘もあるが、欧米にならってCSRというアルファベット三文字で表すようになったのは2003年頃だと言われている[11,12]。大手企業はこぞって、CSR専門部署やCSR担当者をつくり、環境報告書の代わりにCSR報告書を開示するようになった。

　では、CSRの中身は何か。日本の企業はこれまで、「CSRを概括すれば「環境＋社会貢献＋法令遵守」となるだろう」（藤井 2005：48）と言われるほど、欧米と比較しても広範囲な活動をCSRと呼んできた。それでも日本が2011年に社会的責任の国際規格ISO26000に批准したことで、CSRと呼ばれる範囲は絞られてきている（表9-1）。ただし、この規格は第三者認証によるものではない指針であり強制力はない。

　日本航空（JAL）、富士電機などは、七つの中核主題との対応表を作成して自社のCSR活動を実施、評価している。たとえば、日本航空（JAL）は、

10　CSRの定義は佐久間・田中（2011：6）やMoon（2014：4）が詳しい。

11　日本経済新聞への「CSR」登場件数は2003年頃から頻出している（安齋 2016：143-144）。

12　1940年代後半から1960年代前半まで、高田馨ら経営学研究者を中心に「経営者の社会的責任」がさかんに議論されたことも付言したい。松野ほか編著（2006）が詳しい。

表9-1　ISO26000の七つの原則と七つの中核的課題

七つの原則	七つの中核主題
説明責任	組織統治
透明性	人権
ステークホルダーの利害の尊重	労働慣行
説明責任	環境
倫理的な行動	公正な事業慣行
法の支配の尊重	消費者課題
人権の尊重	コミュニティへの参画

新入社員研修や新任管理職研修の中に人権教育を導入している[13]。同じ人権問題への対応でも、富士電機はコンゴ周辺で採掘される紛争鉱物（スズやタングステンなど）は武装勢力の資金源になっていることからその調達を禁止している（富士電機株式会社 2016：24）。こうしたサプライチェーンにCSRを組み込むことは「CSR調達」と呼ばれる。

この ISO26000 のほか、GRI（Global Reporting Initiative）のガイドライン（現在、第4版まで発行されている）や、独自のCSR自己評価指標やパフォーマンスをモニタリングするためのKPI（Key Performance Indictor、重要達成指標）も策定されている。中小企業などは、CSRチェックリストなど行政の認証制度[14]を利用して自社のCSR活動を評価している。

ヨーロッパでCSRが登場した主な理由は、90年代半ば若年失業問題と児童労働など途上国での労働問題が深刻化し、人材育成と人権問題という社会的課題を企業側から解決するためだと言われる。環境問題を含めこうした問題は、もはや政府だけでは解決できないという認識がCSRの起源になっている[15]。

ところが日本では、社会的課題を解決するためにCSRが打ち出されたわ

---

13 JAPAN AIRLINES「人権啓発への誓い」https://www.jal.com/ja/csr/iso/human_rights.html（最終閲覧2018年5月12日）。
14 さいたま市のほか、横浜市、宇都宮市、川口市がCSR・地域貢献の認証制度を設けている。
15 ヨーロッパでのCSRの登場に関しては藤井（2005）が詳しい。

けではない。むしろ、欧米からの「外圧」としてCSRを打ち出さざるをえなかった部分が大きい（谷本 2003：38）。CSRが当初「環境＋社会貢献＋法令遵守」で考えられていたのも、そのためである。

　そこで日本では、中長期的な利益を目指す事業戦略としてCSR活動を展開する企業が増えている。この種のCSR活動は「戦略的CSR」と呼ばれ、社会貢献活動とは一線を画す。実際、CSR活動は中長期的な利益に結びつくのだろうか。実証研究では、企業の社会業績（CSP）と企業の財務業績（CFP）とのあいだに「正の相関が示唆され、負の相関を示す証拠がきわめて乏しいのは確かである」と結論づけている（Margolis & Walsh 2003：277）[16]。

　それ以外にも、CSRのリスクマネジメントとしての有効性、CSRによるコーポレート・ブランド価値の向上とそれによる販促やリクルーティング面での有効性、CSRとして経営者の社会的使命を果たす意義、中小企業では人脈作りによる中長期的な利益や地域社会の活性化が挙げられる。

　したがって、CSR活動に積極的に取り組むことはさまざまな点で企業の強みになると言えるだろう[17]。

⑵ 宇宙ビジネスではCSRはどのように理解されているか

　宇宙ビジネスでも、こうしたCSR活動は積極的に行われている。宇宙ビジネスの特徴として、重視されるステークホルダーのなかに、国際機関や政府など公的セクター、投資家や富裕層、一般市民が含まれる点が挙げられる（呉羽ほか 2018：26）。

16　ただし、谷本寛治が指摘するように、正の相関だけでは、余剰の資金があるからCSRを果たす余裕が生まれるのか（スラック資源理論）、ステークホルダーとの良い関係を構築することで評価が高まっているのか（良い経営理論）、どちらの可能性も（そして、それ以外の可能性も）あるだろう。谷本はCSRを評価する市場が高まれば、良い経営理論の妥当性が高まるという（谷本 2004：20-21）。

17　企業はCSR活動に積極的に取り組むべきでないとする議論としてミルトン・フリードマンの議論がよく知られている（フリードマン 2005）。その議論に対する応答はMoon（2014）が詳しい。

海外の宇宙ビジネスのCSRとして、たとえば、アリアンスペースは宇宙事業による雇用創出、環境フットプリントの削減、多国籍企業であるがゆえのダイバーシティの推進に取り組み、その内容をCSR報告書で開示している（Arianespace 2014-2015）。

　日本の宇宙ビジネスでも、三菱電機やNECなどがCSR活動に積極的である。三菱電機はCSRの重要課題の一つとして「安心・安全・快適性の提供」を設定し、準天頂衛星「みちびき」のシステム設計・製造などの人工衛星事業をその取り組みに位置づけている（三菱電機株式会社 2016：23-24）。NECは国連グローバルコンパクトに署名し、CSR報告書を開示している。また、NEC航空宇宙システムはCSR活動のウェブサイトを作成している[18]。中菱エンジニアリングでも三菱重工グループのCSR行動方針を自社のウェブサイトでアピールしている[19]。

　ところが、日本の宇宙ビジネスでは、CSRに関心をもたない企業も多い。その主な理由として、宇宙事業の多くは短期的には利益を創出することが困難な事業であるため、CSR活動に取り組む余裕がないということが挙げられる。しかし、宇宙ビジネスが「国との総合的な関係性維持、あるいは宇宙という前向きなイメージで企業ブランドやリクルーティング面でメリット」のために行われるのであれば、こうした特徴を生かすかたちでCSRを工夫できるのではないか。筆者は、宇宙ビジネスのCSRについて先駆的な取り組みを行っているNTN株式会社にインタビューを行ってきた。以下はインタビュー内容をまとめたものである。

⑶ 事例：NTN株式会社

　NTN株式会社（以下、NTN）は、大阪市西区に本社を置き、ベアリング（軸

18　NEC航空宇宙システム「CSR活動」http://www.nas.co.jp/csr/（最終閲覧2018年5月12日）。

19　中菱エンジニアリング株式会社「CSR」http://www.churyo.co.jp/csr/index.html（最終閲覧2018年5月12日）。

受）・等速ジョイント・EVシステムなど軸受業界をリードし続けている会社である。販売の7割は自動車のベアリングなどであり、宇宙ロケットのエンジンや人工衛星のアンテナを支えるベアリングを製造する航空宇宙事業は、短期的には利益を創出することは困難だという。どのような思いで宇宙ビジネスに取り組んでいるのか。

宇宙ビジネスへの思い

　宇宙関連事業の特徴として事業スパンがきわめて長いことが挙げられる。航空機を20年から30年後に修理する契約を結ぶ際、航空宇宙部門はもとよりその会社がそれだけ存続してゆくことが前提になっている。そのため、もともと短期的利益は出にくいところで、面白いことをやって最終的には人類の役に立つことにつながればという思いで働いている人が多いという。

　もともと、ベアリングや等速ジョイントは摩擦によるエネルギー損失を低減するエコ商品である。環境問題への同社の思いは強く、桑名市に風力、水力、太陽光を活用して発電したエネルギーを電気自動車や野菜工場などへ循環させるモデル「グリーンパワーパーク」を設立している。

　加えて、NTNは「新しい技術の創造と新商品の開発を通じて国際社会に貢献する」というかたちで経営理念のなかに社会貢献が含まれている。実際、国外市場を主なターゲットにしているため、宇宙基本法がいう「我が国産業の振興」（第四条）と「人類社会の発展」（第五条）のあいだの緊張関係は感じないという。宇宙ビジネスは短期的利益の創出が難しい分、面白いことをしてやろうという思いが国際社会貢献につながりやすいと言えるかもしれない。

ステークホルダーとの良好な関係構築

　短期的な利益を出さない部署に対して、株主は文句を言わないのだろうか。NTNでは、たいていの株主からは「宇宙もやってるんですね」という反応をもらい、長い目で事業を見て投資していただいているという。また、リクルートでも宇宙分野に憧れて同社を志望する人が毎年数人いる。リクルーティン

グ面でメリットもあるようだ[20]。

地域社会に対してはどうか。同社は毎年桑名市の花火大会に協力しているが、同社が部品を手がけたH2ロケットが話題になった時期は、桑名市の住民から同社の事業に対して反応があったという。

取引相手に対しても良好な関係を築けるのだろうか。実は、航空宇宙産業の品質管理の認証は米国のものが多く、それを取得するため英語で書類を作成しなければならない。しかし、中小企業の場合、英語で書類を作成できる人材がいない場合が多い。そこで、大手のNTNが書類作成のサポートをしているという。さまざまなステークホルダーとの良好な関係構築は、宇宙ビジネスだからこそできるものだと言えるだろう。

デュアルユースを含めたコンプライアンスの徹底

NTNでは、同社の商品の使用が軍用か民用かを尋ね、前者の場合は取引を断っている。この手続きはCSR調達としてコンプライアンスの一部に組み込まれており、法務部が担当している。

デュアルユースの場合はどうか。法務部が経済産業省に相談し、書類提出などできる限りサプライチェーンを下って軍用になっていないかを確認しているという。戦争兵器になりやすい部分をどう防いでゆくかも、宇宙ビジネスのCSRに特徴的なことだと言えるだろう。

以上の事例からわかるのは、たとえ短期的な利益の創出が難しい事業であっても、宇宙関連事業は、それ自体が国際社会への貢献を目指し、ステークホルダーとの関係構築やコンプライアンスの徹底としてCSR活動を展開することができるということである。

---

20 宇宙ビジネスには地域の雇用創出というメリットもある。人工衛星「まいど1号」開発の中心になった東大阪の中小企業・アオキの青木豊彦社長は東大阪のモノづくりを終わらせないために「若者をモノづくりに」を使命に宇宙ビジネスに乗り出したという（青木 2009：25）。

3 宇宙旅行ビジネスとマーズワン計画

(1) 宇宙旅行ビジネスの問題[21]

これまで宇宙への個人旅行はソユーズ（旧ソ連の有人宇宙船）によるISS滞在旅行である。2001年米国の技術者デニス・チトーがはじめて自費で宇宙旅行をし、現在まで7人が旅行している。日本人ではクリエイティブ・ディレクターの高松聡が宇宙旅行会社スペース・アドベンチャーズを通してこれから行く予定である。

2014年クラブツーリズム・スペースツアーズがJAXAと共同で行った意識調査では、親会社クラブツーリズムの顧客1,700人のうち、宇宙旅行に行きたい（または「やや行きたい」）いう肯定派は57.3%と5割を超えている（クラブツーリズム・スペースツアーズ・JAXA 2014：4）。宇宙旅行をしてみたい理由として87.3%は「青い地球を眺めたいから」と答えている（同上：6）。

宇宙旅行といっても、ISSに数日滞在するプランから4分間宇宙空間を体験するプランまである。現在の価格では一人当たり訓練プログラムも含めて、前者が約25億円から35億円、後者が約2,000万円から受け付けている[22]。巨額の費用を娯楽として使ってよいか、それを貧国で苦しんでいる人々に当てるべきではないかという声もある（Milligan 2015：Ch. 3）。

宇宙旅行にはまた、ガン、骨粗鬆症、宇宙酔いなどが高まることや処方薬の効き方の変化、再突入時の脱水・目眩、病原体の毒性増加など健康リスクの問題がある。そして、地球上に比べ、宇宙空間での健康リスクに関しては不確実な点が多くある（Marsh 2006）。

こうした不確実な健康リスクに対して、旅行者からインフォームドコンセントをとることがどこまで可能なのか慎重に議論してゆかなければならな

---

21 宇宙旅行ビジネスの問題については（清水ほか 2016）も参照されたい。
22 トリップアドバイザー「2013年 宇宙の旅」http://tg.tripadvisor.jp/space/（最終閲覧2018年5月12日）。

いだろう。宇宙旅行による放射線被曝が胎児や将来の世代に与える影響も考慮してゆかなければならない。また、子どもを旅行に参加させるとき、親による代理同意が可能なのだろうか。典型的な医療行為に適用されるインフォームドコンセントをそのまま宇宙旅行に適用することはできないだろう（Marsh 2010）。

(2) マーズワン計画は商業詐欺か

　宇宙旅行ビジネスへの関心が高まるなか、2011年オランダの実業家バス・ランドスドルプはNPOマーズワン（MARS ONE）を立ち上げ、2025年までに「片道切符」で火星に行き移住する計画を発表した。多国籍で男女2人ずつ4人を送り出し2年ごとに4人ずつ増やし、コミュニティを維持してゆくという。最初の公募に、世界140カ国以上の計20万2,586人から手が挙がり、日本からも396人が応募した。ただし、応募者は申し込みに11ドルを支払う必要がある。その計画の多くは謎に包まれ、財源的な問題と倫理的な問題が指摘されている。そもそも、寄付金目当ての詐欺なのではないかという声もある。

　財源的な問題から見ていく。同団体は最初の4人を火星に送り込むのに60億ドルを試算し、それを寄付金のほか、選抜や渡航・移住の様子を24時間リアリティー番組で放送し放映権料で賄おうと計画している。オリンピックの興行収入が40億ドルであることを考えれば十分実行できるとしているが、そもそも60億ドルでは足りないという意見もある。

　また、宇宙旅行と同様健康リスクの問題があるうえ、たとえ本人の同意があるにせよ「片道切符」で火星に送り出すことに反対意見も多い。アラブ首長国連邦の宗教機関GAIAEは2014年、火星へ旅行したり移住することはイスラム教が禁じる自殺行為に等しいとし、イスラム教徒がこの計画に参加することを禁ずる宗教令を出している[23]。自殺には相当しないとしても、参加

---

23 CNN「イスラム教徒の火星行き禁止、「自殺行為」UAEが宗教令」2014年2月26日、http://

者からインフォームドコンセントをとることで十分だと言えるだろうか。

さらに、「片道切符」を購入した参加者が出発した後、合法的で倫理的な行動をとるのか疑わしい。たとえば、誰が最初に火星の土を踏むかをあらかじめ決めて契約書にサインしたとしよう[24]。地球上で結ばれたこの契約が本当に履行されるだろうか。誰が最初に降りるかで殺し合いが始まるかもしれない。戻ってこない以上、その罪が地球の裁判にかけられることはない。

そもそも、この計画の多くは謎に包まれている。2015年には、選考に残った科学者がインタビューのなかで、選考過程に「どうしようもなく危険な欠陥がある」と告発している[25]。数日間の面接の予定が急に10分間のスカイプ通話に変更されたという。同年、中国の『新京報』もこの計画を明らかな商業詐欺だと報じ、「申し込み費用11ドルを返してもらいたい」という応募者の声を取り上げている[26]。

こうした嫌疑に対してマーズワンはホームページにFAQを設けて対応している。このFAQで用いられている論拠の分析（神崎 2014）や、このFAQには「資金が集まらなければどうするのか」、「誰が責任をとるのか」などが書かれておらず不十分だという指摘がある（大野ほか 2014）。選考過程や財源などを公開し透明性を十分に確保しつつ、説明責任を果たす姿勢を見せない限り、商業詐欺の謗りは免れないだろう。

---

www.cnn.co.jp/fringe/35044427.html（最終閲覧2018年5月12日）。

24 この例はオックスフォード大学のブログPractical Ethics内の投稿から。http://blog. practicalethics.ox.ac.uk/2014/03/contemporary-space-exploration-spectacles-and-the-creation-of-role-models-2/#more-8039（最終閲覧2018年5月12日）。

25 Matter "Mars One Finalist Explains Exactly How It's Ripping Off Supporters" http://medium. com/matter/mars-one-insider-quits-dangerously-flawed-project-2dfef95217d3（最終閲覧2018年5月12日）。

26 ライブドアニュース「マーズワン「火星移住計画」は商業詐欺か費用を返してもらいたい人も」http://news.livedoor.com/article/detail/9824191/（最終閲覧2018年5月12日）。

参考文献

青木豊彦　2009『まいど！──宇宙を呼びよせた町工場のおっちゃんの物語』近代セールス社。

安齋徹　2016『企業人の社会貢献意識はどう変わったのか──社会的責任の自覚と実践』ミネルヴァ書房。

宇宙航空研究開発機構　2012『日本の宇宙産業 vol.3 技術を育む　人を育てる』日経BPコンサルティング。

大野・高橋・石田＋磯部・伊勢田　2014「Mars-one 計画に見る人類の火星移住に伴う倫理問題」、宇宙学サマースクール 2014、グループ討論発表資料。https://www.usss.kyoto-u.ac.jp/uchugaku/summer-school/ss14/ss14_group_C.pdf（最終閲覧 2018 年 5 月 12 日）。

会社四季報業界地図編集部　2016『会社四季報 業界地図 2017 年版』東洋経済新報社。

神崎宣次　2014「マーズワン計画の FAQ における倫理的考慮の検討」京都生命倫理研究会（京都大学）、発表資料。

クラブツーリズム・スペースツアーズ・JAXA　2014「宇宙旅行市場調査概要レポート」（平成 26 年 3 月 28 日）http://www.club-tourism.co.jp/press2/pdf/2014/survey_space01.pdf（最終閲覧 2018 年 5 月 25 日）。

呉羽真・伊勢田哲治・磯部洋明・大庭弘継・近藤圭介・杉本俊介・玉澤春史　2018『将来の宇宙探査・開発・利用がもつ倫理的・法的・社会的含意に関する研究調査報告書』、京都大学 SPIRITS：「知の越境」融合チーム研究プログラム・学際型プロジェクト「将来の宇宙開発に関する道徳的・社会的諸問題の総合的研究」http://www.usss.kyoto-u.ac.jp/etc/space_elsi/booklet.pdf（最終閲覧 2018 年 5 月 12 日）。

小塚荘一郎・佐藤雅彦編著　2018『宇宙ビジネスのための宇宙法入門［第 2 版］』有斐閣。

佐久間信夫・田中信弘　2011『現代 CSR 経営要論』創成社。

清水雄也・大庭弘継・岡本慎平・神崎宣次・杉本俊介　2016「宇宙での商業活動における公正さ──ビジネス倫理の観点から」第 9 回宇宙ユニットシンポジウム「宇宙にひろがる人類文明の未来 2016」（京都大学）、ポスター資料。http://www.usss.kyoto-u.ac.jp/etc/160206-spaceethics-poster.pdf（最終閲覧 2018 年 5 月 12 日）。

谷本寛治編著　2003『SRI 社会的責任投資入門』日本経済新聞社。

谷本寛治編著　2004『CSR 経営──企業の社会的責任とステイクホルダー』中央経済社。

谷本寛治　2006『CSR──企業と社会を考える』NTT 出版。

藤井敏彦　2005『ヨーロッパの CSR と日本の CSR』日科技連出版社。

富士電機株式会社　2016『富士電機レポート 2016』https://www.fujielectric.co.jp/about/csr/other/box/2016ebook/index.html（最終閲覧 2016 年 12 月 25 日）。

フリードマン、M　2005「ビジネスの社会的責任とはその利潤を増やすことである」児玉聡訳、T・ビーチャム、N・ボウイ編『企業倫理学 1』加藤尚武監訳、晃洋書房、83-91 頁。

松野弘・合力知工・堀越芳昭編著　2006『「企業の社会的責任論」の形成と展開』ミネルヴァ書房。

的川泰宣監修　2011『宇宙ビジネス』アスキー・メディアワークス。

三菱電機株式会社 2016『三菱電機グループCSRレポート2016』http://www.
　　mitsubishielectric.co.jp/corporate/csr/download/csr/pdf/csr_r2016.pdf（最終閲覧
　　2016年12月25日）。

Arianespac 2014-2015. *Corporate Social Responsibility Report 2014-2015.* http://
　　www.arianespace.com/sustainable-development/（最終閲覧2018年5月12日）

Hickman, J. 2008. Problems of Interplanetary and Interstellar Trade. *Astropolitics* 6
　　(1): pp. 95-104.

Livingston, D. 2003. A Code of Ethics for Conducting Business in *Outer Space.*
　　Space Policy 19 (2): pp. 93-94.

Marsh, M. 2006. Ethical and Medical Dilemmas of Space Tourism. *Advances in
　　Space Research* 37 (9): pp. 1823-1827.

Marsh, M. S. 2010. Ethical Issues Regarding Informed Consent for Minors for Space
　　Tourism. *AIP Conference Proceedings* 1208 (1): pp. 48-442.

Margolis, J. D. & Walsh, J. P. 2003. Misery Loves Companies: Rethinking Social
　　Initiatives by Business. *Administrative Science Quarterly* 48 (2): pp. 268-305.

Milligan, T. 2015. *Nobody Owns the Moon: The Ethics of Space Exploitation.*
　　Jefferson: McFarland.

Moon, J. 2014. *Corporate Social Responsibility: A Very Short Introduction,* Oxford:
　　Oxford University Press.

第 *10* 章
宇宙における安全保障
——宇宙の武装化は阻止できるか——

大庭弘継

1 宇宙での安全保障と倫理を語る難しさ

　「宇宙」と「安全保障（もしくは軍事）」とならべてみたとき、どんなこと
を思い浮かべるだろうか？「宇宙の軍事利用って、なんか怖いし、嫌だ」
「宇宙は平和利用であるべきだ、それが倫理的だ」、そう連想する人も少な
くないだろう。この直観は学者にもかなり浸透しており、「私たちの憧れの
場でありロマンの対象である宇宙（ユニバース）の影が薄くなり、ミサイル
やスパイ衛星に占領されてしまう宇宙（スペース）になりかねません」（池内
2015：12）と宇宙物理学者からの懸念も表明されている。その一方でわれわ
れの日常生活は、たとえばGPSのように、宇宙の軍事利用の恩恵も受けて
もいる。また「安全保障は重要だ、だから宇宙の安全保障利用も進めるべき
だ」、との意見もあるだろう。さらに、民生利用と軍事利用の境界もはっき
りしない。直観的には理解できる宇宙における安全保障と倫理の関係は、深
く考えるほど不明瞭になってくる。
　いいかえれば、宇宙の安全保障利用を倫理的に考えようとするとき、どう
も大雑把にしかとらえられないことが多い。その理由を考えると、以下の三
点に思い至る。
　　①宇宙の安全保障利用は、地上の戦争の補助的位置づけであり、これを
　　　単独で取り上げる必要性が薄い。現状、戦場は地球上にとどまっている。

②いま宇宙空間が戦場になったとしても、宇宙で犠牲者はほぼ生じない。ただし、宇宙で戦闘が生じたならば民間衛星などのインフラに危害がおよび、経済に影響が出る恐れはある。

③いま実際に宇宙空間に配備されている兵器は不明である。現状、各国は宇宙兵器の配備を公表していない。議論の前提となる情報が欠けており、ある種の空想を持ち込まざるをえない。

要するに、宇宙安全保障の倫理は、喫緊の問題ではなく、犠牲も考えにくく、現実の事例もなく、しかも空想的であるため、議論することが難しい。

だがその一方で、宇宙安全保障に倫理を持ち込む必要性もあるだろう。

①なんらかの制約がなければ、なし崩し的に、宇宙への攻撃兵器の配備が進んでしまう恐れがある。②人類社会の宇宙インフラへの依存度は高まりつつあり、近未来において、宇宙の戦場化が社会に致命的な影響を与えかねない。

つまり、研究するには材料は少ないが、必要性はある。そこで、この宇宙の戦場化というテーマを、恐る恐るだが、本章は倫理的観点から検討するものである。具体的には、まず現状の「宇宙兵器」を紹介し、次にこれまでなされてきた倫理にかかわる議論を概観し、最後に宇宙の武装化を遠ざけるために必要な倫理的論点を析出する。なお本章は、議論の材料として将来兵器の構想や小説も取り上げる。読者には、ある種の空想を議論に持ち込まざるをえないことをお許しいただければと思う。

2 宇宙における軍事力の現状

(1) 現代戦争における宇宙の位置づけ

宇宙の軍事利用が最も進んでいるのは、米国である。その米国は宇宙安全保障をどう位置づけているのだろうか。米軍の軍事ドクトリンである「宇宙作戦（JP3-14 Space Operations）」の冒頭を確認しよう。

宇宙活動能力（space capabilities）は、軍事作戦を統合する際、重要な戦力の増幅器（significant force multipliers）であることは明らかとなった。宇宙活動能力はグローバルなコミュニケーションを提供する。測位・航法・タイミング（PNT）、各種サービス、環境モニタリング、宇宙からのインテリジェンス・監視・偵察（ISR）、戦闘指揮官・各軍・各機関へのサービス提供。（USDOD 2013）

この定義で強調されている宇宙活動能力とは、地球上の陸海空の各軍に対する、情報や通信手段の提供といったコミュニケーションの機能であり、それが地球上の陸海空の戦闘能力を増幅するとしている。いわば、宇宙での軍事能力とは、地球上の戦闘を支えるインフラとしての能力であり、SFアニメのような宇宙空間での戦闘能力を意味するものではない。

ただし「宇宙作戦」ドクトリンは、宇宙での戦闘能力を排除しているわけでもない。「宇宙作戦」ドクトリンは、確かに他のドクトリンと異なり「戦う（fight）」という単語はほとんど使用されないが、攻勢的コントロールという語で、宇宙での戦闘能力に含みをもたせている。

ともあれ、宇宙での活動能力は重要だが、あくまで地球上の戦闘に対する支援能力に力点が置かれている。

(2) 宇宙の軍事化と武装化

ここでいったん、兵器という言葉について、考えておこう。兵器といって一般に想像するのは、ライフル、大砲、ミサイルといったものである。だが現代の軍事力には、そういった直接殺傷に用いるものに加えて、通信衛星や偵察衛星やコンピューター・システムなどが不可欠とされる。これらすべてを兵器と総称する立場もある。だが、一般的な感覚とは異なるうえ、宇宙条約の用語である「兵器（weapon）」はより限定的である。

そこで本章では、敵への攻撃に直接殺傷する砲弾・ミサイルなど、それら

第10章　宇宙における安全保障　183

を運搬する航空機や戦車（むろん宇宙にはない）などを指して兵器と呼称する。衛星など直接の殺傷にかかわらないものは、必要に応じて「軍事」衛星などと呼称するが、兵器には含まない。

そのうえで、軍事衛星などで宇宙を軍事利用している状態を軍事化、さらに進んで兵器を直接配備している状態を武装化と呼ぶことにする[1]。

この区分を前提にするが、「宇宙の軍事化は許容でき、宇宙の武装化は許容できない」と主張するものではない。というのも、通信衛星や偵察衛星などの「グローバルなコミュニケーションを提供する」インフラこそが、米軍の軍事的優位性の源泉の一つであり、他国が宇宙の武装化を推進する動機となり、また米国も対抗して宇宙の武装化を進める契機になるからである。ともあれ、軍事化と武装化を切り分けたうえで、現状を確認しよう。

(3) 偵察・通信・測位衛星

宇宙の軍事化を考えるうえでまず確認するべきは、軍事衛星であろう。偵察・通信・測位衛星といった、軍事利用される人工衛星群である。

偵察衛星は地上の偵察監視を主任務とし、現在では日本も、北朝鮮を主対象とした警戒監視のための情報収集衛星を保有している。

通信衛星は、遠方の部隊との連絡に使用するための衛星であり、電話からインターネットまで地球上をカバーすることができる。通信速度も高速化が進んでおり、アフガニスタンやパキスタンで行動している無人機が、米国本土のネバダ州クリーク空軍基地から通信衛星を介して操縦されていることは有名である。

測位衛星は、いわゆるGPSのことだと思ってよい。このGPSは米軍の軍事衛星であり、米空軍によって運用されている。米軍部隊が現在地を把握す

---

1 なお10年以上前の状況を評して、「宇宙は軍事化されたが、まだ武装化されていない（space has been militarized but not yet weaponized)」（Hyten & Uy 2004）との意見もある。だが、2018年現在の状況にも当てはまるかは、確証はない。

184

るとともに、ミサイルなどの兵器の誘導にも使用される。われわれが日常生活で使用できるのは、米国が民生用にも提供しているためである。つまり、米国の都合が悪くなれば、サービスが停止される恐れが存在する。それゆえ、潜在的な敵対国はGPSに依存することはできないし、友好国もサービスが中断されるリスクを抱えることになる。そこで中国は独自の測位衛星である「北斗」を、欧州連合は「ガリレオ」の運用を開始している。

(4) 弾道ミサイル／ミサイル防衛構想

　いわゆるICBM（大陸間弾道ミサイル）も宇宙にかかわる兵器として言及しておく必要がある。ICBMは、ミサイルを宇宙空間にまで打ち上げ、重力を利用して撃墜困難な速度で敵対国を攻撃するミサイルである。つまり宇宙空間を利用する兵器である。そもそも宇宙開発の画期となった1957年の人工衛星スプートニクの打ち上げ軌道投入は、直前に実験成功した世界初の大陸間弾道ミサイル「R7」の成功によって可能となった。宇宙開発は、まず軍事利用から始まったのである。ロケット技術とミサイル技術は表裏の関係にある。

　同様に、米国と日本が配備を進めているミサイル防衛（MD）のシステムもまた宇宙兵器であるといえる。イージス艦から発射するSM3ミサイルは、弾道ミサイルの飛行プロファイルでいえばミッドコース・フェーズ、宇宙開発の用語でいえば人工衛星などと同じ高度の地球低軌道（LEO）でミサイルを撃墜する。つまり、技術的には低軌道の人工衛星を攻撃できる能力がある。

(5) 対衛星攻撃兵器（ASAT）

　2007年1月に、中国は衛星破壊実験を行い、多数のデブリを生み出した。この事件は、地上発射ミサイルによって軌道上の衛星を攻撃したことによるものであった。この点では明確に、中国が衛星を攻撃する能力を一定程度有

第10章　宇宙における安全保障　　185

していることが推測できる。

さて問題は、現状配備されている（と考えられる）宇宙兵器である。特に問題となるのが、キラー衛星とも呼称される、対衛星攻撃兵器（ASAT）である。米ソによる宇宙開発の当初から、敵対国の衛星を攻撃する兵器の研究が行われており、当初は衛星そのものや爆破した破片を敵衛星にぶつけるという物理的破壊が企図されていた。また計画段階にとどまったが、1980年代の米国による戦略防衛構想（SDI構想）では、宇宙空間にレーザー兵器を配備する計画もあった。同様に、ソ連もレーザー兵器を搭載した衛星ポリウスを開発したといわれる。またASATによる敵衛星へのジャミング攻撃も想定されている。しかし、現状のASATの詳細については不明であり、想像の域を超えない。なお現在のレーザー兵器は、ガンダムのようにビームで敵を焼き切るのではなく、レーザーで高熱を発生させて敵の電子機器を機能不全にさせる、といわれている。

(6) 大量破壊兵器・対地上攻撃兵器

中国の衛星破壊実験は、地上から宇宙を攻撃できることを示した。だが、この実験も低軌道（高度約850km）の目標の破壊であり、遠方（たとえば静止軌道は高度約3万6,000km）への攻撃は困難である。言い換えれば、宇宙空間は広大であるため、地球から遠方に兵器を配備した場合、地球上から攻撃することは困難となる。この特性は、いわゆる第二撃能力の所在地として魅力的である。たとえ地上が灰燼に帰しても宇宙から敵国に報復できるからである。なお、宇宙条約は宇宙への大量破壊兵器の配備を禁止している。

だが、大量破壊兵器でなければ配備が可能との解釈も可能である。実際宇宙空間に地上攻撃兵器を設置するという構想も持ち上がってきた。その中でも印象的な構想は「神の杖」である。タングステンを素材とした高質量の物体を、重力を利用して地上に落とすという質量爆弾である。これによって、たとえば地下深くにある敵ミサイル基地を破壊することができるうえ、発射

から地上到達まで十数分と高速であり、従来の地上配備の兵器では迎撃不可能といわれる。また核兵器と異なり、放射能汚染などがないという「利点」を有している。

しかしながら、こういった構想は現段階で実現に移されていない。その理由は、①宇宙での軍拡を加速させてしまう、②不慮の事態において大惨事を引き起こす、③そもそも大質量を打ち上げるコストが莫大である、といった点が考えられる。

3 戦争を阻止しうる規範などの現状

(1) 宇宙安全保障における国際規範の現状

まず確認するべきは、戦争一般がそもそも違法だということである。戦争を含む武力行使は国連憲章によって禁止されている。例外的に許容されるのが、自衛権に基づく武力行使（反撃）と国連安全保障理事会が許可した場合に限られている。実状はともかくとして、各国の軍備はすべて自衛を目的として整備されている。核兵器もまた、その保有国の主張に沿えば、自衛目的の兵器となる。言い換えれば、国際法は戦争という行為を禁止しているが、兵器の保有や配備自体を禁止しているわけではない。

そのうえで、宇宙での兵器の配備は、国際法によって一定程度制限されている。宇宙条約は、その第4条において、宇宙の平和利用を定め、核兵器などの大量破壊兵器の配備や兵器の実験を禁止している[2]。

---

2 宇宙条約第4条「条約の当事国は、核兵器及び他の種類の大量破壊兵器を運ぶ物体を、地球を回る軌道に乗せないこと、これらの兵器を天体に設置しないこと並びに他のいかなる方法によってもこれらの兵器を宇宙空間に配置しないことを約束する。（中略）、あらゆる型の兵器の実験並びに軍事演習の実施は、禁止する。（後略）」（JAXAホームページより抜粋 www.jaxa.jp/library/space_law/chapter_1/1-2-2-5_j.html、2018年7月31日最終閲覧）。

第10章　宇宙における安全保障　187

では、大量破壊兵器でない、ASATなどの兵器配備についてはどうか。残念ながら、過去にASAT禁止条約などが提案されたが、ルール化されていない（青木 2011）。現在でも、この欠落は問題であると認識はされており、国連宇宙空間平和利用委員会や国連軍縮会議等で、行動規範や宇宙兵器防止条約案などが俎上に載っている。なお、その背景には、宇宙での優位を束縛する規範に米国が反対する一方で、米国の優位を崩す意図で宇宙兵器防止を提唱する中露という図式、パワーゲームの側面がある。

(2) 聖域論

宇宙において米国は優位にある。優位にある立場から、米軍関係者は宇宙安全保障を語る際に、「宇宙は聖域（sanctuary）である」という表現を用いている（福島 2013）。この「聖域」とは、宇宙は戦争がなく平和であるという意味と、それゆえ米軍のさまざまなアセットが脅威を受けずにすむという二重の意味をもっている。

さて二種類の「聖域」のうち、前者の意味での「聖域」論は国籍を問わず多くの人々の支持を得られそうである。だが、後者の米軍のアセットが自由に活動できるという意味での「聖域」論は、米国と同盟国の支持は得られそうだが、中露など米国の軍事優勢に反発する諸国には受け入れがたいものだろう。実際、この米軍にとっての「聖域」は、中露のASAT開発によって危機にさらされている、と米軍関係者は認識するようになった（Colby 2016：7）。公言することはないだろうが、中露による宇宙での武装化を米軍関係者が危惧しているといえる。米軍の対抗措置は明確ではないが、もはや安全な「聖域」と呼ぶことは難しい。また挑戦国家が、宇宙を米国など一部の国家の専有から解放を目指すとして、「真の聖域」にするためと称して、戦争を許容する可能性も否定できない。

(3) グローバル化と相互依存

　グローバル化と相互依存というキーワードから、宇宙での戦争は困難だという主張ができるかもしれない。宇宙に国境はなく、数多くの民間衛星は国境をまたいでサービスを提供している。この状況で宇宙を戦場にすることはデブリを発生させることになり、敵味方や民間の区別なく、多大な被害を与えることが予想される。

　またGPSなどの宇宙インフラは、米軍に限らず、潜在的敵国も享受する公共財になりつつあるといえる。戦時になれば制限される恐れがあるとはいえ、米軍のGPSを各国の軍隊は使用している。また金融機関などは取引決済などの時刻を、GPSのデータに依存している。中国の測位衛星である「北斗」などもあるが、運用地域は限定的である。

　つまり、宇宙での戦争は、始めた国にも打撃となって跳ね返る。これが相互依存のもたらした現状であり、戦争を躊躇させる要因ともなりうる。

　相互依存によって戦争が不可能になるという議論は非常に有力であり、国際政治学のリベラリズム学派の基本テーゼである。その嚆矢は、20世紀初頭のベストセラー『偉大なる幻想』であり、著者であるノーマン・エンジェルはノーベル平和賞を受賞した。彼は第一次世界大戦の数年前、イギリスとドイツが、対立を深めているが経済的に相互依存関係にあるため、双方に破滅的な結果をもたらすゆえに戦争は不可能だと論じたのだった。しかし、戦争は避けられなかった。そして予想通り、両国は破滅的打撃を受けた。つまり、相互依存は、戦争を抑制するかもしれないが、阻止できるとは断言できないのである。

(4) 疑似相互確証破壊

　第1節で述べたように、宇宙への兵器配備の現状は、推測でしか語れない。各国ともに、宇宙への兵器配備を公表していないのである。同時にそれは、

各国とも潜在的敵国の兵器の配備状況を正確にはつかめていないことを意味し、常に敵の反撃を警戒しなくてはいけない状況だといえる。この不安な状況を逆手にとって、冷戦時代は「平和」を維持していた。それが相互確証破壊である。相互確証破壊は、互いに相手を破壊できる核兵器を有することで、事実上、戦争を不可能にする戦略である。

　宇宙でも、相互確証破壊が疑似的に成立するかもしれない。宇宙インフラへの依存度が高まれば、その破壊はすべての国に致命的となるからである。結果として、冷戦時と同様、破滅を回避するために、宇宙での攻撃を互いに手控えるかもしれない。

　この疑似相互確証破壊は、潜在的敵国が互いに兵器配備を許容することを意味し、一歩間違えると軍拡競争に転じてしまう。さらに戦争によって、敵国の方がより多くを失うと判断できたとき、その結果、自国が覇権を奪い取れる可能性があるとき、指導者は宇宙での戦争に踏み切るかもしれない。この疑似相互確証破壊もまた、信頼できるものとは言えない。

(5) 能力的制約

　そもそも、宇宙で戦争できる国家などない、という議論も可能だろう。米国はともかく、中露にその能力があるのかを疑問視する声もあった。

　この認識に警鐘を鳴らしたのが、一冊の小説であった。P・W・シンガーは、民間軍事会社（PMC）、子ども兵士、ロボット兵の研究などで著名な安全保障の研究者である。このシンガーが近未来SF小説（Singer & Cole 2015）を執筆し、米国と中国の戦争を取り上げている。初戦において中国は、レーザー兵器を搭載したASATで奇襲攻撃などを行い、米軍の宇宙インフラを壊滅に追い込む。この小説の反響は大きく、米軍関係者に危機感をもたらすとともに、CNNもこの小説をもとにしたドキュメンタリーを制作している。つまり、宇宙戦争は現実問題だとの認識が広がりつつある。

　以上、規範や現実がもたらす制約を検討し、それぞれの難点を指摘してき

た。これらの脆弱な規範などが、宇宙の武装化と戦場化をいまのところ押し止めている。次節ではこの現状を前提に、倫理的論点を折出する。

4　倫理的論点

(1) 犠牲を語らない戦争倫理は可能か

　戦争は悲惨である。戦争がこの世から根絶されることが一番理想的であるのは間違いない。だが、戦争は今も続いている。この現実を前提に、暴虐さの制限を目指すのが戦争倫理である。戦争倫理は、正戦論に源流をもち、戦争の悲惨さを限定しようとする思考の枠組みである。

　だが、ここで問題が生じる。戦争倫理は戦争の悲惨さを前提とし、この悲惨さを限定しようとする企てである。だが、現在の宇宙に限定して考えれば、宇宙には人類が存在しない。厳密には、低軌道にいる国際宇宙ステーションのクルー10人弱にすぎない。現状、宇宙空間で戦闘が生じても、おそらく誰一人として血を流すことも命を落とすこともないだろう[3]。つまり、単純に戦争倫理を適用することは困難なのである。マイケル・ウォルツァーは「核兵器は正戦論を爆砕してしまう」（ウォルツァー 2008：514）と述べたが、現状の宇宙兵器に関する限り、「宇宙兵器は正戦論をすり抜ける」といえる。

　そこで宇宙における戦争倫理は、直接の犠牲がなくても人類にとって致命的であることを示す必要がある。この点で、前節で述べた宇宙インフラやデブリなどを、倫理的に考慮すべきものと位置づけることが有効かもしれない。

　さらに、将来における犠牲も考慮の対象となりうる。いったん戦争を始めてしまえば、その後は、宇宙での戦争が常態化する恐れもある。その一方で、

3　戦闘が宇宙空間のみで生じた場合に限る。またISSの乗員は退避カプセルにて地上に脱出することができる。

第10章　宇宙における安全保障　　191

現時点で宇宙空間に居住する人類がごく少数だとしても、将来は増加することが予想される。中国が新たな宇宙ステーションを計画し、また民間宇宙旅行がビジネスとして計画されている以上、宇宙空間における戦闘は、今後は人命に大きく影響するようになる。ともあれ、現時点で宇宙に戦争の悲惨さは存在しない。悲惨さに依存しない戦争倫理が必要とされているのかもしれない。

(2) 倫理を実践する主体の不在

　従来、戦争倫理が主体としてきたのは国家である。戦争を実際に企図するのが、政治家であれ、軍人であれ、国家を主体として判断し行動するのが戦争倫理の主流であった。

　だが国家を主体として考える限り、人類全体の利益は軽視されてしまう。ここに宇宙倫理を考える際の大問題がある。人類の立場で倫理を実践する主体が存在しないのだ。宇宙を語る際に、しばしば主語として「人類」が登場する。というのも、宇宙空間に国境は存在せず、宇宙物体は約1.5時間で地球を一周する。国境という考え方が宇宙にはなじまない、という主張は広く共有されている。よって宇宙での武力衝突は、「人類」全体としては望ましくないといえる。そして「人類」を主体として考えるならば、各国が自国の防衛を目的として進める軍事化は「非倫理的」とも判断されうる。ただし、各国が軍事化の是非を主体として判断し実行できるのに対して、「人類」という主体は存在しない。存在しない主体を想定して「倫理的」あり方を考察しても、それを実行に移す具体的な手段は非常に少ないし、抽象的な議論になるだろう。

　さらに「人類」を標榜して問題となるのは、「人類を語るものは詐欺師である」（カール・シュミット）という格言にあるように、「人類」を錦の御旗として、各国が自己の利益を図る恐れである。中国とロシアが2008年に提案した宇宙兵器防止条約案は、一見すると「人類」を主体として想定して

いるように見えるかもしれないが、実際にはアメリカの「宇宙優勢（Space Superiority）」を抑制するためのものと考えられている。つまり、宇宙に「人類」的な倫理規範を持ち込もうとしても、同時にそれは権力政治の一手段としても機能してしまう。

このように国家を主体として考えると足りないものがある一方で、「人類」を主体として考えたとしても都合よく国家に回収されてしまう、というディレンマが存在する。

(3) デュアルユースの問題

現状、宇宙の軍事利用とは、地球上での戦争／紛争に対して宇宙空間のインフラを使用することを意味している。つまり「宇宙を利用するが、戦場は地上である」というのが宇宙の軍事利用の位置づけであろう。むろん、地上の戦争で勝利するため宇宙のインフラを攻撃する、という可能性は存在する。この場合、デブリが生じることは言うまでもない。

だが、ここで注意するべきは、民間のインフラも攻撃対象となる可能性である。軍用と民用の双方で使用されることをデュアルユースという。そして現在、民生用の通信衛星や観測衛星を軍事用に利用している事例がある。たとえば、自衛隊は海外展開部隊との通信に、民生用のインマルサット衛星やスーパーバード衛星などを使用している。いわば、デュアルユースの衛星なのだが、これらが正当な軍事目標とみなされる可能性もある。特に、米軍は軍事通信衛星を介してアフガンやイエメンで無人航空機を運用しており、今後は民間衛星を使用する可能性がある。この場合、民間衛星も軍事目標とみなされる可能性は高まる。

ところで、国際人道法の基本原則の一つは、軍人と民間人の区別、軍用品と民生品の区別である。しかし、たとえばイラクで軍用品を運ぶ民間トラックが攻撃されるように、宇宙時代において、軍事利用される民間衛星が攻撃される可能性がある。よって、この区別はさらに形骸化する恐れがある。

(4) テロなど非軍隊的な安全保障の問題

　宇宙での民生利用拡大そのものが安全保障上の脅威になり、また民生利用自体の脆弱性も拡大する。というのも、低軌道や静止軌道が民間衛星で満たされた場合、事故の可能性もまた増大するからである。しかも、地球上での事故の影響は限定的だが、宇宙空間における事故はデブリという形で、かなりの長期にわたって被害をもたらすことになる（第7章参照）。

　このデブリ事故が意図的に起こされる可能性も検討する必要がある。現在、安全保障の焦点は潜在的敵国などの国家主体と同じく、テロリストなどの非国家主体にもおかれている。宇宙空間がいまよりも衛星で満たされるようになったとき、宇宙でのテロが現実になるかもしれない。

　たとえば、以下のような状況が考えられる。人工衛星の多くは宇宙開発先進国の管制センターで制御されている。そして近未来では、発展途上国も衛星開発や打ち上げは先進国に発注しつつも、人工衛星の管制を途上国の大学や企業で運営するようになるかもしれない。

　現状、人工衛星そのものの乗っ取りはハードルが高いが、将来的に管制が民間委託されたり政情不安な途上国が管制を行う段階に進むと、たとえハードウェアで、コマンドやテレメトリの秘匿性を高めたり、ジャミング対策を行っていたとしても、基地局自体がテロリストの手に落ちているというケースも考えられる。そしてテロリストは、衛星の軌道制御機能（推進系）を利用して、他の衛星に衝突させるなどのテロを実行できる。

　この場合、たとえば最終目標が某国の軍事衛星であったとして、当該衛星を直接その軍事衛星にぶつける必要はない。テロリストが複数の衛星を制御できれば、手持ちの衛星を衝突させてデブリを発生させ、他の大きな衛星にそのデブリを衝突させて、さらに大きなデブリを発生させ、最終的に目標の軍事衛星に衝突させることもできる。このように、デブリがデブリを連鎖的に増やすケスラー・シンドロームに類似した、ビリヤードゲーム的なテロリズムも想定できる。

アフガニスタンやパキスタンでは、無人機によるオペレーションが行われている。この無人機をなんとかしたいとテロリストが考えるとき、通信衛星の破壊や妨害も選択肢となる。たとえ、テロリストが衛星通信などの恩恵を受けていたとしても、米軍の圧倒的優勢を掘り崩す方法として有効ならば、宇宙インフラを破壊しようとするかもしれない。

(5) 構想中の宇宙兵器の問題

現状の宇宙兵器は、宇宙インフラへ打撃を与えるが、地上の人間への直接の危害がないという点で、その脅威は限定的である。しかも近い将来に、『ガンダム』に描かれたような宇宙社会の段階に進むとも思えない。しかし、「神の杖」のような構想が実際に提案されたように、地球上に対する攻撃が可能な兵器が開発配備される可能性は存在する。

宇宙に地上攻撃兵器を配備する利点は存在する。遠隔性と打撃性である。宇宙空間への兵器配備は、特に地上配備のASATの射程外に配備すれば、地上からの反撃は困難となる。また、宇宙空間からの攻撃は決定から攻撃まで短時間で行うことができ、また核兵器のようにミサイルや核の起爆装置など細かなメンテナンスを必要とせず、単に大質量の物体を「落とす」だけで兵器に利用できるという利点がある。

各国が将来的に地上を攻撃しうる兵器を宇宙に配備するかは定かではないが、こういった兵器が配備された場合、どんな倫理的問題があるだろうか。

第一に付随被害の問題がある。発射された「神の杖」は地下深くにあるミサイル基地などを容易に破壊することができると考えられる。だが、被害がそこだけに止まるとは考えにくい。仮りに誤って投下された場合、核兵器と同じく、一瞬で多くの民間人の生命を奪う結果となる。さらに攻撃による粉塵や海洋への投下による津波の問題も生じるかもしれない。

第二に宇宙での軍拡競争という問題が生じる。宇宙での地上攻撃兵器の利点は遠隔性にあり、対抗する国家はこの利点を打ち消すために、この兵器を

第10章　宇宙における安全保障　195

攻撃できる兵器を開発することになる。それに対して地上攻撃兵器を配備した側は、防衛のためさらに宇宙兵器を配備することになる。

　たとえ、米国のみが一時的に「神の杖」を保有したとしても、その優位は長くはないかもしれない。というのも、中国やロシアといった覇権志向のある国家は、両国とも米国に対抗して核を保有してきたように、同様の地上攻撃兵器を配備しようとするからである。そして、宇宙での軍拡競争へと進んでしまう恐れがある。

⑹ 宇宙安全保障の倫理は地球上の戦争の倫理に依存する

　かりに現在、宇宙が戦場となったとしよう。その結果、人命は失われないかもしれないが、宇宙インフラが破壊され、デブリによって数多くの衛星が使用不能になる。場合によっては、デブリのせいで以後の宇宙進出が不可能になるかもしれない。だが、人類は地球上で生きていくことができる。宇宙進出というロマンを失うことは確かにつらいが、地球から出ていけないことを前提にしたカントの「永遠平和」が実現するかもしれない。

　結局のところ、宇宙の武装化を「完全に」阻止したいと願うのであれば、なにより地球上の紛争根絶を考えた方が早そうである。いまのところ宇宙は、地上の戦争のために利用されているが、SFのような兵器は存在しないからである[4]。

　ではSFで描かれるような未来は単なる空想にすぎないのか？　SFのような宇宙戦争の可能性はあるのか？　仮りに地球が平和になり、宇宙が民生利用で満たされたとすれば、明るい未来が待っているのか？　現時点ではあまりに遠い未来の話だが、いずれSF的な宇宙戦争の時代はやってきそうである。この点を「宇宙戦争」のコラムKで考察しよう。

4　本章の執筆にあたって、京都大学宇宙ユニット特任教授で重要生活機器連携セキュリティ協議会代表理事でもある荻野司先生、ならびに防衛研究所政策研究部長の橋本靖明先生にお話をうかがい、多くの示唆をいただいた。ここに記して感謝申し上げます。無論、本書における誤りや考察の不徹底はすべて著者の責任である。

参考文献

青木節子 2011「宇宙の長期的に安全な利用のための宇宙状況認識（SSA）の現状と課題」『国際情勢』第81号、国際情勢研究会。

池内了 2015『宇宙開発は平和のために――宇宙の軍事化に乗り出した日本』かもがわ出版。

ウォルツァー、M 2008『正しい戦争と不正な戦争』萩原能久監訳、風行社。

福島康仁 2013「宇宙空間の軍事的価値をめぐる議論の潮流――米国のスペース・パワー論を手掛かりとして」『防衛研究所紀要』第15巻第2号、防衛研究所。

Colby, E. 2016. *From Sanctuary to Battlefield: A Framework for a U.S. Defense and Deterrence Strategy for Space*. Center for a New American Security. https://s3.amazonaws.com/files.cnas.org/documents/CNAS-Space-Report_16107.pdf?mtime=20160906081938（最終閲覧2017年10月26日）

Hyten, J. & Uy, R. 2004. Moral and Ethical Decisions Regarding Space Warfare. *Air & Space Power Journal* 18 (2): pp. 51-61.

Singer, P. W. & Cole, A. 2015. *Ghost Fleet: A Novel of the Next World War*. Houghton Mifflin Harcourt.

U.S. Department of Defense (USDOD). 2013. *Joint Publication 3-14 Space Operations*.

第*11*章
宇宙資源の採掘に関する道徳的懸念
——制度設計に向けて理論構築できるか——

近藤圭介

1 はじめに——宇宙資源の採掘に関する道徳的懸念

⑴ 宇宙資源を採掘するという試み

　宇宙開発という文脈において、「宇宙の資源を採掘する」という構想は、宇宙ロケットの開発という構想と同じ長さの歴史を有している。ロケット工学の世界的な第一人者であるロシアの科学者ツィオルコフスキーは、20世紀初頭に提案した人類の宇宙への進出に向けたロードマップで、ロケットの推進技術の開発とならび、小惑星に埋蔵されている天然資源の開発という項目を挙げている。とはいえ、周知のように、長い間この構想は実現に向かわず、ただSFの作品にインスピレーションを与えるにとどまっていた。

　しかし、ツィオルコフスキーによるロードマップの作成からおよそ1世紀が経過した今日、この宇宙の資源を採掘するという構想を取り巻いている環境は非常に大きな変貌を遂げている。宇宙資源の採掘は、もはやSFのうえでの出来事などではなく、近い将来に現実のものとなることが大いに見込まれる事業であるといった認識が、徐々にではあれ、人々のあいだで共有され始めているのである。

　そもそも、長年にわたる科学的な探査活動により、月ならびに地球近傍の小惑星には、水資源や貴金属資源など、人類にとって有意義とされる天然資

源が埋蔵されているという事実が、すでに明らかなものとされていた。現在
では、これらの資源を実際に採掘し、直近では、さらなる宇宙探査・開発を
補助・促進するという目的で、宇宙空間において利用する、そして長期的に
は、地球上での資源枯渇に対処するという目的で、地球に持ち帰って利用す
るといった構想が提起され、その実現に向けた技術開発等の取り組みが急速
に進められている。

　このように、宇宙の資源を採掘するという構想は、いまやその現実的な実
施方法を模索するという段階へと移行しているのである。今後、この事業が
成功を収めた暁には、人類がそこから多大なる恩恵を受けることになるであ
ろうということは、容易に想像できるところである。

(2) 宇宙資源の採掘に伴う四つの道徳的問題

　もちろん、宇宙資源の採掘については、このような輝かしい未来の姿のみ
が喧伝されるべきではない。この事業の技術的および経済的な実現可能性は
もちろんのこと、それが実現された場合に生じることが想定される道徳的な
問題もまた、真剣な検討が加えられる必要がある。ここでは、この道徳的に
懸念されうる問題点を四つほど列挙してみたい。

　はじめに、「天体環境の破壊」という事態が挙げられる。宇宙資源の採掘
という事業は、当然のことながら、その資源を埋蔵している天体の地表ない
し地中を大規模に掘削するという活動を通じて遂行されることになる。この
活動は、多かれ少なかれ、その天体がそれまで長期間にわたって形成し、維
持してきた手つかずの環境を改変するという事態を不可避的に伴うものであ
る。それゆえ、この環境を保全することに道徳的な価値が見出されうるとす
れば、宇宙資源の採掘はそれ自体が重大な問題となるであろう[1]。

1　たとえばミリガンは、特定の天体が備えるとされる「インテグリティ」という性質に価値を見
　出すことを通じて、天体環境の破壊をめぐる道徳的な懸念を表明している（Milligan 2015）。な
　お、採掘が実施される天体に、たとえば微生物のような生命体が存在する場合には、また別の

ついで、「科学研究の阻害」という事態もまた問題となりうる。宇宙資源の採掘という事業は、事業者による資源への排他的なアクセスのみならず資源の掘削や精製の過程における天体の特定の場所の一時的な占拠、あるいは必要とされるさまざまな措置をしばしば伴うであろう。この場合、この事業は、宇宙空間を利用して、あるいは天体を対象として遂行される科学的な研究活動と競合関係に立つことになる。科学研究には優先的な地位が道徳的に認められるべきとの考え方に立てば、宇宙資源の採掘の積極的な推進は大きな懸念材料となるだろう[2]。

　さらに、「宇宙資源の枯渇」という事態も取り上げられよう。開発が計画されている資源には鉱物資源といった「非再生資源」が含まれる。このような宇宙資源は、正確な埋蔵量を特定することは困難であるものの、無尽蔵でないことは確かである。それゆえ、宇宙資源の開発という事業は、遅かれ早かれ、その枯渇という結果へと不可避的に至る。もし宇宙資源から得られる利益が将来の世代に属する人々にも享受されるべきだとすれば、その無計画な開発は問題視されうるであろう。

　最後に、「宇宙資源の独占」という事態が指摘されよう。宇宙資源の採掘には非常に高度な技術が必要とされ、そのような技術を構築・運用する能力を十分に備えることのできる主体の数は限られるであろう。このような状況において、もし宇宙資源の採掘が自由に行われるとすれば、ごく少数の主体が、この資源から独占的に利益を享受するという事態を誘発することになる。人々のあいだの富の偏在を問題とする道徳的な立場からすれば、この事態は当然に問題視されることになる。

　観点から天体環境の破壊に対する道徳的な懸念が表明されうるだろう。
2　たとえばシュワルツは、宇宙をめぐる科学的知識の蓄積が備える内在的価値や、社会の偶然的な発展の触発という手段的価値を挙げつつ、資源開発に対する科学研究の優先性を主張している（Schwartz 2014）。

2　宇宙資源の採掘をめぐる法的な規律

以下では、この最後の「宇宙資源の独占」をめぐる問題を取り上げたい。最初に検討すべきは、そもそも現状において、宇宙資源の採掘、とりわけその「取得」について、いかなる法的な規律が存在しているのかという点である[3]。ここでは、宇宙資源の採掘という事業の近時の動向と合わせて、この点を概観してみよう。

(1) アメリカ合衆国の新しい試み

周知のように、その黎明期から今日に至るまで、宇宙開発における主要なアクターは国家であった。宇宙資源の採掘についても、事情は同様である。今日でもなお、独自の宇宙開発能力を備える諸国家は、この事業をめぐる重要なアクターである。しかし、近時、宇宙資源の採掘という事業に乗り出しているのは、アメリカ合衆国に本拠を構える、「宇宙ベンチャー」と呼ばれる私企業である（Jakhu et al. 2017：ch. 6）。

その代表格が、2012年4月にいち早く地球近傍の小惑星に埋蔵されている鉱物資源や水資源の採掘に向けた取り組みに乗り出す旨を宣言したプラネタリー・リソーシズ社である。その他、同様に小惑星において資源採掘を計画しているディープ・スペース・インダストリーズ社や、月において資源採掘を計画しているムーン・エクスプレス社など、非常に多様な宇宙ベンチャー

3　ここでは、宇宙の資源を取得するという活動が、その資源を埋蔵している天体の土地を取得することなしになされるものと想定する。後述のとおり、土地の取得は「宇宙条約」において明確に排除されているからである。もちろん、この採掘事業の過程で土地の取得がなし崩し的に行われる危険性があり、この両者の切り離しは実際のところ非常に困難であるという点は認識しておくべきかもしれない。

　なお、宇宙の資源と合わせて天体の土地に対する所有権も積極的に擁護する、つまり「宇宙条約」による土地の取得の法的な禁止そのものを道徳的な観点から批判するという議論を展開する道筋も考えられるが、ここでの検討対象ではない。この天体の土地に対する所有権については、たとえば、ミリガンの考察を参照のこと（Milligan 2011）。

が宇宙資源の開発・利用の実現に向けて鎬を削っている。

アメリカ合衆国では、上述のような国内の動向を目の当たりにし、この宇宙資源の採掘という事業を一つの宇宙産業の柱として国内に定着させ、その安定的な成長を促進するには新しい法的な枠組みを設定することが必要不可欠である、という認識が醸成された。そこで、2015年11月に、アメリカ合衆国議会は「商業宇宙打上げ競争力法」と題された新しい法律を制定した。

この法律のなかでも特に注目すべきは、「宇宙資源開発利用法」と題された箇所に挿入された第51303条「小惑星資源及び宇宙資源に対する諸権利」である。この条項は、その趣旨を端的に表現するならば、上述の目的を達成することを意図して、主として自国の宇宙ベンチャーに対して、その宇宙における採掘活動を通じて獲得するに至ることになる資源に対する「所有権」を付与することを試みるものである[4]。

(2) 国際宇宙法における規律の不備

ところで、宇宙資源の採掘という事業は、宇宙という国際公域において行われるものであるため、基本的には一国家の問題のみではありえず、同時に国際的な問題でもある。それゆえ、この事業は、基本的には国際法による規律も受けることになる。しかしながら、結論から言えば、現状の「国際宇宙

---

4 「宇宙資源開発利用法」第51303条の条文は、以下の通りである。なお、この日本語訳については、（中谷ほか 2017：49）をもとに、一部修正を加えている。

　　本章の下における小惑星又は宇宙資源の商業的回収に従事する米国市民は、その獲得した小惑星資源又は宇宙資源に対する権利を有する。この権利は、米国の国際法上の義務を含む、当該小惑星資源又は宇宙資源を適用される法に従って、占有し、所有し、輸送し、使用し、及び販売することを含む。

　なお、周知のように、「所有権」という概念は曖昧であり、その解明は困難を極める。ここでは、「ある特定の主体が、ある特定の客体に対して、「占有」「使用」「管理」「収益」さらには「処分」といった様態をとる、ある特定の形式の支配的な関係を保持することについて、あらゆる他の主体による介入を正当に排除することのできる規範的な資格」という大雑把な規定を与えておきたい。そして、アメリカ合衆国の新しい立法は、基本的に宇宙資源との関係でこのような権利を創設したものと理解する。

法」にはこの問題をめぐる有効な規律が存在せず、アメリカ合衆国の新しい立法を明確に禁止しているとは言い難い（IILS 2015）。ここで検討の対象となるのは、1967年「宇宙条約」と1979年「月協定」である。

前者の「宇宙条約」は、国際宇宙法の諸原則を定めており、宇宙資源の採掘という個別の事業についての法的な規律の枠組みを用意するものではない。この条約は、その第1条第2文で「宇宙探査利用の自由」を規定し、第2条で「宇宙空間の領有の禁止」を規定しており、宇宙資源の採掘との関係で、前者から資源開発の自由を、後者から資源開発の禁止を引きだすような見解が実際に提起されているものの、現時点で明確な答えは存在していない。それゆえ、アメリカ合衆国の新しい立法は、この「宇宙条約の可能な解釈のひとつ」であると理解されうるのである。

後者の「月協定」は、その第11条において、宇宙資源の採掘をめぐる大枠の規律を設定している[5]。具体的には、宇宙資源を「人類の共同財産」と特徴づけ、個別の主体による所有を禁止し、同条の認める特別の国際的な枠組みの下でのみ開発を許容すると定め、この枠組みの設立に際して考慮されるべき指針を提示する。とりわけ注目すべきは、宇宙資源から得られた利益の

---

5 「月協定」第11条（とりわけ、ここで関連する項）の条文は、次の通りである。なお、この日本語訳については、（薬師寺ほか 2018：502-503）をもとに、一部修正を加えている。
　①月及びその天然資源は、人類の共同財産であり、この協定の規定、特に⑤の規定に表明される。
　③月の表面若しくは表面下又はその部分若しくは所定の場所にある天然資源も、いずれの国家、政府間国際機関、非政府間国際機関、国家機関、非政府団体又はいずれの自然人の所有にも帰属しない。……。前記の諸規定は、⑤に定める国際制度を害するものではない。
　⑤この協定の当事国は、月の天然資源の開発が実行可能となったときは、適当な手続を含め、月の天然資源の開発を律する国際制度を設立することをここに約束する。……。
　⑦設立される国際制度の主要な目的には、次のものを含む。
　　(d) 月の天然資源から得られる利益のすべての当事国による公平な分配。この分配には開発途上国の利益及び必要並びに月の探査に直接又は間接に貢献する国家の努力に特別な考慮が払われる。
　なお、この③の規定につき、「所定の場所にある」という「天然資源」の種類を限定する文言に着目し、「所定の場所から離脱した」ものについては所有を認めるという解釈が可能とする有力な見解も存在する点を注記しておきたい（Tronchetti 2009：228-230）。

公平な分配、とりわけ発展途上国等に対する特別の配慮を求める指針である。しかし、アメリカ合衆国を含む宇宙開発先進国はこの協定の当事国でなく、その規律に拘束されないという問題がある。

　もちろん、アメリカ合衆国の新しい立法には、他の国家や国際宇宙法学者から疑問の声が多く投げかけられている（Tronchetti 2016、Jakhu et al. 2017：ch. 10）。しかし、他方で、ルクセンブルクのように同様の内容をもつ立法を制定する国家も現れており、国際社会における反応は決して一様ではない。現在、この宇宙資源の採掘をめぐる国際法上の取り扱いに関する問題は、国連の宇宙空間平和利用委員会における重要な審議課題の一つとされるなど、議論が交わされている。

3　宇宙資源の自由な取得をめぐる議論

　アメリカ合衆国による「宇宙資源開発利用法」の制定は、宇宙資源の採掘という事業が特別の技術を備える事業主体により自由に行われ、結果として資源から得られる利益の独占という事態が生じる用意を整えたわけである。ところで、そこで支持される宇宙資源の取得の自由を擁護するような議論が可能であるとすれば、それは果たしていかなるものであろうか。

(1)「宇宙資源開発利用法」の想定

　この「宇宙資源開発利用法」における試みの解説において、しばしば宇宙資源は「公海における魚」と類比される。

　そもそも、公海は「グローバル・コモンズ」とも呼ばれ、いかなる国家による領域取得の対象ともならないのと同時にさまざまな活動の自由が認められており、その一例とされる漁業の自由から、いかなる主体もその領域に所在する魚を取得することが許されている。宇宙もまた同様である。つまり、

第 11 章　宇宙資源の採掘に関する道徳的懸念　　205

宇宙空間はいかなる国家による領域取得の対象ともならないが、他方でさまざまな活動の自由が認められ、その中に資源獲得の自由が含まれているため、いかなる主体もその領域に所在する資源を取得することが許されている。そして、それゆえに、国家が自国市民に対してその資源採掘事業に立法でお墨付きを与えることには何の障害もないはずである、と。

この類比の根底には、次のような想定があるものと推測される。すなわち、公海における魚と同じく、宇宙資源は「無主物」、つまり特定の主体にいまだ割り当てられていない状態にあり、さらに、人々のあいだでの自由な獲得の機会に開かれているのであって、それゆえ「原始取得」という様態において、その「所有権」がいかなる主体によっても自由に取得されうる。つまり、ある主体は、採掘を通じて資源をそれが埋蔵されていた天体から取得の意思を持って取り出したという事実のみを原因として、その個別化された資源に対する所有権を取得することが認められるはずである、と。

(2) ジョン・ロックの所有権論の応用

この推測が正しければ、宇宙資源の取得の自由を擁護する、つまりは「宇宙資源開発利用法」のような立法を支持する議論とは、宇宙資源が無主物であり、その所有権があらゆる主体に対して原始取得を通じて認められるとする議論である。このような議論を展開するにあたり一番に依拠されるのは、おそらくロックの所有権論であろう。

周知のように、ロックは、その著書『統治二論』の第2編第5章「所有権について」において「労働所有権論」と呼ばれる議論を展開している（ロック 2010）。その議論とは、非常に大雑把に要約すれば、この世界、すなわち大地やその他のあらゆる自然の恵みはすべて人々が自らの生存や繁栄のために有効に利用しうるものであり、その原初の段階においては共有の状態にあるところ、人々はみな、他の人々による同意を求める必要なく、自らの「労働」のみを通してその部分に対して自由に「所有権」を設定することが認め

られている、というものである。

このロックの議論は、宇宙資源の取得の自由を擁護する議論に容易に応用することができるように思われるだろう。すなわち、宇宙資源は、いまだ手付かずの状態にあることから原初の共有の状態にあるのであって、人々は、宇宙空間および地球上におけるその生存を維持し、あるいは繁栄を築くために、採掘活動という労働を投下することを通じて、その部分に対して自由に「所有権」を設定することができるのだ、と。

(3) ジョン・ロックの所有権論の難点

しかし、ロックの議論を宇宙資源の取得との関係で応用しようと試みるにあたっては、実際のところ、さらに検討すべき事柄が幾つも存在する。

そもそも、ロックの所有権論がもつ宗教的な前提が問題となる。人々がその生存と繁栄を確保するため、この世界をその部分に所有権を設定することを認める共有の状態で与えたのは、他でもない神だという想定をこの議論は有している。宇宙資源をめぐる問題にロックの議論の応用を試みるならば、この要素の脱色が必要となろう。むろん、そのような解釈を許容する余地をその議論に見出すことはできる（森村 1997）。しかし、たとえば、人々の生存と繁栄それ自体を根拠として議論を再構成するとして、それがその部分への所有権の設定を許容する対象として宇宙資源を扱うことを正当化するかは議論の余地が残る。

さらに、ロックの所有権論が個人を中心に据える議論である点も問題となりうる。そもそも、所有権の設定の手段を労働とするのは、それが対象を人格の延長ととらえることを可能にするためであった。この点、宇宙資源の開発を担うと想定される主体は自然人ではなく、宇宙ベンチャー（あるいは、国家）のような法人であるため、その採掘作業はロックの意味での労働であるかという問いが生じる。他にも、労働との関係では、労苦に報いるという功績の観点、あるいは価値の創造という観点がロックの論述から引き出され

うるかもしれないが、この問いへの肯定的な答えを可能にするのか、なおも
検討が必要であるように思われる。

　加えて、ロックの所有権論では、所有権の設定には幾つかの制約が付され
ている。そして、その中には、「他の人たちにも十分なだけ同質なものが残
されている限り」と定式化される、いわゆる「ロック的但し書き」が含まれ
る。つまり、宇宙資源の取得は、ロックの議論が仮に応用可能としても、完
全な自由が認められるわけではないのである。とはいえ、この但し書きがど
こまでの制約を課すのかについては、依然として解釈の余地が残されている。

4　宇宙資源の公平な分配をめぐる議論

　アメリカ合衆国による「宇宙資源開発利用法」の制定とともに宇宙資源か
ら得られる利益の独占への懸念が顕在化したのに合わせて、今後は、たとえ
ば「月協定」に見られる、この利益の公平な分配のメカニズムに注目が集ま
るだろう。それでは、このようなメカニズムの創設を基礎づける議論は、果
たしてどのようなものでありうるのだろうか。

(1)「月協定」のメカニズムの背景

　そもそもの前提として、この「月協定」、とりわけその第11条の規定する
メカニズムの背景について、ここで確認しておきたい。
　「月協定」の起草が行われた1960年代から70年代は、いわゆる「第三世界」
の諸国家がその独立を獲得し、国際社会に台頭した時代であった。発展途上
諸国は、その当時の国際経済秩序が先進諸国に有利に設定されたものと批判
し、その不利な状況を克服し、等しい条件でこの社会経済関係に参入できる
よう、その差異を埋める国際的な枠組みの設定を模索した。この文脈におい
て、いわゆる「深海底制度」や「月協定」の起草過程のなかで、国際公域に

ある天然資源から得られる利益の公平な分配をその内容とする、「人類の共同財産」の概念が登場するのである（Tronchetti 2009：ch. 3）。

前述のとおり、「月協定」の試みは先進諸国の反対にあい頓挫した。しかし、その背景を構成する問題は依然として存在している。すなわち、一部の先進諸国の人々が、自らに有利な経済的あるいは技術的な状況を利用して宇宙資源の採掘を実施し、そこから得られる利益を独占する一方で、その他の諸国の人々が依然として不利な状況に取り残されるという、社会経済格差の固定・悪化という問題である。宇宙資源の採掘が現実味を帯びつつある今日では、宇宙資源から得られる利益の公平な分配というメカニズムを支持する道徳的な理論の探求は、以前にもまして重要性を帯びている。

(2) 資源取得の平等さからの議論

このような理論はさまざまに構想されうるが、その一つとして、宇宙資源に対して人々は等しい取り分を有しており、ある採掘活動による取得が取り分を超過した場合、その超過分は分配に回されなければならない、というものが考えられよう。

上述のロックの所有権論をめぐって、その「ロック的但し書き」にある種の平等主義的な読み込みを加える試み、たとえばスタイナーの見解などが、この点において有益な知見を与えている（スタイナー 2016）。人々は天然の資源から生じる価値に対して等しい取り分を有するという基本的な着想をもとに、この制約の内容を「他の人々も享受する資格を有する等しい資源の取り分が残されている限り」と解釈することで、ある者がこの制約を逸脱する資源の取得を行う場合、その者はこの不正な状態を是正する措置の下に服する義務を負い、他の人々は自らの取り分を要求する権利を有する、というのがその見解の大筋である。

この見解に従うと、次のような議論を宇宙資源について展開することができるだろう。すなわち、宇宙資源はそもそも人類全体で共有の状態にあり、

人々は、他の人たちの同意を必要とせず、独自の技術を駆使した採掘活動を通じて、その部分に所有権を設定することができる。ただし、そこには重要な制約が存在しており、他の人々も等しく享受する資格を正当に有する宇宙資源の取り分に手をつけることは認められない。それゆえ、この他の人々の等しい取り分にも及ぶような取得が行われる場合には、その超過分を分配に回すことが求められる、と。

　この議論は、そもそも自由主義的な性質を有しているロックの所有権論の解釈として適切であるかという点に疑問を挟む余地もあるが、この点を抜きにしてそれ自体の内容を取り上げるとしても、たとえば、宇宙資源に対して人々が最初から等しい取り分を有しているという基本的な着想が説得力を有するものであるのか、という点が問われうるように思われる。

(3) 資源開発の公正さからの議論

　その他に考えられる議論の道筋として、たとえば、宇宙資源の採掘に必要とされる能力の不平等な分布は恣意的であり、その状態が適切に是正されるような条件の下で宇宙資源の取得がなされなければならない、というものが考えられよう[6]。

　この議論で依拠されうるのは、ロールズが提起した「公正としての正義」という着想である（ロールズ 2010）。ロールズは、ある政治社会における、その構成員である人々のあいだでの基本財の公正な分配を規定する正義の諸原理を案出するにあたり、いわゆる「無知のヴェール」という概念装置を導入し、この諸原理を選択する当事者が自らの生来的属性や社会的地位について無知であるような状況を仮説的に作出する。このような状況において、合理的な判断を行うこの当事者は、自らをその社会において最も不利な立場に

6　ここでの議論の道筋は、宇宙資源の採掘をめぐる問題も含めた、宇宙政策の道徳的基礎として「公正」という価値を重視し、ロールズの構想を援用するシュワルツの見解を参考にしたものである（Schwartz 2015）。

置かれている者の状態が最善になる諸原理を、とりわけ所得の分配について「格差原理」を、公正なものとして採択すると考えたのであった。

　この着想を応用すると、たとえば、次のような議論を宇宙資源について展開することができるだろう。すなわち、「宇宙開発能力にかんする無知のヴェール」という概念装置を導入し、人々を、高度な技術の運用のみならず必要な材料へのアクセス等も含めて、自らの宇宙開発能力に無知な状況に置く。そうすれば、人々は、自らを国際社会において最も宇宙開発能力を欠いている状態にあると想定し、ロールズの「格差原理」に類するかたちで、その状態にある人々に対する宇宙資源から得られる利益の分配が最善のものになるように、その取得を規律する原理を受け入れることになる、と。

　この議論は、そもそもロールズの構想の応用として適切かが問題とされうる。たとえば宇宙資源はロールズが分配の対象としている「基本財」に相当するか、宇宙開発能力の不均等な分布はロールズが問題視する「個人の自然的・社会的属性をめぐる恣意的な分布」に類するか、あるいは宇宙資源の分配の舞台となる国際社会はロールズが前提条件としていた「社会的な協働」が存在しているか、など。

5　おわりに――宇宙資源の採掘をめぐる正義と制度

(1) 宇宙資源をめぐる「グローバルな正義」

　以上で概観してきた宇宙資源の取得ならびに分配をめぐる一連の議論は、宇宙開発という非常に特殊な問題の文脈においてのみその意義が見出されうるというのが通常の受け取られ方であるかもしれない。しかし、実際のところ、この議論は、より大きな文脈のなかに位置づけられうるものである。

　その大きな文脈とは、いわゆる「グローバルな分配的正義」の問題である。グローバルな分配的正義とは、人々がその生活において共有する利益や負担

の分配のあり方にかかわる「分配的正義」という概念を地球大に適用する試みである。そして、その対象には、人々の経済活動により生産された財のみならず、「天然資源」から得られる利益もまた含まれる（Armstrong 2012：ch. 5）。しかし、従来の考察では、この地球が複数の主権国家により分かたれ、そのあいだで資源が不均等に分布している事実を俎上に載せる傾向にあった。つまり、宇宙資源のように、国際公域に所在する天然資源は、この文脈ではあまり検討されてこなかったのである。この点に鑑みれば、宇宙資源の問題は、まさにグローバルな正義のフロンティアであるといえよう（Roberts & Sutch 2016）。

　「宇宙」資源から生じる利益の分配を「グローバル」な正義の問題と理解するのには違和感が生じるかもしれない。しかし、現時点では、宇宙資源の利益を享受する主体である人類は基本的に地球上にその生活の拠点をもつのであり、それゆえ、ここでの問題は、たまたま「地球外」に存在する資源をめぐる「地球上での人々のあいだの利益と負担の分配のあり方」であるため、その性質はやはり「グローバル」であると理解するのが適切と思われる。宇宙資源の「宇宙」正義は、一部の人類が地球外にその生活の拠点をもち、そこに居住する人々と地球上に居住する人々のあいだのこの資源の分配を問題にするような状況になって初めて語ることができるだろう。そのような状況がどのくらい先に訪れるのかは、今のところ定かではないが[7]。

(2) 来たるべき制度のための議論

　ところで、人類の歴史において発生した無数の紛争において、その原因の

---

[7]　なお、宇宙資源をめぐる分配的正義を論じるにあたり、その分配の名宛人とされているのが人類のみであるという点に、もしかすると疑問が呈されるかもしれない。しかし、何らかの「地球外生命体」を射程に収めようとするならば、そもそも「正義」という道徳的価値は人間以外も分配の名宛人に含みうるのか、含みうるとすればいかなる属性を備えている必要があるか、という根本的な、そして哲学的に大変興味深い問いにまずは答えなければならないように思われる。ここでは、この点に立ち入った考察を行うことは差し控えたい。

212

リストの上位に資源獲得を見出しうることについては、誰も否定しないであろう。宇宙資源においてもまた、その獲得の過程において紛争が生じる可能性は決して低くないように思われる。このような紛争の発生を防止し、あるいは発生した紛争を解消するためには、資源採掘をめぐる制度的な枠組みを整備し、この事業がその枠組みの下で安定的に実施されるように誘導することが必要となる。

　前述のように、現状の国際宇宙法は、資源採掘をめぐる実効的な枠組みを、完全にとはいわないものの、およそ欠いている状態にある。宇宙資源の採掘をめぐる紛争の発生という問題を懸念するのであれば、このような制度的な枠組みの設立は国際社会における喫緊の課題であるといえよう。

　もちろん、このような制度的な枠組みは、この紛争の防止および解消という観点からすれば存在することそれ自体に価値はあるものの、いかなる内容であれただ存在していれば良いということでもない。当然のことながら、その枠組みは「道徳的に良い」ことが望ましい。この点、たとえば、以上で概観した議論も含め、さまざまに展開されうる宇宙資源をめぐる「グローバルな正義」の探求は、まさにこの資源採掘をめぐる道徳的に良い制度設計のための基礎理論の構築の試みとして理解することができるだろう。

　とはいえ、資源開発をめぐる制度的な枠組みは、同時に「実効的」である必要がある。いくら道徳的に良いものでも、開発主体となるアクターがその下で活動することを拒否するならば、その制度的な枠組みは「絵に描いた餅」にすぎない。したがって、人々のあいだで、とりわけ主要なアクターによって現実的に受容可能な枠組みを模索するという作業が重要となる。この妥協の必要性は、道徳的な考慮の意義を否定するものではない。不完全にしか実現されないとしても、宇宙資源の採掘という将来的な人類の営みをより良いものにしていくために、道徳的に望ましい制度的な枠組みのあり方を問い続けることは、やはり有意義なことなのである。

第 11 章　宇宙資源の採掘に関する道徳的懸念　　213

参考文献

中谷和弘ほか　2017「宇宙資源開発をめぐる動向と法的課題」『ジュリスト』1506巻、46-51頁。

森村進　1997『ロックの所有論の再生』有斐閣。

ロック、J　2010『完訳 統治二論』加藤節訳、岩波文庫。

ロールズ、J　2010『正義論 改訂版』川本隆史、福間聡、神島裕子訳、紀伊国屋書店。

スタイナー、H　2016『権利論 レフト・リバタリアニズム宣言』浅野幸治訳、新教出版社。

薬師寺公夫ほか　2018『ベーシック条約集 2018年版』東進堂。

Armstrong, C. 2012. *Global Distributive Justice: An Introduction*. Cambridge: Cambridge University Press.

International Institute of Space Law 2015. Position Paper on Space Resource Mining. http://iislwebo.wwwnlss1.a2hosted.com/wp-content/uploads/2015/12/SpaceResourceMining.pdf（最終閲覧2018年5月29日）

Jakhu, R. S. et al. 2017. *Space Mining and its Regulation*. New York: Springer.

Milligan, T. 2011. Property Rights and the Duty to Extend Human Life. *Space Policy* 27: pp. 190–193.

Milligan, T. 2015. Asteroid Mining, Integrity and Containment. In J. Galliott (ed.), *Commercial Space Exploration: Ethics, Policy and Governance*. Surrey: Ashgate, pp. 123–134.

Roberts, P. & Sutch, P. 2016. The Global Commons and International Distributive Justice. In C. Boisen & M. C. Murray (eds.), *Distributive Justice Debates in Political and Social Thought: Perspectives on Finding a Fair Share*. London: Routledge, pp. 230–250.

Schwartz, J. S. J. 2014. Prioritizing Scientific Exploration: A Comparison of the Ethical Justification for Space Development and for Space Science. *Space Policy* 30: pp. 202–208.

Schwartz, J. S. J. 2015. Fairness as a Moral Grounding for Space Policy. In C.S. Cockell (ed.), *The Meaning of Liberty Beyond Earth*. Heidelberg, London, New York: Springer, pp. 69–89.

Tronchetti, F. 2009. *The Exploration of National Resources of the Moon and Other Celestial Bodies: A Proposal for a Legal Regime*. Leiden: Martinus Nijhoff.

Tronchetti, F. 2016. Title V—Space Resource Exploration and Utilization of the US Commercial Space Launch Competitiveness Act: A Legal and Political Assessment. *Air & Space Law* 41 (2): pp. 143–156.

コラムF | 衛星情報とプライバシー

伊勢田哲治

　宇宙開発にともなって生じる倫理問題には、既存の他の応用倫理領域で生じている問題の応用として扱うことができるものも多々ある。その一つが衛星情報の利用にともなって生じるプライバシー問題である。衛星経由で獲得できる個人についての情報としては、GPSによる位置情報や、地球観測衛星などが生成する衛星画像がある。

　われわれの身の回りにはスマートフォンやカーナビをはじめ、GPS機能のついた装置が増えている。全くの他人がそうした情報にアクセスするのは難しいが、親が子供の行動をGPS端末でモニタリングしたり、犯罪がかかわったときに捜査当局がGPS情報を利用したりすることは実際に行われている。GPSデータは、その人がどの時点にどこにいるかをリアルタイムで逐一追跡できるという点で、監視カメラ等とは比べ物にならないほどセンシティブな個人情報となる。

　また、近年では解像度の高い衛星画像が徐々に出回るようになっている。衛星画像は、人々が通常想定してこなかった方角からの私有地や個人の撮影となる点で、一般の風景写真とは異なる。さらには、全世界を網羅的にカバーし、見たい場所の画像を引き出すといった情報の検索が可能である点で、単発的な航空写真とは質的に異なる性格をもつ。こうした衛星利用に伴う新しい情報はどのように利用されるべきだろうか。

　プライバシーの概念やその根拠については、情報倫理学の分野ですでにかなり議論されてきている（久木田ほか 2017：第6章）。情報にかかわるプライバシーの権利は、伝統的には、私的な情報を公開されないとか悪用されないといった消極的な権利として理解されてきた。しかし、社会の情報化が進み、個人に関する情報のインターネットを介した収集やデータベース化が容易になるなかで、より現状にあったプライバシーのとらえ方が求められるようになってきた。たとえば電話

帳がデータベース化されることで電話番号から持ち主の名前が逆引きできるようになるが、「公開はするが逆引きはされたくない」といった希望は旧来のプライバシー概念ではカバーしきれていない。そこで登場したのが「自己情報コントロール権」としてのプライバシーのとらえ方である。自己情報コントロール権とは、自分についての情報を誰にどこまで開示しどのような利用法を許すのかを自分が決めるという権利である。この権利を認めるならば、個人情報の収集やデータベース化、第三者への提供などについて、情報の主による統制が及ぶことになる。

自己情報コントロール権には問題点も指摘されている。この権利を額面通りに受けとるならば、ちょっとした噂話などまで本人の許可が必要となり、われわれの社会生活はひどく阻害されることになるだろう。逆に、自分がいったん公開した情報が半永久的にネット上に残り続けて後悔するような場合など、自己情報コントロール権に一応のっとった情報公開がわれわれにとって十分なプライバシー保護にならない場合もある。さらには、新たな技術に慣れ親しむことでわれわれのプライバシー観が変わることもありうる。フェイスブックの創業者マーク・ザッカーバーグはプライバシーについての社会的規範が変化しつつあることを理由にフェイスブックのプライバシー設定を変更して物議を醸したが、そうした規範自体の変化は確かに起こりうる[1]。自己情報コントロール権という考え方は、杓子定規に適用するのではなく、われわれが個人として、また社会として何を望むのかをよく考えたうえで適用の仕方や適用範囲を考えていくべきだろう。

以上のようなプライバシー論は衛星情報にも適用可能である。GPS情報のようなセンシティブな情報の利用が基本的に自己情報コントロール権の対象となる（親によるアクセスなどの例外を認めつつ）ことは多くの人が認めるだろう。ただ、行動のモニタリングは人間の行動パターンそのものに影響し、従来のプライバシーをめぐる議論でも監視カメラが引き起こす行動変容などが議論の対象になってきた。GPS情報は監視カメラなどよりもはるかに強力なモニタリングツールになりうるため、行動への統制力も大きい。

衛星画像のプライバシーについて考えるには、解像度というファクターを無視することはできない。画像ビジネスの米国における代表的な企業であるデジタルグローブ社は自社の衛星で30cm程度の解像度の画像を撮影し、商用に提供してい

る[2]。この解像度ではまだ個人の顔の識別や文字の読み取りはできないが、自家用車などの大きなものについてはどんな車なのかもある程度わかるだろう。この程度の解像度のデータのプライバシーについて何が言えるだろうか。杓子定規に自己情報コントロール権をとらえるなら私有地や個人を撮影した衛星画像も「自己情報」であり、その利用には撮影された本人の同意が必要となるだろう。しかし、そのような単純な基準では現在利用が認められている風景写真や航空写真なども写り込んだ人やものすべてについて許可をとらねば利用できなくなってしまい、現在のわれわれのプライバシー観ともそぐわない。

　衛星画像と比較的類似しており、参考ともなるのがグーグルストリートビューをめぐるプライバシー問題である。グーグルストリートビューは主要都市で公道から見える風景を網羅的に360度撮影し、地図と対応づけた。人物の顔のぼかしは自動処理で行われるが、それ以外にも多くのものが写り込む。日本では、苦情を受けて、ナンバープレートのぼかし処理と、塀のかげのものが写らないよう撮影用カメラの位置を低くして再撮影するという対処が行われ、表札などについては事後的に申し出があればぼかし処理を行うことになった[3]。つまり、日本においては、網羅性・検索性を備えた画像でも、公道から自然に見えるものが写り込む分には本人の許可をとる必要がないと判断されたわけである。その点、衛星画像は明らかに公道から見えないものが写り込むわけだから、その利用が新たなプライバシー論争を巻き起こす可能性は十分にある。

　衛星情報のプライバシーは、既存のルールの拡張で対応できるとはいえ、ここで指摘したような質的・量的な違いも考慮に入れる必要がある。本当にわれわれにとって望ましいプライバシー保護を実現するためには、そもそもプライバシーをなぜわれわれは大事にするのかというところまで遡りつつ、丁寧にルール作りを進めていく必要があるだろう。

注

1 "Privacy no longer a social norm, says Facebook founder" *The Gurdian*, 2016年1月11日。

2 DigitalGlobe社ウェブサイトより。https://dg-cms-uploads-production.s3.amazonaws.com/uploads/document/file/21/Standard_Imagery_DS_10-7-16.pdf（最終閲覧2017年10月26日）

3 「ストリートビューをご利用のみなさまへ」2009年5月13日。https://japan.googleblog.com/2009/05/blog-post_5855.html（最終閲覧2017年10月26日）

参考文献

久木田水生・神崎宣次・佐々木拓　2017『ロボットからの倫理学入門』名古屋大学出版会。

コラムG │ 宇宙開発におけるデュアルユース

神崎宣次

　航空宇宙技術に関する議論でデュアルユースの倫理が論じられる場合、民生と軍事の両方で利用可能という軍民両用性が主に念頭に置かれているといってよいだろう。この分野ではデュアルユースはむしろ推進されるべきものとして論じられることがあり、『デュアルユースのための航空宇宙技術とその利用法』と題された論文集（Finocchio et al. 2008）[1]なども出版されている。こうしたデュアルユース技術には、GPSやEUのGALLILEOを含む衛星測位システムや、通信衛星や、リモートセンシング技術などが含まれている。

　ここで杉山（2016：110）を参照して、日本における宇宙開発をごく簡単に振り返っておこう。国立研究開発法人宇宙航空研究開発機構（JAXA）の前身の一つである宇宙開発事業団（NASDA）は1969年に設立されたが、宇宙開発事業団法の第1条では「宇宙開発事業団は、平和の目的に限り、人工衛星及び人工衛星打上げ用ロケットの開発、打上げ及び追跡を総合的、計画的かつ効率的に行ない、宇宙の開発及び利用の促進に寄与することを目的として設立されるものとする」とされていた。ところが、1980年代に自衛隊による衛星利用が国会で問題になるようになり、1998年には情報収集衛星の予算が補正予算として計上され、承認されている。2008年に成立した宇宙基本法では「平和主義の理念」に言及されているが、同時に「我が国の安全保障に資する」宇宙開発利用の推進が謳われた。2009年に発表された「宇宙開発利用に関する基本方針について」では、「効果的かつ効率的な宇宙開発のための方策」という節の2番目の項目としてデュアルユースが挙げられている。さらに宇宙航空研究開発機構法（JAXA法）の2012年の改正では、「平和目的に限る」という規定が除かれている。

　こうした状況のなかで、日本学術会議のような学術団体やいくつかの大学において、デュアルユースを問題として検討したり、それに対する態度を表明したり

する動きがみられる（日本学術会議 2012）。では、個々の研究者はこの問題にどのように反応しているのだろうか。それは人によってさまざまである。まず、研究者としての自己の良心からそのような研究を行うべきではないという立場を表明している人たちがいる（この立場の人たちは、自分についてだけでなく、研究者は誰もそのような研究を行うべきでないとも主張するかもしれない）。別の立場として、国外では国防関連の研究予算から資金を得た研究が普通に行われているのだから日本の研究者も「国際標準」に従ってよいといった理由に基づいて、デュアルユース研究を問題とは考えない研究者もいるだろう。また、研究資金がどこから出ているかによって区別を行えばよいという立場もある。

　最後のタイプについて、東京大学工学系研究科航空宇宙工学専攻知能工学研究室の堀浩一教授は、筆者を含む研究グループが行ったインタビューにおいて、ある研究者のエピソードに触れている。（AIR 2016：27）

> 「……あらゆる研究はデュアルユースなので。区別するとしたら、最終的に、明確に区別できるのは、お金の出どころかな。兵器を作るっていうことが目的に入ってる組織からのお金を受けないと。で、その時によく言われるのは、「だってアメリカはDARPAのおかげで科学技術が発達したじゃないか。君は仮にアメリカの先生だったら、DARPAのお金を受けないのか」というようなことなんだけど、僕の仲間のアメリカの先生には、DARPAのお金は受けないって先生もいるんですよね。ドイツ人の先生なんですけれど。それを聞いて僕は、その先生はやっぱり立派な先生だなって思って。NSFのお金はもらうけどDARPAのお金はもらわない。……」

　倫理学がデュアルユース問題を研究する際にとりうるアプローチの一つとして、さまざまな研究者がこの問題に対する自分の態度を表明する際にどのような理由や論法を用いているかを（肯定できるかどうかはひとまず関係なく）収集して、分類するという方針が考えられるだろう。そのうえで、分類した一つ一つの理由や論法について倫理的観点から分析を行うことで、この問題に関する議論の深化に倫理学も貢献できるのではないだろうか[2]。

注
1 この本は2007年にローマで行われた国際会議の成果であり、民間組織、軍事組織、産業界、そして大学に所属する人々が寄稿している。
2 なお、デュアルユース問題への倫理学からのまとまった貢献としては、オーストラリア国立大学から出された次の論文集がある（Rappert & Selgelid 2013）。

参考文献

AIR　2016「日本における人工知能研究をめぐるオーラルヒストリー Vol. 2（堀浩一）」http://sig-air.org/wp/wp-content/uploads/2016/07/Oralhistory_V2_160301_hori.pdf（最終閲覧2017年3月24日）。

杉山滋郎　2016「軍事研究、何を問題とすべきか──歴史から考える」『科学技術コミュニケーション』19、105–115頁。

日本学術会議 科学・技術のデュアルユース問題に関する検討委員会　2012「科学・技術のデュアルユース問題に関する検討報告」http://www.scj.go.jp/ja/info/kohyo/pdf/kohyo-22-h166-1.pdf（最終閲覧2017年3月24日）。

Finocchio, P., Prasad, R. & Ruggieri, M. eds. 2008. *Aerospace Technologies and Applications for Dual Use. A New World of Defense and Commercial in 21st Century Security*. River Publishers.

Rappert, B. & Selgelid M. J. eds. 2013. *On the Dual Uses of Science and Ethics: Principles, Practices, and Prospects*. Australian National University E Press. http://press.anu.edu.au/publications/series/centre-applied-philosophy-and-public-ethics-cappe/dual-uses-science-and-ethics（最終閲覧2017年3月24日）

コラムH | 宇宙科学と地域社会のコンフリクト

軽部紀子

　近年の宇宙科学の発展には、地上に巨大な施設や装置を必要とすることからも、「現地」とのコンフリクトは、避けられない熟慮すべき課題となってきている。本コラムでは、その一事例として、ハワイ州ハワイ島マウナケア山をめぐった、30メートル望遠鏡（Thirty Meter Telescope：TMT）建設計画と反対派住民の衝突を考察する。

　ハワイ島の中心からやや北に位置する標高4,205mのマウナケア山の頂は、類まれなる環境条件から世界有数の天体観測地として知られている。1968年から続々と世界各国による天文台施設の建設が行われ、現在、山頂付近には合計13基の天文台施設が立ち並んでいる。

　2009年、14基目となるTMTの建設候補地がマウナケア山に決定した。TMTは、米国・日本・カナダ・インド・中国の協力による大型国際計画で、太陽系外惑星の探査や宇宙の誕生を解明することなどを目指している[1]。同山頂付近にあり、過去10年の世界最先端の天文学研究に用いられてきた日本のすばる望遠鏡と比較すると、口径は8.2mから30mへ拡大し、建物総重量も約4倍の2,000tが想定されている[2]。このかつてない性能と規模のTMTは、いまだ謎に包まれた生命の起源に迫ることができるかもしれない。

　宇宙科学の発展において重要な位置づけにあるマウナケア山は、ハワイ先住民文化の中でも特異な文化的意義を有している。ハワイの創生に関する伝承の中で、マウナケア山は、最初のハワイ先住民と同様に、ハワイ諸島の創造主である空と大地の神々から生まれた「子供」とされている。そのため、ハワイ先住民の子孫にとって、マウナケア山は最も起源に近い高次的な「先祖の一人」となる。山頂近くにある「ワイアウ湖」は人間と神々を含む先祖を恒久的に結ぶ神聖な場所と考えられ、昔からこの湖の水はさまざまな儀礼に用いられてきた。そして、その

写真 1　マウナケア山中腹に建つ、TMT 建設反対派の集会所
(筆者撮影、2016 年 11 月)

標高の高さからも、山頂付近は天に最も近い場所、つまり「神の領域」と呼ばれ、安易に人間が足を運んでよい場所ではないと考えられてきた。

　これほど重要な場所への大規模な建設であるため、TMT 計画は建設準備が進むにつれて、地元のハワイ先住民を中心とした人々から強い反対運動を受けるようになった。過去の天文台施設の建設時にも地元住民との衝突は生じた。しかし、今回の TMT 計画に対する反対運動はこれまでとは規模が異なった。建設反対派は、環境破壊(特に水質汚染)、史跡破壊、固有種の危機などにも言及したが、最も主張の核となった点は、マウナケア山の文化的意義、特にその神聖性であった[3]。反対運動は日々加熱し、地域を超えたソーシャルメディア上の「コミュニティ」も多く結成され、活発な活動が目立つようになった(写真 1)。

　これまでにない規模の反対運動が起きた背景の一つには、近年のハワイ先住民のエスニシティの高まりがある。かつて独立王朝国家であったハワイは、1893 年にアメリカ合衆国によって王朝転覆され、以降、厳しい同化政策の影響下で、ハワイ先住民性は文化的劣勢を強いられた。しかし、1970 年代に文化復興運動(ハワイアン・ルネッサンス)が始まると、ハワイ先住民文化は著しい復興に向かった。1980 年代にはハワイ先住民文化に特化した教育政策が始まり、その中で育った世

代は、こういった急速な社会変動やエスニシティに直結する言語や伝統文化を、学校教育の中で「自己の文化」として学んでいる。若い世代を原動力に加速する共同体のエスニシティの高まりは，政治的に創造された社会傾向ではなく，社会変動の連続性の中に位置しているのである。エスニシティを尊重する教育政策がしかれる一方で、形成されたエスニシティが脅かされる計画が推し進められるという現実は、混乱を超えたさまざまな分裂を現地にもたらしている[4]。

マウナケア山のTMT建設問題を考える際に、「宇宙科学vs先住民文化」という二項対立の視点に立つことは危険である。なぜなら、建設反対派の主張は宇宙科学全般に対するものではなく、建設候補地であるマウナケア山の文化的意義への理解と配慮を訴えるものだからである。そして、そういったマウナケア山の文化的特異性が尊重されることを望むと同時に、TMT計画にも賛成するハワイ先住民も多数存在するからである。本件から明らかなことは、今でもマウナケア山が多くの共同体の中で、社会学者モーリス・アルヴァックスがいう「集合的記憶」(1999)の形成に重要な役割をもっている、ということである。集合的記憶とは、ある土地や共同体がもつ記憶として、一般的に過去の事実として認識される「歴史」や、個人の内部における「記憶」とは区別される。それは、常に構成員によって現在と過去を往復しながら再認識、再経験され、形を変えながら、今を生きる歴史として共同体を一体にする働きをもつ。共同体の構造の中では、宇宙科学の招致の是非とは異なる次元において、マウナケア山の文化的意義が彼らの記憶と照らし合わせて守られることが、共同体レベルのアイデンティティの維持に重要な意味をもっているのである。

「開発」に、人類にとって必要不可欠な側面があることは事実である。たとえば、宇宙科学は、一部の知的探求欲求を満たすためだけの行為ではなく、地球の未来の危険を「予言」する可能性も包含している。しかし、ここで、ある社会にはその土地特有の「文化的流儀」ともいえる慣習が存在することを忘れてはいけない。それは国家と法の関係のように、社会を規制し秩序を保つ働きをしている。これらを受け止めず、一部の社会が傾倒する正義や常識を他の共同体に押し付けることは、かつての植民地活動と同様、後世まで埋まらない溝を社会に残すことになる。文化の多様性が尊重される時代において、今後、現地の多様な事情を現地の目線

から多角的に知り、それと真摯に向き合っていくことが、宇宙科学の発展にはより切実に求められるだろう。

注
1 国立天文台TMT推進室、http://tmt.mtk.nao.ac.jp/intro-j.html（最終閲覧2017年9月14日）。
2 同前。
3 詳細は筆者の論文（Karube 2016）を参照のこと。
4 本コラム執筆時点でも、TMT計画と建設反対派の各種係争は進行中であり、事態の収束の行方は現時点で見通すことが難しい。

参考文献
アルヴァックス、M　1999『集合的記憶』小関藤一郎訳、行路社。
Karube, N. 2016. The Cultural Significance of Mauna Kea in Hawai'i: What Lies beneath the Movement against the Construction of Thirty Meter Telescope. *Journal of Cultural Anthropology* 11: pp. 55–69.

第Ⅴ部

宇宙から人類社会を見直す

第12章
宇宙倫理とロボット倫理

稲葉振一郎

1 宇宙倫理概観

　応用倫理学の新興分野としての宇宙倫理学の問題領域について稲葉 (2016) は、ショートレンジ、ミドルレンジ、ロングレンジという三つのレイヤーの区別を試みた。

　「ロングレンジの宇宙倫理学」の典型的な課題は、地球外知性・生命 (extraterrestrial intelligence/life) の問題である。地球外に存在しているかもしれない人間以外の知性、あるいは生命と、人間とその社会はどのように関係していくべきか、いけるのか？　そうした存在に対してわれわれはどのような道徳的対応をすべきなのか？　いやそもそもそれ以前に、われわれは果たしてどのような存在であれば、道徳的対応をすべき、という以前にそもそもコミュニケーション可能な「知性」と——つまりは、上の意味での、「（カテゴリーとしての）人間」とみなしうるのか？　このような「宇宙人間学」とでも呼ぶべき問題領域は、すでに哲学領域で蓄積されている「心の哲学」や「存在論」の知見と、天文・宇宙物理学のサブジャンルとして開拓されつつある「宇宙生物学 (astrobiology)」(cf. ウルムシュナイダー 2008) とが切り結ぶ場となるだろう。

　さらに踏み込むならば、この問題領域は「宇宙人間学」を超えて「宇宙存在論」、哲学のみならず物理学的な宇宙論とも交錯せざるをえない。「（カテ

ゴリーとしての）人間」のなかの特定の一グループたるわれわれ人類について言えば、果たして宇宙に進出して宇宙文明を築くのか、あるいはこの地球の上で終始するのかは、いまだどちらともいえない。しかしながら宇宙全体を見渡して「（カテゴリーとしての）人間」全体について考えるならば、いつか、どこかで、誰かが、宇宙文明を構築する可能性は無視できない大きさに達すると考えられる。だとすれば、そうした宇宙文明が、たとえばダイソン・スフェア（恒星の周囲を人工建造物で物理的に取り囲んで、そのエネルギーをほぼ100％捕捉して活用しようというシステム。物理学者フリーマン・ダイソンが提唱）かそれ以上のスケールの人工物を構築する、つまりは宇宙環境を改変する可能性もまた、ゼロではない。ある恒星系にダイソン・スフェアが作られれば、単純にその恒星の外から観察したときの見かけが変わってしまう。すなわち、暗くなる（可視光線を出さなくなり、替わって排熱に伴う赤外線などが放射されるのだろうか？）。さらに、そうした文明が星から星へと広がれば、銀河全体が丸ごと暗くなってしまう。つまり宇宙の中に生命が存在するかしないか、広い意味での「人間」が登場するかしないか、によって、宇宙の物理的構造が——場合によっては性質までが——変わってしまうこともありうる。

　他方「ショートレンジの宇宙倫理学」の課題は、現実の宇宙法・宇宙政策にまつわる応用倫理学的考察である。学術的な宇宙探査もさることながら、宇宙——主として地球周回軌道における、宇宙船と人工衛星等によるさまざまな——学術的、軍事的、商業的——活動の規制を主題とする「宇宙法」は国際法のサブジャンルという形で実務的にも学問的にもすでに一定の発展を見ており、「応用倫理学」的にはもっとも具体的かつ喫緊の課題が目白押しである。具体的には宇宙における軍備管理、リモートセンシングその他地球周回軌道の人工衛星から得られるグローバルな情報の利用とその規制、スペースデブリ（宇宙ゴミ）の処理、宇宙飛行士その他宇宙滞在者の健康管理等々がすでに理論上の可能性としてではなく現実の問題として政策課題、ビジネスイシューとして扱われている。これらの課題については当然、本書でも主題とされている。

以上に対して「ミドルレンジの宇宙倫理学」の典型的な課題として稲葉（2016）においてクローズアップしたのは、「宇宙植民（space colonization）」とでもいうべき課題である。これは暫定的には「ただ単に地球外の宇宙空間、他天体への科学的探査や資源の活用が恒常的になされるだけではなく、無視しがたい数の人間が、恒常的に生活する拠点——より具体的に言えば、世代的な再生産を行う共同体としての「植民地（colony）」——地球外空間や他天体上に確立すること」と定義することができる。しかしながら実はこの「ミドルレンジの宇宙倫理学」は、現行の宇宙政策、宇宙法と直結するショートレンジの宇宙倫理学、また宇宙における人間、知性、生命の意味を問うロングレンジの宇宙倫理学と比べると、その意義が必ずしも明らかではない。

　ショートレンジの宇宙倫理学には、すでに現実の宇宙開発ならびにそれをめぐる法制度、政策実践という具体的な対象があり、実践的な意義がある。他方、ロングレンジの宇宙倫理学もまた、実はそれほど見通しの悪い領域ではない。そこには具体的な対象が欠けているからこそ、逆にきわめて抽象的かつ一般的な思弁による探究が許容される。すでに触れたようにそこで「知性」あるいは知性を備えた「人間」について論じる場合、われわれは必ずしも現存の人類（自然人）ならびにそのありうべき未来の後継者のことのみを具体的に念頭において論じる必要はない。すでに物理学者・天文学者を中心に、理論的に可能な宇宙技術や宇宙文明についての思弁が展開されているが、それらの多くは、必ずしもその主体をホモ・サピエンスならびにその継承者として想定しているわけではない。要するに知性があり、技術文明を構築している生物でありさえすれば何でもよい。それに対して特定の生物個体群であるところのわれわれホモ・サピエンスとその文明の宇宙進出の可能性について真剣に考えることには、何ほどかの滑稽さとアンバランスさを伴わずにはいない。われわれ自身の直接の子孫たちの、比較的近い未来における運命、という課題は、感情的には「ロングレンジ」の一般論にとどまらない具体的個別性についての考察を要請する一方で、実際には「ショートレンジ」の場合と異なり、そうした個別具体的な考察を許さない。

第12章　宇宙倫理とロボット倫理　　231

たとえば50億年後、太陽が赤色巨星化するであろう時代における人類の末裔の運命についての考察は、それほどの感情的コミットメントをわれわれに求めない。それほどの遠未来であれば、人類が滅びていても不思議はない、と多くの人は思うだろう。よしんば人類の末裔がそこで健在だったとしても、それが今現在のわれわれとはきわめて異質な存在となってしまっていて当然だ、とも。つまり50億年後の、いるかいないかもしれないわれわれの末裔についての考察は「（カテゴリーとしての）人間」についての考察以上のものにはならない。反対に数十年から百年先の未来であれば、今現在のわれわれの無視しがたい数がそこになお生き延びているであろう以上、それは他人ごとではありえない。しかしながら数百年から数千年程度の未来とは、具体的に予測するには遠すぎる一方、感情的に突き放すには近すぎる。宇宙植民とは、そのようなオーダーの問題である。

　このような「ミドルレンジの宇宙倫理学」の探究を実りあるものとして展開することは可能であろうか？　本章は、やはり近年注目を浴びつつある応用倫理学の新興領域、人工知能・ロボットの倫理学と宇宙倫理学の間に成り立つある種の対応関係が、宇宙植民についての考察を通じて浮かび上がってくることを示して、その答えに替えることとしたい。

2　宇宙植民の倫理

　まず考えておくべきは、問題のレベルを切り分ける必要性である。

　第一に、現状の宇宙法の主戦場であるところの地球周回軌道。これは現状では主に静止軌道以内が問題となっているが、月の軌道も地球周回軌道には違いないだろう。この領域が問題となる限りでは、宇宙法は極端に言えば航空法の近接領域とでもいうべきものにとどまり続ける。すなわち、そこは人間の恒久的生活拠点を形成はしないだろう、ということだ。生身の人間が実際に身体を移動してそこで活動する領域としての「宇宙」がこの範囲にとど

まるのであれば、そこではまだ人間はわれわれの知るような身体と心理を備えたままであり続けることが十分可能であろう。その範囲での応用倫理学への需要も、グローバル倫理やビジネス倫理の領分にとどまると考えられる。これらは先の区分でいえば「ショートレンジ」に属する。

　それに対して第二に、地球周回軌道を超え、月をも超え、小惑星帯その他太陽系全域のレベルで考えた場合。ひと口に「太陽系」、つまりは太陽周回軌道をとる天体の総体とはいっても、どこまでを考えればよいのかは必ずしも自明ではない。「惑星」というならば先頃冥王星は惑星の座から転落したので、最遠は海王星ということになってしまうが、彗星を考慮に入れれば冥王星軌道をはるかに超えてカイパーベルト、さらに「オールトの雲」までが入ってしまうことになり、半径10万天文単位、1光年超もの広大な空間になってしまう。

　この範囲の空間を人類が実際に身体的に移動し、恒久的に活動する時代が果たして実際に到来するのかどうかは明らかではないが、仮に到来するとしても数百年から千年単位の未来ということになるだろう。このような時間的スケールで、かつ空間的にも天文単位のスケールでの人類社会の発展がどのようなものになるのか、具体的に予想することはほぼ不可能である。科学的な探査の域を超え、経済的に採算が取れる行為として、持続的に宇宙に活動拠点を確保する、ということが可能となり、また必要になるような状況とはどのようなものか？　ここはまさに厳密な予測が不可能な「ミドルレンジ」である。

　ジェラード・オニールの「スペースコロニー」構想（オニール 1977）は言うまでもなく、地球上のそれを再現した人工環境を保持するものであるから、そこに生存する人間の大きな身体的・心理的変容は予想されてはいないし、また典型的には地球周回軌道ないしその付近に配置されるものであるので、地球との（ほぼ）リアルタイム双方向通信が可能な範囲に位置することが想定されている。これはおそらくオニール自身は予想してはいなかったことであろうが、今日のネットワーク社会、それも単にグローバルであるだけでは

なく、ユビキタスでもあるそれの延長線上に宇宙社会を考えるならば、きわめて重要なポイントとなる。すなわち、光速度の限界から考えれば、密度の高いリアルタイム通信ネットワーク社会が保持できる限界は惑星（つまり地球）上および低周回軌道、どう妥協しても月軌道程度がよいところであろうからだ。

　また、オニールのコロニー構想は「人口爆発」、人口が地球環境の許容量——空間的、資源的——を早晩超えるであろう、との想定の下に立てられたものである。しかしながら人口成長のペースは21世紀に入って急激にスローダウンし、21世紀から22世紀中には、劇的な寿命延長でもない限りは、総人口はほぼ定常状態に入るであろう、と予想されている。さらにまた、農作物をはじめとする生物資源のみならず、枯渇性の鉱物資源も、採掘技術の革新と利用効率の向上によって、20世紀後半の「成長の限界」論において想定されたほどの近未来においては、その限界に突き当たらないであろうとの予測も近年では有力である（cf. ロンボルグ 2003、ほか）。この、人口増加ペースのスローダウンと、資源利用効率の向上という二つの要因を考えあわせるならば、人類がその生活圏を地球外空間に大規模に求めなければならなくなる可能性は、少なくともここ1〜2世紀という短期的なレベルでは、それほど大きくはならないと予想される。

　逆に、人口圧力といういわばプッシュ要因が宇宙進出を促すというのではなく、宇宙開発技術の発展による、地球外資源（主として小惑星に埋蔵された金属、水、炭化水素）の利用可能性の増大というプル要因が、人口の宇宙への流出を引き起こす可能性はないだろうか？　長期的な人類史を通観するならば、このような新規開拓地の開放や生産性の画期的向上は、そうした新開地への移民や大開墾運動を通じて人口増へとつながることが多かった。しかしながらそうしたメカニズムは、いわゆる「人口転換」以降急速に終わりに向かい、人類社会全体の再生産メカニズムは多産多死から少産少死へとシフトした。そこでは生産性上昇も出生増へと直結せず、むしろ一人あたりの生活水準の向上、人的投資の増加によるさらなる労働生産性上昇、技術革新誘

発へと——つまり近代経済成長へと導いた（cf. Galor 2011）。同様のメカニズムが宇宙時代にも持続するとすれば、宇宙という新たなフロンティアが、急激な人口増の引き金を引く可能性は大きくはないだろう。むしろ宇宙がもたらす新たな富は、人口増よりも生活水準の向上へと向けられる可能性が高い。

　以上のように考えるならば、人類の空間的な生活圏が地球周回軌道を大きく超えて拡大するかどうかは、人口や資源制約の圧力がそれほど大きくないと考えられる以上、その建設に要する直接の費用のみならず、あえてそこにとどまりつづけることのほとんどあらゆる利便性を犠牲にするという間接的費用を支払ってでもなお、既存の地球中心のグローバルネットワーク社会から空間的に距離を取り、物質的のみならず文化的にも自立した新たなコミュニティを建設することに意義を見出す人々が、どれくらい出現するか、に左右されるということになろう。

　地球とのリアルタイム通信が不可能になるほどの遠距離におかれるコロニーは、仮に実現したとして——オニール型その他の空間建造物、いわゆる「スペースコロニー」であれ、あるいは他惑星・衛星上に設置されるドーム都市・地下都市（たかだか千年程度のタイムスケールでは、本格的なテラフォーミングは問題とはなりえない）等であれ——、通信可能な知識・情報財を除いた物理的な財——エネルギー、鉱物資源、農作物、そして何より労働力——については、かなり高度な——自給自足に近い——経済的自立性を強いられるであろう。深い重力井戸の底にある地球からの物資の輸送費用はばかにならない。

　となればオニール型を典型とする、完全な空間建造物としてのスペース・コロニーは大いに不利である。というのは、仮にどこからか水と土と生態系の種を持ち込み、太陽光を効率的に利用して、居住区内に持続可能なミニ生物圏を作り出し、食糧自給を可能にしたとしても、鉱物資源までは到底自給できないからである。より現実的なコロニーのスタイルは、ある程度の大きさの小惑星の一部を掘りぬいて居住区を作り、小惑星本体を鉱山として利用する、というものになるだろう。有害な放射線の遮蔽という観点からも、こ

第 12 章　宇宙倫理とロボット倫理　　235

のタイプは完全な建造物タイプよりも圧倒的に有利である（野田 2009）。とはいえ、鉱山主体の小惑星コロニーの寿命は、大体において数十年から長くて数百年ほどではないだろうか。

　ここまで考えたうえで、再びスペースコロニーの技術的、というより社会的な実現可能性の問題に戻ろう。同じく鉱山兼用の小惑星型コロニーであっても、それが月軌道（具体的には地球―月系のラグランジュ点）に位置するか、それとも本来の軌道に置かれたままか、によって、その性質は大いに異なる。

　前者であれば、地球を含めた月軌道圏内の通信には秒単位の時差が伴うため、ネットワークを通じた機械の遠隔操作は困難となるだろうが、コミュニケーション目的であればほぼリアルタイムに近い通信がある程度は享受できる。つまりそうしたコロニーは、実質的な意味での地球文明圏の一部であり続けることができる。しかしそうしたコロニーを建設するためには、材料となる小惑星を捕獲して、月軌道まで運搬するという絶大なコストを投じる必要がある。そのコストが、地球至近にとどまることのメリット（地球ならびに圏内の他のコロニーとリアルタイム高密度通信を維持できること、圏内の物資の輸送が時間コストを筆頭に安価となること、地球軌道以遠に位置する場合に比べて太陽エネルギーの恩恵により多く与れること等）によって十分に相殺されるならば、こうしたコロニーは存立しうることになる。ただ、地球圏内は比較的こみあった空間である。安定軌道を確保できるラグランジュ点の数は有限（地球―月系で五つ）であることに鑑みれば、月軌道付近に設置できるコロニーの数には、おのずと一定の限度があるだろう。

　それに対し後者の場合には、小惑星本体の輸送コストは全く考える必要がない。また、数的な制限もほとんど考える必要がない。逆にデメリットとしては、リアルタイム高密度通信圏としての地球圏からは切り離され、時差を伴っての、断続的なパッケージ的通信しか、他の人類拠点と行えなくなることである。交易に際しての輸送費用も、地球圏コロニーに比べて時間コストの点で非常に不利となるだろう。これらのデメリットを低コストのメリッ

トが凌駕するか、あるいは地球圏からの断絶をメリットと感じる理由のある人々が植民者となる場合に、こうしたコロニーは建設されることになるだろう。

　地球圏外の遠隔地、月軌道圏外どころか小惑星帯などそもそも地球の公転軌道以外の軌道に位置する、高度の独立性を備えた大規模コロニーが成立し、存続してしまったら？　その場合には、先述の通り、近代化以降に支配的だった、各地域間の文化、コミュニティの混淆傾向に対して久々に歯止めないし部分的な逆転を引き起こすベクトルが生じることになる。数百年、数千年のオーダーで見れば、文化的、社会制度的にはもちろん、別種の生物と言わざるをえないほどに身体的、精神的に互いに異質な存在へと、人類が分岐していく可能性が無視できなくなる。意図的に「地球離れ」を志向せずとも、地球環境の工学的な模倣が困難となり、コロニーの技術でどうにか維持できる環境の諸特性が、いくつかの点で――大気や水の組成であるとか、微生物を含めた生態系のバランスであるとかにおいて――地球とは大いに異なったものになってしまって、人間がそこに適応するために、生物工学的な改造を施してしまわなければならなくなる、という可能性も考えられる。そうした方向性の極限に、フリーマン・ダイソンが構想するような、真空環境に適応できる生態系（宇宙空間で光合成を行い、小惑星や彗星などから他の必要栄養素を摂取する植物を軸とする）と、そこに適応し真空環境で生存できる人間の創出がある（ダイソン1982、ほか）。そこまで自然人と異質なものになってしまえば、交配することが不可能であるのはもちろん、同じ空気を呼吸できず、同じ食物を摂取できず、物理的な対面接触でさえ、どちらかがどちらかの環境に合わせた「宇宙服」なくしては不可能になってしまう。

　ダイソン的な極限までいかなくとも、今後数千年以上というタイムスパンと、地球外環境の過酷さを考えるならば、現存人類の子孫が、互いに生物学的、物理的に異質な、多様なグループへと分岐していく可能性は考慮におかねばならない。そうした多様性を抑え込み、交配可能な同一種としての人類のアイデンティティを維持しつつ宇宙進出を行うには、地球外での擬似地球環境

の維持のために莫大なコストが必要となる。われわれの疑問は、そこまでの費用を果たして調達できるものなのか——それに見合う利益が宇宙に進出すると得られるものなのか、であった。われわれの暫定的な結論は否定的である。すなわち、人類が今の生物学的・物理的性質をおおむね維持したままであり続けようとするならば、宇宙進出はせいぜい学術的探査と資源開発にとどめ、そこに恒久的生活拠点を確保しようなどとは考えない方がよい。しかしながら「人類が今の生物学的・物理的性質をおおむね維持したままであり続けようとする」という前提を外すならば——それへの抵抗というコストが低かったならば——話はまた別である。

　この「前提」を外すとは具体的にはなにを意味するか？　宇宙開発とは無関係に、人類社会が自然な成り行きで、現在におけるようなきわめて高い生物学的・物理的同質性をゆるめて、文化的のみならず身体的にも多様化していたならばどうだろうか？ということである。すなわち、宇宙に進出するまでもなく、地球（とその近傍）において生活しながらも、自分たちの選択で、自分たちのコミュニティや社会制度のみならず、自分たちの身体自体を作り変えている人々が、すでに一定以上存在している社会というものが成り立っていたとしたらどうだろうか？と。そのような社会においては、身体改造を伴う宇宙進出への、人々の心理的ハードルは、著しく低くなっているのではないだろうか？　さらに踏み込むならば、そのように多様化した人類社会の中には、そのメンバーとして改造人間ならぬ人造人間、高度な自律的人工知能・ロボットまでも含まれているのではないだろうか？

　そこで節を改め、近年の人工知能・ロボット倫理学を踏まえつつ、「自律型人工知能・ロボットを開発し活用するとはどのようなことか？」について考えてみよう。

3　ロボット──「人造人間」としての

　ここで問題としたいのは、「人造人間」レベルのロボットが技術的に実現可能かどうか、ということではない。現状せいぜい言いうるのは「不可能だという原理的な理由は見当たらない」という程度のことである。もう少し筋がよい問いは「どのような機械を作り上げれば、それを人々は「人間とほぼ同等に知的で自由」とみなすのか」という問いかけであるが、これについても今回われわれは軽く流す。すなわち「実際にできあがった機械を人々が人間扱いせずにはいられないようであれば、それは「人間とほぼ同等に知的で自由」だとみなしてよい」と。ここでわれわれが主題化したいのは、そのような機械──高度な自律型ロボットとともに生きるとはどういうことか、である。

　人間と同等の能力を有し、人間と同等の道徳的処遇を要求する存在の典型は、言うまでもなく他ならぬ当の人間、生物学的なヒトが体現する人格的存在である。これを「自然人」と呼ぼう。それに対してここで問題とする高度な自律型ロボットとは、これとは別様の仕方で出現する人格的存在である。そこでまず問題となるのは、すでにわれわれは自然人という人格的存在とともにある（現時点ではわれわれ自身のすべてが自然人であろう）のに、なぜわざわざこれとは別に、新しい種類の人格的存在、新しい「人間」を作り出さねばならないのか？である。もちろん「作り出さねばならない」理由がなければ作ってはいけないわけではない。だとしても、いったいそんなものをわざわざ作ることにどんな利益が見込めるのか？という問いかけは避けることはできない。

　自律型ロボットへの、あるいはヒューマノイド（人間型）ロボットへの執着はそもそも不合理なものである、という見解も根強い。そもそも工学的な観点からすれば、人間型の機械に可能な仕事は、基本的に人間、自然人にやらせるのが最も効率的であろう。ロボットを作る基本的な理由が、人間の身体をもってはうまくできない、あるいは全く不可能な類の仕事をさせるため、

第12章　宇宙倫理とロボット倫理　239

であるとすれば、ロボットは物理的、機械的に人間とは異なる、かつその果たすべき特定の機能にふさわしい機構、形を備えているべきである。

また、近年の「社会的知能」に関する知見（けいはんな社会的知能発生学研究会 2004、ほか）を踏まえるならば、「人造人間」たる自律型ロボットは、人格を取得し保持するために、人間社会に立ち混じり、その一員として生活せねばならないだろう。それゆえ人格的ロボットは、形状としてはヒューマノイドでなければならないと思われる。そうすると逆に、人間とは異なる姿かたちを備えた「異形」の存在であるロボットに対して、人間同様の自律的知性を与えることには、重大な倫理的問題があることになる。となれば、そのようなロボットに対しては、人格を付与するべきではなく、純然たる道具——人間の身体の延長、あるいは既定のプログラムに従うだけの自動機械にとどめるか、あるいはせいぜい動物レベルの自律性のみを与えておくか、が適切な戦略だ、ということになる。そうすればロボット倫理はせいぜい製造物責任問題にとどまるか、あるいは動物倫理の応用問題として処理できることになり、固有の問題領域を形成しない。あらゆるロボットをその程度のものにとどめ、人造人間は作らない、というのもありうべき合理的な選択であろう。

では、知的に人間と同等で、身体的にも人間社会に立ち混じって生活することに違和感のない形状を備えた自律型ロボットを作ることに、いったいどのような意味があるのか？　いや、もちろん実用的な意味がなくとも、そうしたロボットの開発途上においては他用途にも転用可能な新技術を膨大に蓄積することができると思われるし、また実際に完成品がロールアウトしてからも、実際に動き出したそれと付き合う中で膨大な知見を獲得することができるだろう。そうした純粋に科学的な探究上の価値を否定するつもりはない。そうした価値が、そこまでに投入された膨大な労力を優に上回る可能性が高いことにも、異存はない。だが、いったんそのような、つまり「人格」を備えたロボットを作ってしまったならば、相手が人格的存在である以上、われわれはそれに対する責任を負ってしまう。その責任を、具体的にはどのよう

に果たしていけばよいのか？

　最初の、開発局面においてはまだ問題が少ないだろう。数少ない試作品の
ロボットたちを、開発者たちは大切に作り上げ、育て、いわば一人前の社会
人として社会に送り出しつつも、保護、支援の手は常に差し伸べ続けるはず
だ。そこでは費用負担の問題は当然に社会化されているだろう。しかしそう
した初期局面を超えて、自律型ロボットが技術的に安定し、製品として多数
つくられていくことになれば、どうだろうか？　社会には果たして、自律型
ロボットを受け入れる「市場」があるだろうか？　またわざわざ金を出して
ロボットを買おうとする人々は、どのような人々であり、何のためにそれを
需要するのだろうか？

　完全に道具であるようなロボットや、ペットあるいは使役動物のカウン
ターパートとしてのロボットであるならば、先述の通りさしたる問題はない。
心がないロボットはものとして扱って差し支えなく、動物レベルのロボット
は虐待をせずにその福祉に配慮してやればよいが、厳格な意味での権利を尊
重する必要はない（責任を問えない以上権利はない）。道具を必要とする人々、
家畜やペットを欲する人々はこれまでにもいたのだから、そうした人々が
従っていたルールやモラルを、そこに延長すればよい。

　では、人格的存在を、わざわざ金を出して買おうとする人々とは何であり、
そうした人々のために人格的存在者を製造する人々とはいったい何であるの
か？　前者の選択肢は、仮にそれが、買い手が人格的存在者たるロボットを
購入して自己の所有物とするということを意味するのであれば、われわれが
奴隷制度を容認するのでない限り、認められない。後者はどうだろうか？
製造者がそのロボットに対して所有権を主張するのであれば、同様である。
そうではなく、製造して完成したと同時にその所有権を放棄し、ロボットを
自由な存在として解放するのであれば、権利上の問題は発生しないが、今度
は費用負担とインセンティブの問題が発生する。製造者はその製造費用を、
いったいどうやって回収するのか？　開発段階であれば問題とはならないで
あろう費用負担の問題、誰がそうした費用を負担してまで人格的ロボットを

需要するのか、という問題が、技術的に確立し量産可能となったロボットの社会的受容に際しての第一の関門であろう。

さて以上の議論は、宇宙開発に対してどのような含意を有するだろうか？まず思いつくのは、宇宙植民、深宇宙における恒久的拠点構築という事業は、このような自律ロボット、人造人間の労働に対する大口需要を形成する可能性がある、ということだ。とはいえ、宇宙植民のために専用の自律型ロボットを設計製造する、という方略には、深刻な倫理的疑問があるのは明らかである。人格を備えた自律的ロボット、つまりは自然人にできることはたいがいができて、そのうえで自然人にはできないこと——自然人には生息不可能な過酷な環境の下で継続的に活動し、また自然人よりはるかに長い時間にわたって生き続けること、等——を作るということは、それを自然人と同等の「人間」と見なさざるをえない限りにおいて、実はその問題の構造においては、ヒューマン・エンハンスメント、自然人の工学的・生物学的改造とほとんど同型だ、ということである。つまりは、宇宙開発という特定の目的のために、それにふさわしい特定の機能を備えた改造人間を作ってしまうことが、いかにして道徳的に正当化されうるのか、という問題と。そしてもっとも単純に、素朴な功利主義的リベラリズムの原則のみを考えただけでも、すでに生まれている個人に対しての改造作業は、少なくとも「インフォームドコンセント」の手順を踏むことなしには正当化できない、と結論できるであろうし、遺伝子工学的手段による、先天的な改造人間の開発に際しては、その正当化は仮に可能だとしてもはるかに困難となるだろう。

むろんこうしたロボットと、自然人起源の改造人間——いわゆるサイボーグであれ、遺伝子工学の所産の新生物であれ——の間にも、重要な質的違いがあるだろう。最大のポイントは、ロボットの場合は、その「心」を複数の「身体」間で移転すること、そもそも「心」の本体をネットワークにおいて、「身体」は単なる遠隔操作の端末にしてしまうことも、一定の限界内において可能であるだろう、ということだ。改造人間においてもある程度複数の身体の乗り換え、使い分けは可能かもしれないが、自然人出自の改造人間において

は、やはりその「心」を身体、少なくとも脳神経系から分離・移転すること
は不可能だろう。

　そう考えれば、仮にそのようなことが可能となったとして、人格を有する
ロボットは、自然人はもちろん改造人間に比べてもはるかに融通のきく存在
であるだろうから、彼らに対して宇宙開発・探査業務を引き受けさせるコス
トは、自然人や改造人間に対しての場合と比べれば、劇的に軽減することは
期待できる。それでも、ロボットを道徳的には「人間」と同等の存在として
扱うのであれば、先の「インフォームドコンセント」の手順は省略はできな
い。あるいはこういってもよい。ロボットを宇宙開発業務に従事させるコス
トには、彼らをそう動機づけるための「報酬」が含まれなければならない、と。
しかしそれだけでは足らない。相応の報酬によって引き付けるとはいえ、自
由意志によって宇宙に乗り出すことを選ぶロボットは、人間の場合と同様に
（比率的にはより多くなるかもしれないが）少数派だろう。すなわち、太陽系内
系外を問わず、宇宙開発に自由意思で従事する自律ロボットをリクルートで
きるような環境とは、どのようなものか？　端的に言えばそれは、宇宙開発
からのニーズとは基本的に独立のところで、自然人や改造人間に立ち混じっ
て、少なからぬ数の人造人間＝高度な知性を備えて一定の「権利」を保障さ
れ「人格」を認められた自律型ロボットが少なからず存在している社会、で
あろう。

　しかしそのような社会が、どうすればできあがるというのか？　先のわれ
われの議論からすれば、そのようなロボットはもっぱら何か別の事業のため
の「手段」として開発されてはならない。そのような面倒くさいものをわざ
わざ作ることを選ぶ人々が、どれくらい出てくるだろうか？　このあたりは
容易には予想がつかない問題である。ただ、あえて踏み込むのであれば、以
下のように言うことはできる。ここでわれわれは、もし仮に道徳的に人間と
同格に扱わねばならないような人工知能、ロボットが製造開発されるとすれ
ば、それへの需要は何かの役に立つからではなく、純粋な知的・科学的探究
や、あるいは自然人の子どもを産み育てるような自己目的的な理由でなされ

第12章　宇宙倫理とロボット倫理　　243

る以外の可能性は考えにくい、とした。しかしながら宇宙開発は、もしそれが太陽系全域やその外側への物理的進出をも考慮に入れるならば、まさにそれは人造人間、高度に自律的な人工知能機械＝ロボットが「役に立つ」例外的な領域であると言える。

4　暫定的総括

こうして見ると、ここまでの議論全体が、ある種の循環論法のようなものになっていることがわかる。すなわち「宇宙植民の実現可能性は、改造人間や自律型ロボットを普通の「人間」として受け入れた社会において、そうした改造人間やロボットを主役としてであれば、比較的高くなるであろう」、という命題と、「「強いAI」を備えた人間レベルの自律型ロボットは、すでに自然人だけではなく種々の改造人間が存在し、宇宙植民も大規模に行われている社会においてであれば、大量の需要に恵まれるであろう」という命題は、奇妙な対応関係にある。「宇宙植民事業が継続的に行われていること」と「人間レベルの知性を備えた自律型ロボットが実現していること」とは、互いに厳密な意味での必要条件をなしている——そうであればまさに循環論法である——わけではないが、どちらか一方が成り立っていなければ、他方が成り立つ可能性がきわめて低くなるのだ。この意味でも宇宙植民と人間レベルの自律型ロボット、人造人間とは、その実現に際して「飛躍」を必要とする事業なのである。この「飛躍」の必要性ゆえにわれわれは、本格的、恒久的宇宙植民も、自律型ロボットの本格的実現と普及も、いずれもその実現可能性はそれほど高くはない、と予想する。しかしそれらの「実現可能性が低い」ということは、それらについて考えることが無意味だ、ということを意味しないことは、本章を読まれた方にはもうおわかりであろう。

参考文献

本章全体は稲葉（2016）をもとにしている。より包括的な文献リストはそちらを参照されたい。

稲葉振一郎　2016『宇宙倫理学入門――人口知能はスペース・コロニーの夢を見るか？』ナカニシヤ出版。

ウルムシュナイダー、P　2008『宇宙生物学入門』須藤靖・田中深一郎・荒深遊・杉村美佳・東悠平訳、シュプリンガージャパン。

オニール、G・K　1977『宇宙植民島』木村絹子訳、プレジデント社。

けいはんな社会的知能発生学研究会編　2004『知能の謎――認知発達ロボティクスの挑戦』講談社。

ダイソン、F　1982『宇宙をかき乱すべきか――ダイソン自伝』鎮目恭夫訳、ダイヤモンド社。

野田篤司　2009『宇宙暮らしのススメ』学習研究社。

ロンボルグ、B　2003『環境危機をあおってはいけない――地球環境のホントの実態』山形浩生訳、文藝春秋。

Galor, O. 2011 *Unified Growth Theory*. Princeton: Princeton University Press.

＊本章執筆に際しては、2017年度明治学院大学社会学部付属研究所一般研究プロジェクト「宇宙倫理学の研究」（研究代表者：稲葉振一郎）の交付を受けた。

第*13*章
人類存続は宇宙開発の根拠になるか

吉沢文武

1 宇宙開発と人類存続

　理論物理学者のホーキングは、生前、次のような発言を繰り返していた。「人類の未来のために、宇宙へ向かい続けなければならない。……私たちの壊れやすい惑星から抜け出さなければ、次の1000年を生き延びることはできない」[1]。また、NASAの長官であったボールデンも、人類が他の惑星に住むこと、その前段階としての有人火星探査が、人類存続にとって必要だという主旨の発言を在任中に行っている[2]。このように、宇宙開発の目的として「人類存続（human survival）」や「人類絶滅（human extinction）の回避」がしばしば言及される。特に有人宇宙探査にとって、人類存続は、その長期目標として心強い根拠になると期待されるかもしれない。というのも、有人宇宙飛行は、素直に考えれば、移住のために別の惑星へと人間を送る技術の不可欠な部分だからである。

1　"Professor Stephen Hawking: Humanity will not survive another 1,000 years if we don't escape our planet", *Independent*, November 15, 2016. http://www.independent.co.uk/news/people/professor-stephen-hawking-humanity-wont-survive-1000-years-on-earth-a7417366.html（最終閲覧2018年5月10日）

2　"First, lasso an asteroid. Nasa reveals its out of this world plan for man on Mars", *The Times*, April 23, 2014. http://www.thetimes.co.uk/article/first-lasso-an-asteroid-nasa-reveals-its-out-of-this-world-plan-for-man-on-mars-ndw6f3p0q8l（最終閲覧2018年5月10日）

さらに、宇宙開発が国際協調のもとで進めることが望ましいものだとすれば、「人類存続」は、その目標として掲げるのに好都合だと考えられるかもしれない。つまり、人類絶滅は、人類の誰もが直面する問題であり、その回避の計画は誰もが支持すべきものだ、というわけである。だが、そこで言われる「人類」や「存続」が何を意味するのかをよく考える必要がある。宇宙開発の正当性を示す議論の前提として「人類存続の義務」を挙げる論者もいるが（cf. Schwarz 2011：87）、本章で見るように、「人類存続」は印象よりも複雑な概念であり、それに対する一応の義務があると前提できるようなものかは疑わしい。

本章で取り組むのは、宇宙開発の正当性の根拠として言及される「人類存続」や「人類絶滅の回避」が、本当のところ何を意味するのか、それはどのような価値をもち、義務として要求されるようなものなのか、という問いである[3]。本章の結論は、人類存続の義務と呼べるようなものがあるかは疑問であり、宇宙開発を支持する立場にとっても、そうした言葉は持ち出さない方が賢明だ、というものになる。

2　人類存続とはどういうことか

(1) 宇宙開発は人類存続にどう寄与するか

まず、宇宙開発が人類存続に寄与する方法としては、「惑星防衛」と「宇宙植民」が考えられる。前者は、たとえば、地球に衝突する恐れのある天体

---

[3]　人類存続を根拠に宇宙開発を推進すべきかという問いは、取り組みうる他のさまざまな事業があるなかで、特に宇宙開発に資源を用いるべきかという優先順位をめぐる問題を含む。また、すぐに取り組み始めるべきか、長期的に進めるべきか、といった期間の区別が必要である。そうした点を踏まえた議論としては、呉羽（2017：228-229）を参照。本章は、そうした議論の手前の問題をより詳しく論じるものになる。

を監視し、宇宙機を衝突させてその進路を変えるなど、宇宙関連技術によって、地球の外部から到来する人類絶滅の危機を回避することである（天体の飛来と対策については、コラムEを参照）。

　後者は、原因はなんであれ、人類が地球に住み続けられない場合に、居住可能な他の惑星を探し、移住することである（その方法の一部であるテラフォーミングについては第8章を参照）。ただし、人類が今手にしているのは宇宙空間に短期間滞在する技術だけで、当面は、宇宙開発を通し、宇宙植民に必要な技術の部分的な獲得を目指すことになるだろう。

(2)「絶滅」するのは誰か

　上のような「人類存続」のための技術を人類が得たあかつきには、未来に訪れる絶滅の危機を乗り越えられるかもしれない。しかし、そうして乗り越えようとする「人類絶滅」とは何なのか。その意味を明確にするために、まず、その影響を受ける人々として、三つのグループを区別する必要がある。以下で見るように、それぞれについて、倫理的にどう考えるべきかはかなり異なる。

　（A）現在世代：現在存在し、被害を受ける人々
　（B）将来世代：現在から十分遠い将来に存在し、被害を受ける人々
　（C）不生世代：人類が絶滅しなければ生まれていたはずの人々

(3) 現在世代

（A）のグループは、ごく近い未来において人類絶滅の危機が起こる場合に被害を受ける人々で、要するに、今生きている私たち「現在世代」である。

　たとえば、巨大隕石の衝突が起こるとすれば、人類絶滅に至る過程では、直接負傷して死亡する人や、地球を覆う塵による寒冷化の影響で死を迎える人もいるだろう。このような被害を現在世代が受けそうなとき、それを防ぐ

第13章　人類存続は宇宙開発の根拠になるか　　249

ことに特別な理由づけは不要である。

　もっとも、宇宙植民の技術の獲得は、現在世代が助かる手段としては間に合いそうにないし、現在世代にとって差し迫った他の危機もあるため、今取り組むべきかという優先順位は別に考える必要がある。とはいえ、現在世代の被害の回避は、もし具体的な危機がある場合には、宇宙開発を支持する理由としては正当なものになるだろう。

(4) 将来世代

　(B) のグループは、巨大隕石の衝突など、人類を絶滅させる災害が十分遠い将来に起こる場合に被害を受ける、現在存在する人々を含まない「将来世代」である。そうした将来世代をどう考えればよいのかをめぐっては、倫理学において「非同一性問題 (non-identity problem)」として知られる問題がある（パーフィット 1998：第16章）。

　かりに、数百年後に地球に小惑星が衝突することが確実だと判明した場合、現在の私たちは、たとえば、小惑星の進路を変える技術の開発に着手できる。だが、現在世代が他の課題を優先し、その計画に着手しない選択をするとすればどうだろうか。将来世代のために別の選択をすべきだと言いたくなるかもしれないが、それは少し素朴な考えである。

　現在世代の私たちが惑星防衛の計画に着手した未来を思い浮かべてみよう。そこに存在するのは、計画に着手しなかった場合とは違う人々である。というのも、計画に着手する場合としない場合とで、人々の誕生する条件がさまざまに異なる――生物学的な親となる人々の出会い方や生活、受精卵になる卵子と精子の組み合わせが異なる――からである。したがって、惑星防衛の計画に着手しない私たちの選択は、将来世代を見捨てるように見えるかもしれないが、計画に着手しない場合の未来に存在して被害を受ける将来世代にとって、ありえた別の選択肢よりも悪いわけではないことになる。別の選択がなされれば、その人々は存在することがないのだから。そうだとすれ

ば、将来世代のために惑星防衛の計画を進めるべきだろうか——というより、そもそも可能だろうか。

非同一性問題に対してはさまざまな解決案が提出されてきたが、意見の一致をみてはいない。少なくとも、将来世代が陥る危機について、それを防ぐ義務が現在世代にあるということは、それほど明らかではないのである。それは、現在世代による当の選択によって存在自体が左右される人々を、どうとらえればよいのかが難しいからである。

他方で、「将来世代」という存在の困惑するような特徴を脇におけば、人々が受ける危害を避ける努力をすべきだとする理屈自体は、馴染みのものである。他人が被る危害の原因が自分にあるなら、その行為をすべきでないし、自身が直接の原因でない場合も、他人に被害がもたらされるのを防ぐ一定の道徳的理由があるというのは、普通の考えである[4]。対照的に、すぐに見るように、(C) のグループに対しては、そうした慣れ親しんだ理屈を用いることも難しい。

(5) 不生世代

(C) のグループは、絶滅が起こった場合に、それ以降生まれてくることのない人々である。この人々は、絶滅に至る過程で苦しんだり、早すぎる死を迎えたりするわけではないし、その人生の途中で望みが絶たれるということもない。絶滅が起これば、その人々は、一度たりとも存在することがないのである。この人々を「不生世代」と呼ぶこととする。

この世代は、宇宙植民の計画において、特に関心を向けられる対象になるだろう。他の惑星への移住計画が進められる場合、その主要な目的には、宇宙船に乗りこむ人々が地球上の危機を回避することだけでなく、その人々が

4　一般に、環境破壊などによる危害をもたらさない義務（危害を加えない義務）があると主張できたとしても、自身が引き起こすわけではない隕石の衝突に対して、それを防ぐ義務（危害を防ぐ義務）があるとまで言えるかは、さらに一歩踏み込んだ義務の要求が問題になる。

第13章　人類存続は宇宙開発の根拠になるか　251

移住先で子孫を増やしていくことも含まれると考えられる。そうした計画なしにも、たとえば、地球上のシェルターによって、地球最後の世代が寿命をまっとうすることはできるかもしれない。だが、もちろんそれだけでは、それより後の世代が新たに誕生し続けることはなくなる。そのようにして人類絶滅が起こることで存在することのない人々が、不生世代である。

　存在することのないこうした人々は、実際は、絶滅によってだけでなく、私たちのさまざまな選択をめぐって問題になる。現実に誕生したどの人についても、親が子どもをもうけない選択をしていたならば、存在していなかったということはいくらでもありうる。そうしたケースに関して、生まれてこないことが、生まれてこなかったその当人にとって不幸だ、という考えは奇妙だろう——生まれないで不幸であるような人は存在しないのだから。

　加えて、生まれてくることの幸福のために人を誕生させる、というのもまた奇妙な考えだろう。生まれた人を幸福にしようと普通は考えるのであって、幸福にするために人を誕生させよう、という発想はあべこべである。これらのことを踏まえると、人類絶滅によって不生世代が誕生しないことが倫理的に問題なのだとすれば、生まれないことの不幸や、生まれる幸福の剥奪によって説明されるわけではなさそうである。つまり、他人が危害を被るのを避けよという馴染みの考えでは説明されないように見える。では、何がそれを説明するのだろうか。

⑹ 人類存続の問題を難しくする不生世代

　人類存続をめぐる倫理的問題を難しくするのは、米国のジャーナリストのシェルも指摘するように（シェル 1982：240）、不生世代の評価である。続く二つの節では、この人々を誕生させる理由について、いくつかの主要な説明を検討する。さしあたり、ここで一つの教訓をまとめておきたい。人類絶滅として言われる「人類」は三つの人々を含み、「絶滅」の影響を防ぐ義務は、(A)の現在世代については明らかだとしても、(B) の将来世代については疑問の

余地があり、(C) の不生世代に関しては、ほとんど明らかでない。しかし、「人類存続の義務」としてひとまとめに前提する議論は、その主張のもっともらしさを、(A) の現在世代に対する義務のもっともらしさから、不当に借りている恐れがある。要するに、「人類」と一括りにすべきでなく、三つのグループはそれぞれ区別して論じるのが重要だ、ということである。

なお、議論を進める前に、以降の節で検討しない考えに触れておこう。一つめは、新たな人々を生み出す理由が、人類に備わる生物種としての本能に基づく、というものである。たとえば、シェルは「人間の生命の継続的な流れを断ち切り、未来の活動から断絶するようなことを考えるのは、人間にとって、きわめて衝撃的であり、自然に反する動きであると同時に、生命力に逆らうことでもある」（シェル 1982：212）と述べる[5]。人類の生物種としての本能に訴えるこうした主張は人気があるが、そうした本能の存在がもし事実だとしても、その本能に従うべきだとか、従うことが合理的だとかという規範的主張を導くことが困難なのも同時によく知られている。

同じように、二つめに、多くの人が人類の存続を望んでいるから人類を存続させるべきだ、という主張もそのまま受け入れることはできない。その欲求もまた、単に本能に基づくものかもしれないからである。付け加えれば、人類存続を求める人であっても、単純に生物種として存続していればよいとも考えないはずである。人類存続が言及されるときには少なくとも、現在世代との連続性を保つ知的な存在として存続することが求められているだろう。したがって、以下では、考察の範囲をそのような人類の存続に限定する[6]。

5　ただしシェルは、人類絶滅の悪さの由来について、人間の歴史を認識する存在の消滅など、別の考えにも言及している。

6　人類の変容や、人類起源の知性をもった機械の誕生は、「人類存続」の意味を変えるだろう。それは興味深い問題だが、本章では論じない（そうした存在の可能性については、第12章を参照）。ただし、それらの存在による人類存続が重要かは、それらの存在が重要な意味で人類（が属する集団）の一員だと見なされるかどうか次第だろう。また、他の生物種や（存在するかもしれない）地球外生命体ではなく、なぜ特に人類の存続が問題になるのかという点（Milligan 2015：69-76）も、同じ理由で本章では論じない。

第13章　人類存続は宇宙開発の根拠になるか　253

3 不生世代の倫理

(1) 不生世代の価値

　哲学者のパーフィット（1998：615-616）が描く次のシナリオの比較は、人類絶滅の倫理的意味を論じるさいにしばしば引き合いに出される。

　　①平和

　　②世界の現存の人口の99％を殺す核戦争

　　③100％を殺す核戦争

もちろん①から順に悪さが増すが、パーフィットによれば、②と③の差は、通常考えられているよりもはるかに大きい。人類が近い未来に終わりをむかえるのであれば、人類の歴史はまだ始まったばかりで終わってしまうことになるからである。つまり、99％の人が死ぬことと、100％の人が死ぬことでは、後者の方が、被害者が1％多い分はより悪いわけだが、100％死ぬことで増す悪さはそれにはつきない、というわけである。最後の1％がなぜ重要なのかを説明する立場として、パーフィットは二つの異なる見解を挙げる。

　一つめは、人類の幸福の総量を最大化すべきだとする総量功利主義である。つまり、人類が1％だけでも存続すれば、その後新たに生まれる人の分だけ幸福の総量は増えるのであり、人類絶滅は、不生世代のありえた幸福の総量の莫大な削減を意味するわけである。もう一つは、「達成説」とでも呼べるもので、1％の人類は、科学や芸術や道徳といった価値を人類が達成するために必要で、それを頓挫させるため絶滅は悪い、というわけである。本節の残りでは、前者の考えを検討し、後者は次節で検討する。

(2) 幸福の最大化

　総量功利主義に基づく絶滅回避論を推し進める哲学者にボストロムがいる。ボストロムによれば、人類絶滅は、それがなければ誕生していたはず

の不生世代がもつ価値の喪失を意味するため、回避すべきである（Bostrom 2013）。この見解に基づけば、たとえば、地球に残る多くの人を犠牲にして一部の人だけを地球外に脱出させるような宇宙植民の計画であっても、正当化可能な場合がある。それは、一部の人類が存続することで、その後に増え続ける人の数が、犠牲になる人の数——正確には、生きていれば得たはずの幸福の総量——をいずれ上回る場合である。この見解のもとでは、重要なのは幸福の総量であり、誰によってそれが増えるかは問題でないからである。なお、同じ理由により、この立場は、将来世代に関して前節で見た非同一性問題を回避できる。というのも、この立場においては、同一性が重要であるような特定の誰かというものがそもそも問題でないからである。

　この見解は、人類存続の義務の根拠を確かに提供する。ただし、それを支える「幸福の総量を最大化すべし」という一般原理の含意をよく考える必要がある。第一に、この主張は、人間を新たに誕生させる義務があるということを含む。それは絶滅が現実的な状況以外でも要求され、誕生する人の幸福が見込める場合には、幸福の総量を増やすために子どもをもうける義務があることになる。このことには、多くの人が抵抗を感じるかもしれない。

　第二に、「いとわしい結論（repugnant conclusion）」と呼ばれる帰結が知られている。要点だけ述べれば、ある非常に幸福な少数の人口からなる集団を考えるとして、幸福の総量がそれより多い集団として、ずっと人口の多い、かろうじて生きるに値するような生を送る人々からなる集団がありうる（パーフィット 1998：527-528）。幸福の総量だけが問題なのだとすれば、後者がより望ましいことになるが、それは受け入れがたいだろう。

　第三に、幸福の総量の最大化という原理に依拠するとしても、結局のところ、話は前節の区別に戻る。生まれるかわからない未来の存在が現在世代と同等の価値をもつというのは、容易には受け入れがたい考えに思える。実際、より常識的な感覚を反映させた功利主義の立場として、現在世代と一部の将来世代だけを倫理的考慮の範囲に入れる——それゆえ、人類存続の義務は導かれない——という理論的選択肢も提案されている（シンガー 2015：

214-217)。したがって、総量功利主義が人類存続の義務を支えるとしても、実際は、理論的にそれほど強く支持するわけでもなければ、直観的に説得的なわけでもない。

(3) 幸福の総量が本当に問題なのか

かりに、上述した問題への対処を考案できれば、総量功利主義に基づいて人類存続の義務を導くことはできる。もっとはっきり言ってしまえば、そのようにして人類存続の義務という結論をともかくも導く議論を作ることはできる。しかし、人類存続の重要性に言及する本章冒頭で挙げたような人々の考えがどういうものだったのか、それらの人達が人類存続を望むのはなぜなのか、そもそもの出発点に戻ろう。幸福の総量の最大化という考えがそれをとらえているかは、かなり疑問である。

まず、人類存続が望ましいのは、1%でも人類が生き残ることで、その後も人類が続くからである——人類存続を宇宙開発の根拠に持ち出す人が、このことを重要だと思っているということまでは確かだろう。だが、幸福の総量が増えるからこそ人類の存続が重要なのだとすれば、1%より2%、3%の方が人数は増えるのでより良いはずだが、そういったことが問題になっているようには思えない。人類が長く存続するために、ある程度の数が必要ということはあるだろうが、それは、数が多い方ほど良いということを意味しない。

次節では、人類の追求する目的にとって人類存続が重要だという主張を見る。恐らく、こちらこそが、人類存続を宇宙開発の根拠に持ち出す人の考えをよくとらえるものになる。

4 宇宙のなかで人類が存在し続ける意味

(1) 現在世代の営みと人類存続

　宇宙物理学者のリースは、宇宙進出が人類の絶滅回避に役立つかを論じる文脈で「私たちの大半は今後の行く末を気にかけているが、それは単に身内として子や孫を案じてのことではない。子孫が連綿と続く進化の鎖のひとつになれず、その営みが遠い未来へとつながらないとしたら、私たちの苦労はすべて水の泡になるからだ」(リース 2007：216) と述べる。この主張は、前節の主張と区別して、私たち現在世代の活動に意味があるために人類存続が不可欠だ、という考えを含むものとして理解できる。以下で見るように、こうした見解は、大きく2種類に分けられる。

(2) 宇宙の規模と人間の小ささ
——人類の営みと存続に関する第一の見方——

　たとえば、惑星科学者のセーガンは次のように述べている。「宇宙のことに比べれば、多くの人の心配事は、とるに足らない、つまらぬことのように思われる。……私たちは、朝の光のなかに浮かぶチリみたいな、小さな存在にすぎない」(セーガン 1980：14-15)。現代の科学が教えるところでは、巨大な宇宙の規模に対して、生存圏を小さな地球にほぼ限定する人類の占める空間はきわめて狭い。そして、人類が遅かれ早かれいつか滅びるのであれば、宇宙の歴史からすれば、はんの短い時間を占めるにすぎないことになる。そうであれば、人類が宇宙のなかで何を行おうとも、重要な違いは生じず、人間の活動は無意味に見える——こうしたとらえ方は、「宇宙における人類の位置」という伝統的な問題群に対する、一つの現代的な反応ということになるだろう。

　人類が絶滅の危機を切り抜けて、十分長く存続し、さらに果敢にも活動の

範囲を広げていくことで、人類は宇宙において、小さいながら重要な存在になる——このように、空間と時間に関する宇宙と人類の比較を素直に受け取ることも一応は可能に見える。セーガンも一方で上のように述べながら、同じ箇所で「しかし、人類はまだ若く、好奇心に満ち、勇敢であり、将来性にも富んでいる」として、人類が獲得する知識の重要性を強調する。そこで言われているのは、人間が到達することのない範囲についても、知性によっては把握できるという意味で、宇宙のなかで人類の占める範囲は小さなものではなくなる、ということだろう。

(3) 永遠の相の下に見る人間の価値

だが、もちろん、サイズと価値のこのような関係はあくまで比喩的なものである。占めるサイズが大きいことや、特に時間的な長さがなぜ重要なのかは、よく考えると理解しにくい（cf. ネーゲル 1989：18-19）。まず、サイズの重要性を真面目に受け取るなら、逆に、宇宙のあり方からすれば人類の存在は空間的にも様相的にも稀少であり——人類が占めている空間は狭く、人類が誕生する可能性は小さかった——、それが人類の存在を貴重なものにするという理解も可能だろう。しかし、稀少さが人類の価値を高めるならばこんどは、時間的な限界は、その限界のもとでなされる人類の営みの重要性を高めることにならないのか。ビッグバンから「極めて短期間の内に、重大な出来事が集中して起こった」（多賀 2015：21、強調点付加）という人類の歴史と価値に対するとらえ方もまた馴染みのあるものだろう。

さらに、宇宙と比較した人類の歴史の短さが問題ならば、いつかくる宇宙自体の終焉をどう考えればよいのか。人類が宇宙の終焉まで存在するかどうかが人類の存在の意味を左右し、宇宙の終わりと共に滅びることが意味と無関係だとすれば、それほどに違うのはなぜなのか。

以上のように、サイズと価値に関する考えは、字義通りに受け取らない方がよいだろう。ではそれは何の比喩なのかと言えば、人類の相対的な卑

小さに言及するこうした見方は、伝統的には「永遠の相の下に（*sub specie aeternitatis*）」人間の生を見る観点に属するとされる。こうした観点としては、宇宙との比較はあくまで一つの表現であり、対比される超自然的な存在として神が言及されることもある。

こうした観点は、私たちの活動の価値に対して、人間的な観点で（*sub specie humanitatis*）見る見方とは独立の基準を提供すると考えられる（cf. ネーゲル 1989：24）。すなわち、私たちは普段、自身の活動に熱心に取り組み、価値を見出す一方で、そうした価値がどのような種類のものかに関係なく、さらには何かを達成しようとしまいと、宇宙的観点からすれば、それは無意味だという主張がなされる。重要なのは、それら二つの価値判断は独立の観点からなされるものであり、相互の評価自体には影響を与えないことである。つまり、ときに、一歩引いて宇宙的観点から自身の生をとらえることがあっても、絶えず立ち戻ることになる人間的な活動の価値が損なわれるわけではない。そうだとすれば、宇宙的観点から無意味でも、人間の活動が意味を失うということは導かれない。

さらに付け加えると、永遠の相の下に見る見方は、長大な時間との比較ではなく、時間を超越した見方としても解釈できる。その解釈のもとでは、人間の達成やその影響は時間のなかで失われるが、達成の事実そのものは超時間的で、取り消されることはない、と考えることが可能である（ドゥオーキン 2014：166-167）。そう考えれば、先に触れた、宇宙自体の終焉が人類の意味を損ねないという考えにそう形で、次のような理解もできる。つまり、宇宙の規模への言及は、永遠の相の下に見ることの比喩であり、人類絶滅や宇宙の終焉によって人間の活動の影響や痕跡は消え去るとしても、超時間的な観点から見れば、そうした達成の事実はなくならないのだ、と。

（4）人類の存続と達成——人類の営みと存続に関する第二の見方

他方で、人間的な観点からも、不生世代が重要だという考えを理解する道

はある。それは、人類が存続しなくなれば、人々の活動や達成の価値が損なわれる、というものである（cf. Scheffler 2013）。たとえば、人類が絶滅すると、バッハの曲を鑑賞することのできる存在はいなくなる。そのことは、バッハの人生の意味を損なうと考えうるかもしれないし、バッハの音楽に価値をみいだした人々（たとえばメンデルスゾーン）や、他の人々に伝え、現在世代を含む、その音楽を評価し続けた人々の生の価値を損なう、と考えることもできよう。このように、新しい世代の誕生が、その前の世代の人々の活動の意味にとって重要な場合はあるだろう。

　だが、併せて考えなければならないのは、そうした達成に必要なのは、永遠の時間ではなく、ある一定の期間だということである。先述のリースによる表現にも当てはまるが、「人類存続」と言われる場合に、どれほどの期間が想定されているのか不明確な場合がある。前節で見たパーフィットの第二の見解が示唆するのは、人類の早すぎる終わりが悪いというものである。それは、絶滅がいつ起ころうと無条件に悪いということまでは意味しない。目標の達成やその影響が残るために新しい世代の誕生が必要だとして、永遠に続く必要があるという主張は、単純すぎるか誇張である（cf. Trisel 2004：377）。

(5) 新しい世代の重要性と義務

　新たな人々を誕生させることが人々の活動や計画にとって重要性をもちうるとして、強調すべきなのは、不生世代が重要なのは、あくまで、人類の幸福や意味に対する寄与の仕方の一つとしてだ、ということである。たとえば、一方で、限られた人類の時間のなかで平和を実現することや、貧困に立ち向かうことができ、結果として、宇宙開発に注がれる費用が減り、人類の歴史が短くなるとする。他方で、一部の人類の生き残りに賭けて、多くの人の幸福が損なわれれば、後者が人類の達成として優れているとは必ずしも言えないだろう。

さらに、新しい世代の誕生が望ましいとしても、実際の子どもの誕生に関して考えるべき倫理的制約も忘れてはならない。現在世代の活動が意味をもつために新しい世代を誕生させる選択をするとして、そうした選択が許されるのは、生まれてくる子どもが置かれる状況が酷いものでない場合だけだろう。こうした考慮は、たとえば、宇宙植民の方法として許容可能な選択肢を左右することになる（cf. Milligan 2015 : Ch. 10）。もし、人類が長く続くことを目的に、移住した世代が劣悪な環境を強いられるようであれば、その計画は許容されまい（他方で、前節の総量功利主義においてはそうした計画は正当化されうる）。

　以上から、達成説に基づいて主張できることは、次のようにまとめられるだろう。新しい世代の誕生は、現在世代の善い生にとって、不可欠でないにせよ、重要なことではありうる。子どもをもつことを望む人はいるだろうから、あるいは、明確に望んだからでなくとも、新たに人間は生まれていく。そのさい、生まれる子どもの環境が酷いものでないなら、そのように子どもをもうけることは、倫理的に許容される（強調しておけば、このことは、子どもを産む義務があるということとは全く異なる）。そして、人々の善い生の実現は、促進するのが一般に望ましいだろうから、社会全体やその各成員にとっても、その促進に一定の義務があるとまでは言えるかもしれない。しかし、それに「人類存続の義務」という大仰な表現を与えるのは不適切である。

5　宇宙開発と人類の危機回避

　本章の議論をまとめよう。「人類存続」や「人類絶滅」が意味することは、実際は複雑で、整理が必要である。つまり、「絶滅」の影響を被る「人類」としては、現在世代、将来世代、不生世代を区別しなければならない。そして、問題の「人類存続の義務」と称される考えには、新しい世代を誕生させる義務が含まれることになる。そうした義務を導きうる主張として、総量功

第13章　人類存続は宇宙開発の根拠になるか　261

利主義がありうるが、その立場が含むさまざまな困難は無視できない。もう一方の達成説は——こちらが恐らく人類存続を望む人たちの考えをとらえているが——人類存続の義務と言えるようなものは導けない。加えて、現在世代の被害の回避だけでは、現実的な危機が今迫っていない以上、惑星防衛と宇宙植民の根拠としては足りないだろう。

　したがって、人類存続に訴えて宇宙開発を支持する主張としては、将来世代の被りうる大惨事に備え、その人たちが危険を回避できるように努力すべきだ、というくらいに留めておく方がよい（その人々への義務さえも、第2節で見たように、疑問の余地があるわけだが）。そして、本当は人類が長く続いてほしいと思っているとしても、将来世代への言及に限定し、不生世代を範囲に含めることは避けた方が賢明だろう。

　将来世代の危機回避のために、宇宙植民が不可欠である場合もありうる。そして、宇宙植民がうまく進み、新たな惑星がそれなりの環境になれば、義務などと言わずとも、新たな世代は生まれることになろう。もちろん、倫理的配慮の範囲を現在世代と将来世代に限定する以上、その世代の多くの人々が地球上のシェルターで寿命をまっとうすることと、人類存続に賭けてごく一部の人々を地球外に脱出させることのようなシビアな選択を想定したときには、前者を——その結果として絶滅を——選ぶべきということになるだろう。だが、「人類絶滅の回避」のような目立つ言葉は、注目を引くにはよいかもしれないが、本章で見たように、批判の的になり、結局は主張の確かさを失ってしまうことになる。心から人類存続を求めて宇宙開発に希望を見出す人にとっても、人類存続を、宇宙開発を支持する論証のためにもっぱら引き合いに出している人にとっても、堅実で息の長い支持を得るためには、不生世代を含む「人類存続」への言及には慎重になった方がよいだろう。

参考文献

呉羽真 2017「人類絶滅のリスクと宇宙進出——宇宙倫理学序説」『現代思想』45(14)、226-237頁。

シェル、J 1982『地球の運命』斎田一路・西俣総平訳、朝日新聞社。

シンガー、P 2015『あなたが世界のためにできるたったひとつのこと——〈効果的な利他主義〉のすすめ』関美和訳、NHK出版。

セーガン、C 1980『COSMOS（上）』木村繁訳、朝日新聞社。

多賀茂 2015「宇宙と人間の新たな関係——宇宙の人間学とは」「宇宙の人間学」研究会編『なぜ、人は宇宙をめざすのか——「宇宙の人間学」から考える宇宙進出の意味と価値』誠文堂新光社、9-26頁。

ドゥオーキン、R 2014『神なき宗教——「自由」と「平等」をいかに守るか』森村進訳、筑摩書房。

ネーゲル、T 1989『コウモリであるとはどのようなことか』永井均訳、勁草書房。

パーフィット、D 1998『理由と人格——非人格性の倫理へ』森村進訳、勁草書房。

リース、M 2007『今世紀で人類は終わる？』堀千恵子訳、草思社。

Bostrom, N. 2013. Existential Risk Prevention as Global Priority. *Global Policy* 4(1): pp. 15–31.

Milligan, T. 2015. *Nobody Owns the Moon: The Ethics of Space Exploitation*, Jefferson: McFarland.

Scheffler, S. 2013. *Death and the Afterlife*. New York: Oxford University Press.

Schwartz, J. S. J. 2011. Our Moral Obligation to Support Space Exploration. *Environmental Ethics* 33(1): pp. 67–88.

Trisel, B. A. 2004. Human Extinction and the Value of Our Efforts. *The Philosophical Forum* 35(3): pp. 371–391.

コラムⅠ │ 地球外知性探査とファーストコンタクト

呉羽　真

　「地球外知性探査（Search for extraterrestrial intelligence：SETI）」は、電波望遠鏡や光学望遠鏡を用いて地球外知性体（ETI）の痕跡を探る受動的SETIと、地球からETIに向けたメッセージの送信を試みる能動的SETIに区別される。前者は1960年にアメリカ国立電波天文台で実施されたオズマ計画に始まり、後者は1974年にアレシボ電波望遠鏡から宇宙に送信した「アレシボメッセージ」や、惑星探査機パイオニアやボイジャーにメッセージを搭載する試みなどの例がある。

　ETIを探すといっても彼らが存在する保証があるわけではなく、60年近くに及ぶ努力を経ていまだに発見の知らせはない。とはいえ、宇宙の広大さを考えると、この事実は決してETIが存在しないことを示すものではない。かくして科学者たちは、「われわれは孤独なのか」という未解決の問いに答えるため、生命や知能の発生条件、文明の存続期間などから見たETIの存在確率をめぐって一大論争を繰り広げてきた。だがSETIは、科学的問題を提起するだけでなく、哲学的問題の宝庫でもある。そこには、「生命」とは、「知能」とは、そして「文明」とは何か、といった概念的問題や、われわれはETIの知性を認識しうるのか、われわれと彼らの間で意思疎通が成立しうるか、といった認識論・コミュニケーション論の問題に加えて、倫理学の諸問題が含まれる。

　倫理的問題の一つは、多大なリソースを費やしてSETIを推進することは正しいか、というものである。SETIはその成功可能性が不明である（ほぼゼロだと考える科学者も多い）ために、有人宇宙探査と同じく、激しい批判を浴びせられてきた。もっと見込みのある事業や緊急性の高い事業を優先すべき、というわけだ。これに対してSETI推進派の人々はSETIが大きな意義をもつと反論しており、たとえば菅沼（1998）はその哲学的意義を「人間の自己相対化」という点に認めている。とはいえ実際の歴史では、1993年にアメリカ政府が投資をやめて以来、SETIの資金は

ほぼ完全に私費で賄われている。

　より野心的な倫理的問題は、仮にETIが発見されたとすれば、彼らをどのように扱うべきか、という問いである。確かにETIがどのような存在者かわからないため、議論は想像に頼ったものにならざるをえない。またETIがいるかどうか、恒星間の距離を超えてわれわれと彼らが直接接触することがありうるか、を疑うのも理に適っている。しかし、ETIとの接触が永久に起こらないとしても、それによってETIの扱い方をめぐる倫理的考察が無意味になるわけではない。これまで応用倫理学の諸分野で、人間以外の動物やロボットのようなわれわれと異質な存在者をどう扱うべきかが盛んに論じられてきたが、ETIはそうした「他者」の究極と言える。思考実験として自分たちとかけ離れたETIの扱い方を考察することは、道徳の本性をめぐる諸問題に新しい角度から光を当て、より身近な存在者の扱い方や自分たち自身のあり方を見直すうえで有用なアプローチなのである。

　ETIの扱い方をめぐって特に問題となるのは、ETIを見つけた場合に彼らと接触を試みるべきか、という点である。一つの考え方は、ETIとの接触は地球人（および地球生命）に甚大な害をもたらすので避けるべき、というものだ。ホーキングら悲観論者は、地球上での人間同士または人間と他の動物の接触の歴史から類推して、ETIが地球を侵略・搾取する可能性を強調している[1]。これに対してセーガンら楽観論者は、地球人と接触できるほど長く文明を存続させてきたETIには、穏和さや賢明さが備わっているはずだ、と反論している。この論争では、知能や文明の発達度合が利他性や道徳性とどう関係するかが争点とされており、「道徳的行為者性（moral agency）」（その行為が道徳的に評価可能な主体であること）をめぐる問題とかかわりをもつ。ルース（Ruse 1985）によれば、ETIも自然選択によって進化してきたと考えられ、また道徳性に進化論的基盤がある以上、彼らは一定の道徳性をもつと想定される。さらに彼は、表面的レベルでは地球人とETIの道徳性に大きな相違がありうる（たとえば、性的形態の相違のために地球人と異なる性道徳をもつ）が、より基本的なレベルでは共通点がある（たとえば、ETIの道徳体系にもカントの定言命法に対応するものがある）に違いない、と主張する。しかし、以上の議論では、道徳の普遍性を過信してはいないか、と疑う余地がある。また仮にルースが正しいとしても、楽観論者のようにETIの道徳性がわれわれにも向けられう

ると決めつけるのは早計だろう。

　上記の問題意識とは反対に、地球人との接触がETIに及ぼす影響についての懸念を扱った研究もある。フランクリン（Franklin 2015）は、ETIに対して暴力や搾取を行うことが不正であることを当然としつつ、さらに平和で公平な交流においてすらETIの文化の存続を脅かす恐れがあると指摘し、ETIとの接触に際して配慮が必要であることを強調する。とはいえ、このようにETIの「道徳的受容者性（moral patiency）」（道徳的配慮を与えられるべき対象であること）を前提とすることは、どれほど説得的だろうか。倫理学者の間では、有感性（喜びや苦しみを感じる能力）をもつ生命体には道徳的配慮が与えられるべきだと考える人が多い。シンガー（Singer 2006）は、知能と共感を備えた地球外生命体には基本的権利が認められるべきだとすら主張している。しかしわれわれは（たとえばスタニスワフ・レムの小説〈レム 2015〉に登場する惑星ソラリスのように）自分とあまりに異なる存在者に対して、本当に道徳的に振る舞いうるだろうか。こうしてETIの扱い方をめぐる倫理的考察は、われわれの想像力の限界に挑戦しつつ、われわれ自身のあり方を問いただすことになるのである。

注
1　意図的な侵略・搾取のほかに、ETIが意図せずして地球生命に対するバイオハザードを引き起こしうることもしばしば指摘される。

参考文献
菅沼聡　1998「SETIの哲学的意義」『科学基礎論研究』25 (2)、27–33頁。
レム、S　2015『ソラリス』沼野充義訳、早川書房。
Franklin, B. 2015. The Permissibility of First Contact. In J. Galliott (ed.), *Commercial Space Exploration: Ethics, Policy and Governance*. Surrey: Ashgate, pp. 23–33.
Ruse, M. 1985. Is Rape Wrong on Andromeda? An Introduction to Extraterrestrial Evolution, Science, and Morality. In E. Regis Jr (ed.), *Extraterrestrials: Science and Alien Intelligence*. Cambridge: Cambridge University Press, pp. 43–78.
Singer, P. 2006. The Great Ape Debate. *Project Syndicate*, May 16, 2006. https://www.project-syndicate.org/commentary/the-great-ape-debate（最終閲覧2017年3月24日）

コラムJ │ 宇宙コロニーでの労働者の権利

杉本俊介

　現代ビジネスにおいて、安全で健康的に働く権利、雇用・昇進・解雇に関する権利、プライバシーの権利、団体交渉を行う権利、ハラスメントを受けない権利、公正な賃金を得る権利など労働者の権利の保証が強く求められている。労働者が宇宙に出るとき、同様の権利の保証が求められるだろうか。

　これまで宇宙倫理学では、レイオフされない権利、宇宙コロニーを自由に離れる権利、宇宙コロニー内でストライキを行う権利が議論されてきた。

レイオフされない権利

　きっかけは、マーク・ホプキンズによるランド研究所の報告書である（Hopkins 1979）。ホプキンズは、宇宙コロニーが誕生したとき、そのコロニーがどのようなものになるかを推測する。最初は政府によって管理されるが、やがて効率を上げるため民間企業が占有するようになるという。そして、この民間企業は、空気や水を含め、宇宙労働者の全般的な環境を管理することになり、ある種の「企業城下町（company town）」を形成するという。

　フレデリック・ヤングは、企業城下町の企業は労働者に特別な義務を負い、したがって労働者は特別な権利をもつことに注目する（Young 1988）。たとえば、企業が労働者にレイオフを告げても、企業城下町の労働者はその町で別の職に就くことは非常に困難である。そこで、企業は労働者にレイオフしない特別な義務があり、労働者にはレイオフされない特別な権利があると言われることが多いという。もし宇宙コロニーが企業城下町を形成するなら、そこで働く労働者もレイオフされない権利をもつだろう。

宇宙コロニーを自由に離れる権利

　ヤングはさらに、労働者は宇宙コロニーを自由に離れる権利をもつと論じる。宇宙コロニーでは、労働者が町から離れるのに必要な宇宙船もその企業が管理する可能性が高い。そうなれば、労働者は仕事やコミュニティを自由に離れる権利を失ってしまう。そこで、ヤングは、企業が労働者に、定期的に地球に戻ることを保証し、退職や辞職した労働者を地球に輸送することを保証することが重要だという。これは政府によっても保証できるが、リクルーティング面で企業にとってもメリットになる。

宇宙コロニー内でストライキを行う権利

　労働者には宇宙コロニー内でストライキを行う権利も認められるだろうか。こうしたストライキは、ロバート・ハインラインの『月は無慈悲な夜の女王』や、米国のテレビドラマ『バビロン5』のシーズン1エピソード12などで描かれている。しかし、もし宇宙コロニーが企業城下町になるなら、その企業は空気や水といった必須サービスも提供しているため、安易にストライキは認められないだろう。

　ヤングはまた、労働者のストライキは認めても、企業のロックアウト（locked-out）は限定的にしか認められないという。たとえば、企業にはストライキ中でさえ、空気や水といった必須サービスのニーズが満たされるよう取り計らう義務があり、それを怠る企業には、政府は人材募集停止をとることもありうることを指摘する。さらに、ストライキの権利を行使するとしても、それが無危害の原理（a harm principle）に違反しないようにしなければならないという。

　ジェームズ・シュワルツも、宇宙コロニー内でストライキを行う権利を擁護するが、ヤングとは違い、同じ必須サービスの提供者である看護師や医師がストライキを行う権利を擁護する議論を応用するかたちで論じている（Schwartz 2016）。シュワルツは、ヘルスケアを提供する義務がそこで働く看護師や医師にだけ課せられるのでなく、ヘルスケア・システム全体に課せられることを認める。ヘルスケア・システムには、病院経営者、保険会社、政府も含まれる。システムが動いていないのは、看護師や医師が注意義務を行使していなかったかもしれないが、病院経営者が患者のニーズをカバーするだけの十分なスタッフを雇用していな

かったか、保険会社が患者の利用できるケアを保険適用外としていたのか、政府が十分な保険に入っていない者に対してヘルスケアを求める十分な手段を提供していなかったのかもしれない。

　シュワルツはこうした看護師や医師がストライキを行う権利を擁護する議論を紹介する。それは以下の議論である。利潤に基づいて運営される米国のヘルスケアでは、保険会社や病院によるケアの質を落とす決定は認められる。もし保険会社や病院によるこの種の決定が受け入れられるなら、看護師や医師による同様の決定が受け入れられるだろう。シュワルツは、この議論のなかで看護師や医師のストライキが許される諸条件に類似した以下の条件が満たされる限り、宇宙コロニー内のストライキも許されると論じる。

①水や空気など必須サービスの提供はコミュニティ全体の責任である。

②このコミュニティの他のメンバーの行為が労働者が被っている不正義の原因である。

③ストライキの主な結果として、水や空気など必須サービスの改善か、労働者が被る不正義の緩和が生じる。

④ストライキ中でも水や空気など必須サービスの提供が保証されるよう取り決めがなされる。

参考文献

Hopkins, M. M. 1979. The Economics of Strikes and Revolts during Early Space Colonization: A Preliminary Analysis, *The Rand Paper Series*.

Schwartz, J. 2016. Lunar Labor Relations. In C. Cockell (ed.) *Dissent, Revolution and Liberty beyond Earth*. New York: Springer, pp. 41–58.

Young, F. C. 1988. Labor Relations in Space: An Essay in Extraterrestrial Business Ethics. *The Monist* 71 (1): pp. 114–129.

コラムK | 未来の戦場としての宇宙

大庭弘継

第10章で、宇宙での戦争の可能性を考察した。読者はおそらく、宇宙戦争はまだ遠い、という印象を受けたかもしれない。また、大規模戦争が遠ざかったと考えられている現代において、宇宙も平和のままだと予想するのも不思議ではない。実際、多くの人々は宇宙を戦場とすることを望んでいないのだから。

だが、それは現状と近い将来に限った考察である。さらに未来の、人類が本格的に宇宙社会を構築する時代を考えると、私たちが宇宙の非軍事化を望んだとしても、宇宙での戦争の可能性は高まると考える。本コラムでは、宇宙が未来の戦場となる可能性を考察したい。

人類が宇宙に定住するようになる状態は、宇宙において人類がさまざまな社会経済活動を行う時代だとみなしてよいだろう。その段階において人類は資源として小惑星を活用すると考えられる。その活用に際し、小惑星牽引技術の開発が期待されており、潜在的に地球に脅威をもたらす小惑星や彗星の軌道変更など、惑星防衛の観点からも有益な技術となる。

だが、この小惑星の軌道変更・牽引技術は、そのまま地球へ衝突させることができる技術となる。つまり人類の宇宙進出による技術の進展は、人類への脅威を高める逆説となりうる。そして、これをテロリストが利用する恐れがある[1]。『ガンダム』シリーズのコロニー落としやアクシズ落としなどのように、地球人類に壊滅的ともいえる打撃を与える技術として転用できるからである。また、火星軌道外縁の小惑星帯など遠方から徐々に加速すれば、地球近傍においてはかなりの速さとなる。遠方かつ楕円軌道であるため、その発見や、発見後の対応が困難であることも考えられる。つまり、小惑星を地球に衝突させるテロの可能性がある。

こういったテロ攻撃を阻止するために、まず検討するべきは、非軍事的手段による危害の防止策である。それは、ルールの策定や監視システムの構築などであ

る。たとえば、小惑星移動にルートや速度制限を設け、それを事前申告させ、逸脱がないか監視するといったルールとシステムである。だが、ルールとシステムは、いわば宇宙開発従事者の善意に期待したシステムであり、おそらく抜け道は存在するだろう。監視システムを構築したとして、地球よりも数千万km（火星は最接近時で約6,000万km）離れた広大な宙域を有効に監視できるか不明である。かりにテロリストが監視網を潜り抜け、さらに遠方で小惑星を加速しておけば、地球近傍で監視側が気づいたときには、衝突を回避できない状況も考えられる。地球近傍で小惑星を破壊した場合、デブリの問題が深刻となる。またテロリストの狙いが、デブリの連鎖発生による軌道の封鎖、いわゆるケスラーシンドロームである可能性もある。

　よって十分に余裕をもって対処するためには、地球から離れた宇宙空間に兵器を配備し、適時適切に対処する必要が生じる。一般的に軍事力の行使は「最終手段（last resort）」とされるが、脅威の規模と時間的制約を考えると切迫した危害とみなして「時宜に適い断固とした対応（timely and decisive response）」、つまりすみやかに実力でテロリストと小惑星を排除する手段が必要となる。

　いわば宇宙軍である。宇宙警察と呼んでもいいが、小惑星などを実力で破壊する組織を警察と呼ぶことに躊躇するため、宇宙軍と呼ぼう。宇宙軍は、事前に危機を探知し、危機を回避・阻止する手段を有する組織となろう。この組織の所属がどこになるのかはわからないが、国家や私企業ではなく、透明性と正統性を確保するために、国連など人類を代表する機関の所属であることが望ましい。この組織は、テロリストを逮捕し、テロリストの攻撃手段／兵器を破壊し、ときに巨大な小惑星の軌道変更やデブリを残さない完全な破壊などを任務とすることになるかもしれない。その装備は、重力トラクターのようなものから、レーザー兵器、質量兵器、はては核兵器も装備することになるかもしれない。これら兵器は保有数や種類の制限などが行われるかもしれないし、宇宙軍への文民統制なども必要になってくるだろう。

　かりに、核兵器のような烈度の高い兵器の使用を回避した方がよいならば、より遠くで迅速にテロリスト等に対処する必要が生じてくる。しかし、テロリストが無抵抗で易々とお縄につくとは思えない。事前に対処するにしても、それなり

の実力を備えた組織が必要となる。国際海洋法に準拠し臨検できると考える人も
いるかもしれない。だが宇宙空間は広大なうえに、宇宙船は非常に高速で移動し
ている。互いにその意思がない限り、宇宙空間で宇宙船同士がランデブーするこ
とは著しく困難だといえる。宇宙空間における臨検は、相手にその意思がなければ、
成立しない。またテロリストが反撃してくる場合も考えられ、実力でもって排除
する場合もあるだろう。テロリストに対処するには、テロリストが所有する手段を、
強制的に阻止する能力が必要となる。

　むろん、宇宙軍そのものが脅威となるディレンマも指摘できるだろう。軍隊と
いう存在は、常に論争的である。夜警国家論においてさえも国防を国家の役割と
して明示してきた一方で、軍隊の存在こそが戦争の引き金になるという見方もま
た説得力をもつ。文民統制があるとしても、宇宙軍の成立こそが地球への最大の
脅威となる、という批判は必ず生じるだろう。

　19世紀、イギリス海軍は各地で海賊を掃討し、パクス・ブリタニカを達成した。
この状態との相似性はあるが、19世紀の海賊と異なり、将来のテロリストはより
破壊的な攻撃方法を有することになるだろう。宇宙軍への文民統制については、
19世紀のイギリス海軍との共通性を期待したい。

　本コラムは人類の宇宙進出が生み出す技術がテロの脅威を生み出し、そしてテ
ロに対抗するための宇宙軍の成立が戦場としての宇宙の始まりとなる可能性があ
る、という結論である。

　　注
　1 テロの脅威をどう想定するのか、現代でも悩ましい問題である。というのもテロの動機は
　　 宗教、イデオロギー、個人的怨恨など、さまざまなものがあるうえ、集団のみならず個人（ロー
　　 ン・ウルフ）も大規模なテロを引き起こしうるからである。よってテロ防止のためにさま
　　 ざまな対策は実行されているが、完全には阻止できない現状は周知のとおりである。

あとがき

伊勢田哲治・神崎宣次・呉羽　真

　本書は、「宇宙倫理学」の分野に属する日本初の研究論文集である。序章でも触れられていたように、宇宙倫理学は、欧米でもまだ確立したとはいえない、大変若い分野である。宇宙開発に関する倫理学的研究は、1980年代に始まり、環境倫理学者ハーグローブが編集した論文集（Eugene Hargrove ed., *Beyond Spaceship Earth: Environmental Ethics and the Solar System*, Sierra Club Books, 1986）が出版されるなどの展開を見たが、応用倫理学の一分野として確立されるには至らず、細々と続けられてきた。しかし、2010年代になるとにわかに活況を呈し、何冊もの単著の研究書（Jacques Arnould, *Icarus' Second Chance: The Basis and Perspectives of Space Ethics*, Springer Wien, 2011; Tony Milligan, *Nobody Owns the Moon: The Ethics of Space Exploration*, McFarland, 2015）や共著の研究論文集（Jai Galliott ed., *Commercial Space Exploration: Ethics, Policy and Governance*, Ashgate, 2015; James S. J. Schwartz & Tony Milligan eds., *The Ethics of Space Exploration*, Springer, 2016）が出版されている。日本では、本書第12章の執筆者である稲葉が『宇宙倫理学入門――人工知能はスペース・コロニーの夢を見るか？』（ナカニシヤ出版、2016年）を出版している。

　本書は、上記のような海外の研究動向に呼応し、日本でも宇宙倫理学の議論を活発化させるべく、その一つの基礎を提供するために企画された。ただし、宇宙倫理学の議論がいまだ萌芽的な段階に留まることを踏まえて、本書の編集・執筆に当たっては、単なる海外の先行研究の後追いに終わらず、むしろ自らの手で新しい分野を確立するという意気込みで臨んだ。その企図が

成功しているかどうかの判断は読者諸氏に委ねることとする。また、本書は現在進行中の宇宙開発にかかわるものからSF的な未来予測に属するものまで広範囲の話題を扱い、純粋な哲学的・思弁的探究を進めることと、現実の宇宙開発の進展に伴う課題の解決に貢献することの両面を目標に掲げている。

宇宙開発に関する人文社会科学の著作、という点から見ると、これまでにも、木下富雄（代表）『宇宙問題への人文社会科学からのアプローチ』（国際高等研究所、2009年）、岡田浩樹ほか（編）『宇宙人類学の挑戦――人類の未来を問う』（昭和堂、2014年）、「宇宙の人間学」研究会（編）『なぜ、ひとは宇宙をめざすのか――「宇宙の人間学」から考える宇宙進出の意味と価値』（誠文堂新光社、2015年）などが出版されている。本書はこうした系譜に連なるものであり、倫理学という分野から宇宙開発の人文学的研究に寄与することを目指した。

本書の刊行に当たっては、京都大学宇宙総合学研究ユニット（以下、「宇宙ユニット」と略記）の果たした役割が大きい。宇宙ユニットは、宇宙に関連したさまざまな分野の連携と融合を目指して、2008年に設置された組織である。そこでは、理工学的な従来の宇宙研究に加えて、生命科学や情報科学、人文社会科学などを含む多彩な分野から宇宙にアプローチする新しい学問分野の開拓を目指している。宇宙ユニットにおいて宇宙倫理学は、現在、宇宙人類学などと並ぶ宇宙の人文社会科学の一つの柱として推進されている。宇宙ユニットと、同じく京都大学の文学研究科応用哲学・倫理学教育研究センター（CAPE）の協力の下、「宇宙倫理学研究会」が組織され、研究活動が行われている。本書の執筆者のほとんどが同研究会のメンバーである。

宇宙倫理学研究会の設立の経緯をもう少し詳しく紹介する。発端は、宇宙ユニットの専任教員（当時）で、人文社会系の多様な分野との連携を模索していた磯部が、CAPEの水谷および伊勢田を同ユニットに勧誘したことであった。それを受けて、2013年の宇宙ユニットのシンポジウムでは伊勢田と水谷が宇宙倫理学を紹介する講演を行った。宇宙倫理学と環境倫理学の話

題の共通性が高いことから、早い段階で環境倫理学の専門家である神崎もこの研究グループに勧誘され、活動に参加するようになった。2014年9月には、宇宙ユニットと宇宙航空研究開発機構（JAXA）の協力の下、応用哲学会の主催イベントとして、JAXA筑波宇宙センターにて、「応用哲学会サマースクール2014 宇宙開発について学び、一緒に考える」が開催された。呉羽、稲葉、大庭、清水など執筆者の多くは、この企画への参加がきっかけになって同プロジェクトに携わるようになった。

　2015年度には、呉羽が（哲学の研究者でありながら）宇宙ユニットの専任研究員として着任し（2018年3月に退職）、宇宙にかかわる諸分野と哲学の間で本格的に共同研究を進める態勢が整った。そこで、呉羽が実質的なオーガナイザーとなり、伊勢田が代表をつとめる形で、京都大学以外の研究者をもメンバーに加えた宇宙倫理学研究会が設立された。この研究会は、設立当初から、せっかく研究会をするからには、メンバーによる本格的な研究論文集を出版しよう、ということを目標にかかげた。この研究会では、まず、宇宙ユニットの支援の下で、本書の刊行を目標として先行研究の調査・検討のための例会を数回にわたって開催した。また、JAXAの特別資料『人文・社会科学研究活動報告集：2015年までの歩みとこれから』に「宇宙倫理学の現状と展望」と題する報告を共同執筆し、寄稿した。

　こうした準備活動を経て、2016年度からは、科研費補助金・挑戦的萌芽研究「人類の宇宙進出に伴う宇宙倫理学確立のための基礎研究」（課題番号：16K13149、研究代表者：神崎宣次）を本研究会のメンバーが研究分担者、研究協力者となって獲得した。その支援の下で、ワークショップや公開対談（本書第3章として収録）等の企画を開催しつつ、本書の各章として結実する研究を共同で進めてきた。本書の草稿については、2016年11月、同12月、2017年3月、同8月と数次にわたって検討を重ね、議論の水準の向上に努めた。そうして出来上がったのが本書である。

　上記の経緯において、多くの方々に助力をいただいた。

　まず、宇宙倫理学に関する対談を行い、またその記録を本書に掲載するこ

あとがき　　275

とを快諾してくださった柴田一成氏、本書の執筆期間中にユニット長を務められた家森俊彦氏・長田哲也氏をはじめ、京都大学宇宙ユニットの先生方には、宇宙倫理学研究会の活動に対して協力と支援をいただいた。本書が宇宙の人文社会科学の研究成果として評価され、またそれを基礎として今後ますます研究を発展させていくことこそ、宇宙ユニットならびに先生方の助力に報いることと信じ、本書をお届けする次第である。

　上記の応用哲学会サマースクールやJAXA特別資料への寄稿などで、当時JAXAの人文・社会科学コーディネーターを務めていた石崎恵子氏のお世話になった。石崎氏の協力がなければ、本書の企画は生まれなかった。また、昭和堂の松井久見子氏には、本研究会のミーティングにも何度も参加していただき、編集者としての観点からさまざまな助言をいただいた。あわせて謝意を表したい。

　本書の刊行にあたっては、独立行政法人日本学術振興会平成30年度科学研究費助成事業（科学研究費補助金）（研究成果公開促進費）の交付を受けた。

索　引

あ

悪徳..125
アポロ計画.....................23, 71, 75, 76
アリストテレス............................3, 80
アルヌー、J..................................1
アルバートII世..............................107
安全保障.............21, 24, 181, 188, 194
アントロポセン.............................115

い

一次的価値................................78, 83
逸脱の常態化→技術的な逸脱の常態化を
　　参照
遺伝子工学....................................242
いとわしい結論..............................255
稲葉振一郎....................................1
因果..................................35, 37, 38
隕石..116
インフォームドコンセント......105, 176–178
　　242, 243

う

ウィリアムスン、J...........................145
ヴォーン、D................88–94, 99, 100
宇宙..17
宇宙医学....................................61–63
宇宙開発先進国..............................139
宇宙開発戦略本部.............................21

宇宙科学......................................26
宇宙活動......................................17
宇宙活動法....................................66
宇宙環境災害..................................117
宇宙環境問題..................................4
宇宙環境倫理学..............115, 118, 124
宇宙機器産業..........................166, 168
宇宙基本計画............21, 22, 62, 168
宇宙基本法...............21, 24, 174, 219
宇宙空間平和利用委員会
　　（国連〜、COPUOS）....23, 65, 132, 133
　　141, 188, 205
宇宙経済学....................................41
宇宙航空研究開発機構（JAXA）.......84, 108
　　116, 166, 167, 275
　　――法....................................219
宇宙行動科学..............................61–63
宇宙ゴミ→スペースデブリを参照
宇宙コロニー→スペースコロニーを参照
宇宙災害......................................159
宇宙資源..................................66, 199
　　――開発利用法.....................203, 205
宇宙社会科学..................................41
宇宙社会学....................................41
宇宙状況把握............................20, 161
宇宙条約..........4, 22, 65, 66, 133, 204
宇宙植民...........231, 232, 244, 248, 249, 251, 262
宇宙人類学....................................7
「宇宙」正義..................................212

宇宙政策委員会 21

宇宙生物学 229

宇宙船地球号 113, 115

宇宙太陽光発電 116

宇宙探査 26, 27

宇宙天気予報 46, 58, 160

宇宙の武装化 184, 191

宇宙兵器 182, 186, 188, 191, 195

宇宙ベンチャー 202, 207

宇宙法 64, 232

宇宙放射線 104, 105

宇宙ユニット→京都大学宇宙総合学研究
　ユニットを参照

宇宙利用産業 166–168

宇宙旅行 165, 167, 176, 177

宇宙倫理学 87

　——研究会 45, 47, 274

　——方法論 30

え

永遠の相の下に 259

衛星画像 215, 216

衛星測位 18

　——システム 219

エスニシティ 223

エビデンス 29, 30, 32, 33

エンハンスメント 8

お

欧州宇宙機関 130

応用科学 41, 42

応用倫理学 2, 29, 31, 38, 41, 42

オーバービューエフェクト 83

オニール、G 233, 234

オバーグ、J 146

か

ガガーリン、Y 71

科学技術社会論 87, 93, 94

科学研究 201

科学的価値 35

科学的根拠 29

科学のための科学 77

隔離閉鎖環境 62, 63

環境価値論 135

環境正義 121, 138

環境と開発に関するリオ宣言 117

環境徳倫理学 122

環境倫理 151

　——学 ... 2, 3, 113, 121, 123, 124, 147, 149
　150

カント、I 2

き

機関間スペースデブリ調整委員会（IADC）
　........................ 128, 129, 131, 133

企業の社会的責任（CSR）......... 165, 170–173
　175

気候安全保障 121

気候正義 121

気候変動 119

技術移転 139, 141

技術者倫理 87, 93, 94

技術的解決策 118

技術的な逸脱の常態化（逸脱の常態化）
　........................... 91, 102, 103

気象衛星 115

義務論 36

京都大学宇宙総合学研究ユニット（宇宙
　ユニット）................... 45–47, 274

巨大科学..74, 76

く

クドリャフカ→ライカを参照
グローバル・コモンズ.........................205
グローバルな正義.........................211–213

け

経済学..36, 39
計量経済学..37
ケスラー、D...131
ケスラーシンドローム...............131, 271
原子力..35, 36

こ

公共財..78, 83
公共政策..39
考古学..34
傲慢さ..121
功利主義...............2, 36, 242, 254, 256, 261
功利性を超えた価値.................79, 82, 84
国際宇宙ステーション（ISS）.....3, 20, 25
　　　61, 65, 129, 167
――計画...............................71, 74, 75
国際宇宙法.......................64–66, 203, 213
国内宇宙法...64-66
国連宇宙空間平和利用委員会→宇宙空間
　　平和利用委員会を参照
コスト..36
ゴダード、R...23
国家の中立性.....................................81, 82
コミュニタリアニズム...........................82
コロニー→スペースコロニーを参照
コロンビア号事故.................................104

さ

サイオコール社......................................97
「最後の人間」の思考実験...................136
サイボーグ......................................6, 8, 242
ザッカーバーグ、M............................216
30メートル望遠鏡（TMT）.......35, 222–225

し

シェル、J...............................252, 253
ジオエンジニアリング...........118–120, 122
資源採掘..34
自己情報コントロール権......................216
システマティックレビュー...................30
持続可能性.....5, 113, 115–118, 122, 125, 137
社会科学.................................30–37, 39, 41
社会学..34, 36, 37, 39
社会的知能..240
集合的記憶..224
シュワルツ、J................153–155, 268
商業宇宙打上げ競争力法......................203
情報倫理学...9
将来の世代..201
所有...4
　　――権..................66, 203, 206, 207
シンガー、P..266
シンガー、P・W................................190
人工衛星..18
人工知能（AI）............................238, 244
人口転換..234
人類絶滅の回避.............................247, 262
人類存続からの論法...............................79
人類存続の義務...........248, 253, 255, 261
人類の共同財産....................................204

索　引　279

す

ステークホルダー............170, 172, 174, 175
ステープルドン、O................................145
ストライキ..267–269
スパロー、R............147, 151–153, 155, 156
スペースX..25
スペースガード...160
スペースコロニー（宇宙コロニー、コロニー）
..........8, 113, 117, 143, 233–237, 267–269
スペースシャトル............87, 88, 97, 102, 131
──計画..71
スペースデブリ（宇宙ゴミ、デブリ）........4
20, 65, 127, 230

せ

政治学..37, 39
静止軌道..129–132
生態系...155
成長の限界..234
生命倫理学...2, 6
セーガン、C...........79, 145, 257, 258, 265
世代間倫理..137

そ

ソフトパワー..23
ソフトロー..65
ソラリス..266

た

ダイソン、F...........................28, 230, 237
ダイソン・スフェア....................................230
太陽フレア................104, 116, 159, 160
卓越主義...80–82
立花隆...106

ち

弾道飛行..19, 25

地球外知性体（ETI）.......................264–266
地球外知性探査（SETI）......................264
地球観測..18
地球近傍天体（NEO）...........................159
地球周回軌道...18
地球の出...75
知的生命体..5, 6
チャレンジャー..................................87–102
──号事故...104
長期滞在..62, 63

つ

ツィオルフスキー、K.....................23, 199
通信衛星..219
月協定............................65, 204, 208, 209

て

デイヴィス、M..............93, 94, 101, 102
低軌道..129–132
デイリー、H.....................................137, 141
デ・ヴィンター、J......................94–99
手塚治虫..1, 13
デブリ...20, 127
デュアルユース....23, 161, 175, 193, 219, 220
テラフォーミング....5, 34, 120, 143–145, 147
149, 151–158, 235
テロリスト..............................194, 270–272
天宮計画..71
天体改変..34
天体環境..200
天体の衝突...159

と

ドウォーキン、R 81
統計的因果推論 37
道徳エンハンスメント 122
道徳的行為者性 265
道徳的受容者性 266
道徳的配慮の対象 120, 124
動物宇宙飛行士 109
動物実験 107, 108
動物福祉 108
動物倫理 107
徳 118, 124, 125
徳倫理 147, 151, 152
　──学 124
土地倫理 123, 124

に

二次的価値 78
日本学術会議 219
人間中心主義 121, 123, 125, 135, 137
人間本性からの論法 79
認識的誠実さ 95–103
認識的利害 94, 95

の

ノージック、R 81
ノートン、B 149

は

ハーグローブ、E 273
バーチ、P 146, 147
ハーディン、G 114, 115
パーフィット、D 254
ハインライン、R 268

墓場軌道 132
パターナリズム 82, 105
ハビタブルゾーン 5
パフォーマンス 61, 63
はやぶさ2計画 84
バローズ、E・R 144
ハワイ先住民 222

ひ

美的価値 56
非同一性問題 250, 251, 255
非人間中心主義 121, 123, 125, 135
非認識的利害 94, 95, 99, 102
ヒューマノイド 239
ヒューマン・エンハンスメント 242
非倫理的計算モデル 88, 90

ふ

ファーストコンタクト 7
フォン・ブラウン、W 23
プライバシー 9, 25, 215
ブルーマーブル 75
文化人類学 34, 39, 40
文化的意義 34, 35, 222–224

へ

米国航空宇宙局（NASA）.........62, 88, 90–92
　　96, 98–100, 102, 129
ベネフィット 36
ベンチャー企業 166, 169

ほ

法学 39
ホーキング、S 247
保護領域 129, 136

索引　　281

星新一 109
ボジョレー、R 88
ボストロム、N 118, 119, 157, 254

ま

マーズワン 8, 165, 177, 178
マウナケア山 222–224
マスク、E 25
マッケイ、C 146

み

ミール計画 71
ミリガン、T 1, 87
民間宇宙旅行 25, 104

め

メタ宇宙倫理学 30
メタ倫理学 42

も

モラル・ハザード 120

や

矢沢潔 146

ゆ

有感性 266
有人宇宙開発 22, 61, 62, 106
有人宇宙活動 20
有人宇宙探査 28, 71–84, 104, 105, 108
247, 264
有人火星探査 32
夢とロマン 9

ら

ライカ（クドリャフカ） 107
ライフサイクルアセスメント（LCA） 139
140
ラグランジュ点 236
ランダム化比較試験 30

り

リー、K 147, 150, 151, 153–155
リース、M 257
リクルーティング 168, 172–174, 268
リクルート 174
リスク 35, 36, 87
リニア・モデル 77
リベラリズム 81–83, 105, 242
リモートセンシング 18
——技術 219

れ

レイオフ 267
レオポルド、A 123, 124
歴史学 34, 39
レム、S 7, 266

ろ

ロールズ、J 3, 210, 211
ロック、J 4, 206, 207
ロック的但し書き 208, 209
ロボット 27, 238–244
ロルストン、H 147–149, 151, 153–155

わ

ワインバーグ、A 76
ワインバーグ、S 28

惑星防衛................160, 248, 250

アルファベット

AI→人工知能を参照

COPUOS→宇宙空間平和利用委員会を参照

CSR→企業の社会的責任を参照

ETI→地球外知性体を参照

GPS................18, 19, 215, 216

IADC→機関間スペースデブリ調整委員会
　　を参照

ISS→国際宇宙ステーションを参照

JAXA→宇宙航空研究開発機構を参照

LCA→ライフサイクルアセスメントを参照

NASA→米国航空宇宙局を参照

NTN（株式会社）................173-175

Oリング................88, 90-92, 96, 98

SETI→地球外知性探査を参照

SF................2, 9

TMT→30メートル望遠鏡を参照

UNESCO................134

V2ミサイル................23

■執筆者紹介（執筆順、＊印は編者）

水谷雅彦（みずたに まさひこ）

京都大学大学院文学研究科教授
専門は倫理学
おもな著作に『情報の倫理学』（丸善、2003年）、『倫理への問いと大学の使命』（共編、京都大学学術出版会、2010年）など。

磯部洋明（いそべ ひろあき）

京都市立芸術大学准教授
専門は宇宙物理学
おもな著作に『総説宇宙天気』（分担執筆、京都大学学術出版会、2011年）、『宇宙人類学の挑戦——人類の未来を問う』（分担執筆、昭和堂、2014年）など。

清水雄也（しみず ゆうや）

一橋大学大学院社会学研究科博士後期課程
専門は科学哲学
おもな著作に「社会科学・自然主義・因果性」（『日韓次世代学術フォーラム第12回国際学術大会Proceedings』、2015年）、"Yoichiro Murakami and the Philosophy of Science"（*East Asian Science, Technology, and Society: An International Journal*, Duke University Press, 近刊）など。

柴田一成（しばた かずなり）

京都大学大学院理学研究科附属天文台教授・台長
専門は太陽宇宙プラズマ物理学
おもな著作に『太陽の科学』（NHK出版、2010年）、『とんでもなくおもしろい宇宙』（角川書店、2016年）など。

＊伊勢田哲治（いせだ てつじ）

京都大学大学院文学研究科准教授
専門は科学哲学、倫理学
おもな著作に『疑似科学と科学の哲学』（名古屋大学出版会、2003年）、『科学技術をよく考える——クリティカルシンキング練習帳』（共編、名古屋大学出版会、2013年）など。

＊呉羽　真（くれは まこと）

大阪大学先導的学際研究機構共生知能システム研究センター特任助教
専門は心の哲学、科学哲学、倫理学
おもな著作に『生まれながらのサイボーグ——心・テクノロジー・知能の未来』（共訳、春秋社、2015年）、"The unbounded and social mind: Dewey on the locus of mind"（*Essays in Philosophy* 17(2), 2016）、「将来の宇宙探査・開発・利用がもつ倫理的・法的・社会的含意に関する研究調査報告書」（共著、京都大学「知の越境」融合チーム研究プログラム（SPIRITS）学際型課題「将来の宇宙開発に関する道徳的・社会的諸問題の総合的研究」、2018年）など。

立花幸司（たちばな こうじ）

熊本大学大学院人文社会科学研究部准教授
専門は古代ギリシア哲学、科学哲学、倫理学
おもな著作に"From outer space to Earth: The social significance of isolated and confined environment research in human space exploration"（共著、*Acta Astronautica* 140, 2017）、*Organizational Neuroethics: Reflections on the contributions of neuroscience to management theories and business practices*（分担執筆、Springer、近刊）など。

近藤圭介（こんどう けいすけ）

> 京都大学大学院法学研究科准教授
> 専門は法哲学
> おもな著作に「グローバルな公共空間の法哲学——その構築の試み」（『論究ジュリスト』23、2017年）、『グローバル化と法の変容』（分担執筆、日本評論社、2018年）など。

杉原桂太（すぎはら けいた）

> 南山大学理工学部講師、兼同大社会倫理研究所第二種研究所員
> 専門は科学技術社会論、技術者倫理
> おもな著作に『誇り高い技術者になろう——工学倫理ノススメ』第2版（分担執筆、名古屋大学出版会、2017年）、「自動運転技術を巡る諸問題を議論するための一つのアプローチ」（*Nagoya Journal of philosophy* 13、2018年）など。

吉沢文武（よしざわ ふみたけ）

> 秋田大学教育推進総合センター講師
> 専門は現代分析哲学、死の哲学・倫理学
> おもな著作に「死と不死と人生の意味——不死性要件をめぐるメッツの議論と不死に関するもう一つの解釈」（『応用倫理』5、2011年）、『「倫理」における「主体」の問題』（分担執筆、御茶の水書房、2013年）など。

＊神崎宣次（かんざき のぶつぐ）

> 南山大学国際教養学部教授
> 専門は倫理学
> おもな著作に『ロボットからの倫理学入門』（共著、名古屋大学出版会、2017年）など。

岡本慎平（おかもと しんぺい）

> 広島大学大学院文学研究科助教
> 専門は倫理学
> おもな著作に「日本におけるロボット倫理学」（『社会と倫理』28、2013年）、「たった一人の私に、あなたは気づいてくれますか？——『超攻合神サーディオン』と戦闘用ロボットの悲劇」（『フィルカル』2 (1)、2017年）など。

玉澤春史（たまざわ はるふみ）

> 京都大学防災研究所研究員
> 専門は宇宙物理学、科学史、科学コミュニケーション
> おもな著作に"Astronomy and Intellectual Networks in the late 18th Century in Japan: A Case Study of Fushimi in Yamashiro"（共著、*Historia Scientiarum* 26 (3)、2017年）など。

杉本俊介（すぎもと しゅんすけ）

> 大阪経済大学経営学部講師
> 専門は現代倫理学、ビジネス倫理学
> おもな著作に『ビジネス倫理学読本』（分担執筆、晃洋書房、2012年）、「内部告発問題に対する徳倫理学的アプローチ——ハーストハウスによる道徳的ジレンマの分析を応用する」（『日本経営倫理学会誌』24、2017年）など。

大庭弘継（おおば ひろつぐ）

> 京都大学大学院文学研究科研究員
> 専門は国際政治学、応用倫理学
> おもな著作に『超国家権力の探究——その可能性と脆弱性』（編著、南山大学社会倫理研究所、2017年）、『国際政治のモラル・アポリア——戦争／平和と揺らぐ倫理』（共編、ナカニシヤ出版、2014年）など。

軽部紀子（かるべ のりこ）

　早稲田大学大学院文学研究科文化人類学コース博士後期課程／Fulbright Visiting Researcher, Department of Dance, University of California, Riverside（2017年8月～2018年8月）

　専門は文化人類学（ハワイ先住民文化）

　おもな著作に"The Cultural Significance of Mauna Kea in Hawaii: What Lies Beneath the Movement Against the Construction of Thirty Meter Telescope"（『早稲田大学文化人類学年報』11、2016年）、「ハワイ先住民の固有の伝統舞踊であるフラに関する研究における、米国カリフォルニア州の位置づけ」（『早稲田大学大学院文学研究科紀要』62、2017年）など。

稲葉振一郎（いなば しんいちろう）

　明治学院大学社会学部教授

　専門は社会哲学

　おもな著作に『宇宙倫理学入門』（ナカニシヤ出版、2016年）、『政治の理論』（中央公論新社、2017年）など。

宇宙倫理学

2018 年 12 月 25 日　初版第 1 刷発行

編　者　伊勢田哲治
　　　　神崎宣次
　　　　呉羽　真

発行者　杉田啓三

〒 607-8494　京都市山科区日ノ岡堤谷町 3-1
発行所　株式会社 昭和堂
振替口座　01060-5-9347
TEL（075）502-7500 ／ FAX（075）502-7501
ホームページ　http://www.showado-kyoto.jp

Ⓒ 伊勢田哲治・神崎宣次・呉羽真他 2018　　印刷　亜細亜印刷

ISBN978-4-8122-1738-2

＊乱丁・落丁本はお取り替えいたします。

Printed in Japan

本書のコピー、スキャン、デジタル化等の無断複製は著作権法上での例外を
除き禁じられています。本書を代行業者等の第三者に依頼してスキャンやデ
ジタル化することは、たとえ個人や家庭内での利用でも著作権法違反です。

シュレーダー゠フレチェット 著
松田 毅 監訳
環境リスクと合理的意思決定
市民参加の哲学
本体4300円

イルガング 著
松田 毅 監訳
解釈学的倫理学
科学技術社会を生きるために
本体5500円

富田涼都 著
自然再生の環境倫理
復元から再生へ
本体3500円

菅原 潤 著
3・11以後の環境倫理
風景論から世代間倫理へ
本体2800円

中川萌子 著
脱‐底 ハイデガーにおける被投的企投
本体4500円

岡田浩樹
木村大治
大村敬一 編
宇宙人類学の挑戦
人類の未来を問う
本体2200円

昭和堂
（表示価格は税別）